Lineare Algebra II

Falko Lorenz

Lineare Algebra II

3., überarbeitete Auflage

Autor
Prof. Dr. Falko Lorenz
Universität Münster
Mathematische Institut
Fachbereich Mathematik und Informatik
Einsteinstraße 62
D – 48149 Münster

Bibliografische Information der Deutschen Nationalbibliothek
Die Deutsche Nationalbibliothek verzeichnet diese Publikation in der Deutschen Nationalbibliografie; detaillierte bibliografische Daten sind im Internet über http://dnb.d-nb.de abrufbar.

Springer ist ein Unternehmen von Springer Science+Business Media
springer.de

Nachdruck 2009 der 3., überarbeitete Auflage 2005

Spektrum Akademischer Verlag ist ein Imprint von Springer

09 10 11 12 13 5 4 3 2

Planung und Lektorat: Dr. Andreas Rüdinger, Barbara Lühker
Satz: Autorensatz
Umschlaggestaltung: SpieszDesign, Neu–Ulm

ISBN 978-3-86025-457-8

Vorwort zur dritten Auflage

Der rege Zuspruch, den beide Bände meiner Einführung in die Lineare Algebra inzwischen erfahren haben, hat nun bereits kurze Zeit nach der zweiten Auflage, mit der das Buch eine neue, bessere Ausstattung erhielt, zu einer dritten Auflage geführt.

Die Ziele, die das Buch sich steckt und die Wege, die es dazu einschlägt, haben dabei erst im Laufe der Zeit Beachtung und Anklang gefunden. Zuerst waren es vor allem *Studierende*, deren Zuschriften ich entnehmen konnte, daß das Buch hier von Anfang an auf ein waches Interesse gestoßen war. (Ihnen habe ich auch für manche sorgfältig erstellte Liste von Druckfehlern zu danken.) Vielleicht wäre dennoch aller Einsatz wenig erfolgreich geblieben, hätten nicht auch mehr und mehr meiner Kollegen, ausgetretene Bahnen verlassend, das Buch als nützlich empfunden.

Unter den Lehrenden wächst wieder die Auffassung, daß die mathematische Grundausbildung der Studierenden nicht als lästige Routine betrachtet werden darf, sondern vielmehr eine verantwortungsvolle Herausforderung darstellt. Da kann es auch nicht gleichgültig sein, welche Lehrbücher den Studierenden real zur Verfügung stehen. Das werden gerade diejenigen bestätigen können, die überzeugend dafür einstehen, daß eine gute Vorlesung durch kein Buch zu ersetzen ist.

Von vielen Seiten habe ich nützliche Kritik und wertvolle Anregung erhalten (darunter auch eine bunte Karte aus Singapur, mit der mich R. Bier und T. Schulz auf die inkorrekte Fassung der Aufgabe 75 hinwiesen). Besonderen Dank schulde ich meiner Heidelberger Kollegin *S. Böge*, die mir mitgeteilt hat, wie man den Beweis von Satz 1 in Kap. IX wesentlich vereinfachen kann. An zentraler Stelle war so meine Darstellung noch spürbar zu verbessern (und auch die letzte Beweisführung von etwas ermüdender Dauer, die sich im ganzen Buch noch fand, konnte damit entfallen). Das *Ähnlichkeitsproblem für Matrizen* nach dem Vorbild von *Frobenius* zu behandeln, ist nunmehr noch attraktiver als zuvor.

Die Neuauflage des Buches bot auch Gelegenheit, die Aufgabensammlung am Schluß des zweiten Bandes ein wenig zu ergänzen und eine Aktualisierung der Literaturhinweise vorzunehmen.

Kritik und Anregung von Leserinnen und Lesern des Buches sind mir auch künftig sehr willkommen.

Münster, Juli 1991 Falko Lorenz

Vorwort zur ersten Auflage

Was den vorliegenden zweiten Band dieser Einführung in die Lineare Algebra angeht, so habe ich meinen bereits im Vorwort des ersten Bandes gemachten Ausführungen nur einiges wenige hinzuzufügen.

Als Leser dieses zweiten Bandes denke ich mir einen Studenten im zweiten Semester oder jedenfalls jemanden, der sich gewisse Grundkenntnisse aus Band 1 schon zu eigen gemacht hat; daher schien es mir geboten, mich bei Beweisen zuweilen etwas kürzer zu fassen als in Band 1. Auf der anderen Seite werden manche Gegenstände etwas ausführlicher behandelt als dies in einer entsprechenden Vorlesung üblich (und sinnvoll) ist. Soll doch der Leser in dem vorliegenden Buch auch einiges von dem finden, was zwar zum selbstverständlichen Grundbestand der Linearen Algebra gehört, ihm in der Vorlesung aber vielleicht nur andeutungsweise begegnet.

Wie schon eingangs von Band 1 hervorgehoben, habe ich fast durchgehend das *Gauß'sche Verfahren elementarer Umformungen* als methodischen Leitfaden in den Vordergrund gestellt. Es sei hier darauf hingewiesen, daß dies auch bei der Behandlung quadratischer Formen in Kap. VII stärker möglich gewesen wäre, doch wollte ich Einseitigkeit der Betrachtungsweise vermeiden. Bei der Klassifikation der Endomorphismen eines n-dimensionalen Vektorraumes (also dem durch das Stichwort *Jordansche Normalform* bezeichneten Themenkreis) greife ich jedoch wiederum kräftig auf das Gauß'sche Verfahren zurück; dabei stütze ich mich auf einen auf *Frobenius* zurückgehenden Satz, wonach zwei $n \times n$-Matrizen über einem Körper K zur gleichen Ähnlichkeitsklasse gehören, wenn ihre zugehörigen charakteristischen Matrizen über dem Polynomring $K[X]$ äquivalent sind, also durch elementare Umformungen auseinander hervorgehen.

An einigen Stellen habe ich auf Verbindungen der Linearen Algebra zu Analysis, Geometrie, Algebra und Zahlentheorie hingewiesen, hier mag sich der Leser gegebenenfalls auch der Literaturhinweise am Schluß des Buches bedienen.

Eine mathematische Disziplin (und da macht auch die Lineare Algebra keine Ausnahme) wird sich dem Studierenden besser erschließen, wenn er erworbene Kenntnisse an Übungsaufgaben erprobt. Deshalb habe ich im letzten Kapitel des Buches eine kleine Aufgabensammlung zusammengestellt, welche thematisch die Hauptpunkte des in beiden Bänden behandelten Stoffes berühren soll, deren Unvollkommenheit mir allerdings bewußt ist.

Meinen Kollegen, die dem Buch freundliches Interesse entgegengebracht haben und von denen ich manche Anregung empfing, möchte ich hier vielmals danken.

Münster, im Januar 82 *Falko Lorenz*

Inhaltsverzeichnis

Kapitel VI

Linear- und Bilinearformen

§1 Linearformen

Was den im folgenden behandelten Begriff einer Linearform angeht, so handelt es sich dabei eigentlich nur um einen Spezialfall des allgemeinen, bereits in Kap. III genauer untersuchten Begriffes einer linearen Abbildung. Trotzdem darf dieser Spezialfall durchaus eine gesonderte Aufmerksamkeit beanspruchen, wie die nachstehenden Ausführungen hoffentlich zeigen werden.

Abgesehen davon erscheint es auch in didaktischer Hinsicht durchaus sinnvoll, an diesem Gegenstand einmal eine konsequente Anwendung allgemeiner Begriffsbildungen in einer speziellen Situation zu demonstrieren.

Definition 1 ('Dualraum eines Vektorraumes'):
Es sei V ein Vektorraum über dem Körper K. Unter einer *Linearform von V* versteht man eine lineare Abbildung $\boldsymbol{f}: V \to K$ von V in den eindimensionalen K-Vektorraum K. Die Gesamtheit aller Linearformen von V bezeichnen wir mit ${}^tV$, d.h. wir setzen

$$ {}^tV = \operatorname{Hom}_K(V, K). \tag{1} $$

Der K-Vektorraum ${}^tV$ heißt der *zu V duale Vektorraum* oder kurz: der *Dualraum von V.*

F1: *Ist V ein n-dimensionaler K-Vektorraum, so besitzt auch der Dualraum ${}^tV$ von V die Dimension n.*

Beweis: Dies ist ein Spezialfall von F8 in Kap. III. □

$\boldsymbol{f}: V \to K$ sei eine Linearform auf V, und es sei $\boldsymbol{b}_1, \boldsymbol{b}_2, \ldots, \boldsymbol{b}_n$ eine Basis von V. Setzen wir dann

$$ a_i := \boldsymbol{f}(\boldsymbol{b}_i) \quad i = 1, 2, \ldots, n, \tag{2} $$

so ist $\boldsymbol{f}$ durch die Zahlen $a_1, a_2, \ldots, a_n$ aus K eindeutig bestimmt; es ist

$$ \boldsymbol{a} = (a_1, a_2, \ldots, a_n) \tag{3} $$

die Koordinatenmatrix von $\boldsymbol{f}$ in bezug auf die Basen $\boldsymbol{b}_1, \ldots, \boldsymbol{b}_n$ von V und **1** von K, und es gilt

$$ \boldsymbol{f}\left(\sum_{i=1}^{n} x_i \boldsymbol{b}_i\right) = \sum_{i=1}^{n} x_i a_i \tag{4} $$

für alle $x_1, x_2, \ldots, x_n$ aus K. Wir haben das kommutative Diagramm

$$\begin{array}{ccc} V & \xrightarrow{f} & K \\ {\scriptstyle i}\uparrow & & \uparrow{\scriptstyle \mathrm{id}_K}, \\ K^n & \xrightarrow{a} & K \end{array} \tag{5}$$

in dem $\boldsymbol{i}$ den Basisisomorphismus von V bzgl. der Basis $\boldsymbol{b}_1, \ldots, \boldsymbol{b}_n$ bezeichnet (vgl. auch (83) in Kap. III). Wir sehen ferner, daß wir die Linearformen des K-Vektorraumes K^n mit den 'Zeilenvektoren' (3) identifizieren können (vgl. (82) in Kap. III):

$$^t(K^n) = \{(a_1, a_2, \ldots, a_n) | a_i \in K\}. \tag{6}$$

Wir haben einen kanonischen Isomorphismus

$$K^n \to {}^t(K^n),$$

nämlich die Abbildung

$$\boldsymbol{x} = \begin{pmatrix} x_1 \\ \vdots \\ x_n \end{pmatrix} \mapsto {}^t\boldsymbol{x} = (x_1, \ldots, x_n). \tag{7}$$

Die Anwendung einer Linearform $\boldsymbol{a} = (a_1, \ldots, a_n)$ von K^n auf einen Vektor

$$\boldsymbol{x} = \begin{pmatrix} x_1 \\ \vdots \\ x_n \end{pmatrix}$$

aus K^n wird durch Matrixmultiplikation gegeben:

$$\boldsymbol{a}(\boldsymbol{x}) = \boldsymbol{a}\boldsymbol{x} = (a_1, \ldots, a_n) \begin{pmatrix} x_1 \\ \vdots \\ x_n \end{pmatrix} = \sum_{i=1}^{n} a_i x_i \tag{8}$$

Die durch (8) ausgedrückte Beziehung allein zeigt schon, daß es sich bei dem Begriff einer Linearform um ein natürliches und nützliches Konzept handelt.

Die Bilder der kanonischen Einheitsvektoren $\boldsymbol{e}_1, \ldots, \boldsymbol{e}_n$ von K^n unter dem Isomorphismus (7) sind die Elemente

$$^t\boldsymbol{e}_i = (0, \ldots, 0, \underset{\underset{i}{\uparrow}}{1}, 0, \ldots, 0) \quad 1 \leq i \leq n \tag{9}$$

von ${}^t(K^n)$. Es gilt

$$ {}^t\boldsymbol{e}_i(\boldsymbol{e}_j) = {}^t\boldsymbol{e}_i\,\boldsymbol{e}_j = \begin{cases} 0 & \text{für } i \neq j \\ 1 & \text{für } i = j \end{cases} \tag{10} $$

Bezeichnet man die Koeffizienten der $n \times n$-Einheitsmatrix mit δ_{ij}, so kann (10) auch in der Gestalt

$$ {}^t\boldsymbol{e}_i(\boldsymbol{e}_j) = \delta_{ij} \tag{11} $$

geschrieben werden (δ_{ij} heißt '*Kroneckersymbol*').

Zu dem K-Vektorraum V mit einer Basis $\boldsymbol{b}_1, \ldots, \boldsymbol{b}_n$ von V betrachten wir den Isomorphismus

$$ \boldsymbol{c}\colon {}^tV = \mathrm{Hom}(V, K) \to {}^t(K^n) = K^{1,n}, \tag{12} $$

welcher jeder linearen Abbildung: $\boldsymbol{f}\colon V \to K$ ihre Koordinatenmatrix $\boldsymbol{a} = (a_1, \ldots, a_n)$ in bezug auf die Basen $\boldsymbol{b}_1, \ldots, \boldsymbol{b}_n$ von V und $\mathbf{1}$ von K zuordnet. Den ${}^t\boldsymbol{e}_i$ aus ${}^t(K^n)$ entsprechen dabei (unter $\boldsymbol{c}^{-1}$) gewisse Elemente ${}^*\boldsymbol{b}_i$ aus ${}^tV$, welche eine Basis von ${}^tV$ bilden. Aufgrund ihrer Definition gilt für die ${}^*\boldsymbol{b}_i$ – analog zu (10) –

$$ {}^*\boldsymbol{b}_i(\boldsymbol{b}_j) = \delta_{ij} = \begin{cases} 0 & \text{für } i \neq j \\ 1 & \text{für } i = j \end{cases} \tag{13} $$

Man nennt ${}^*\boldsymbol{b}_1, {}^*\boldsymbol{b}_2, \ldots, {}^*\boldsymbol{b}_n$ die *zu* $\boldsymbol{b}_1, \boldsymbol{b}_2, \ldots, \boldsymbol{b}_n$ *duale Basis* von ${}^tV$. Natürlich ist ${}^t\boldsymbol{e}_1, {}^t\boldsymbol{e}_2, \ldots, {}^t\boldsymbol{e}_n$ die duale Basis zu der kanonischen Basis $e_1, e_2, \ldots, e_n$ von K^n. Wir nennen ${}^te_1, {}^te_2, \ldots, {}^te_n$ auch die kanonische Basis von ${}^t(K^n)$.

Definition 2 ('Transponierte einer linearen Abbildung'):

Es sei $\boldsymbol{h}\colon V \to W$ eine lineare Abbildung beliebiger K-Vektorräume V und W. Zu $\boldsymbol{h}$ definieren wir eine lineare Abbildung

$$ {}^t\boldsymbol{h}\colon {}^tW \to {}^tV $$

der dualen Räume (in der umgekehrten Richtung), und zwar folgendermaßen: Einer Linearform $\boldsymbol{f}$ von W ordne ${}^t\boldsymbol{h}$ die Linearform $\boldsymbol{f} \circ \boldsymbol{h}$ von V zu:

$$ {}^t\boldsymbol{h}(\boldsymbol{f}) = \boldsymbol{f} \circ \boldsymbol{h} \quad \text{für alle } \boldsymbol{f} \in {}^tW. \tag{14} $$

Man nennt ${}^t\boldsymbol{h}$ die *zu* $\boldsymbol{h}$ *transponierte* lineare Abbildung oder kurz: die *Transponierte von* $\boldsymbol{h}$.

Bemerkung 1: Sind $\boldsymbol{h}_1\colon V \to W$, $\boldsymbol{h}_2\colon W \to U$ lineare Abbildungen, so gilt für die Hintereinanderausführung

$$ {}^t(\boldsymbol{h}_2 \circ \boldsymbol{h}_1) = {}^t\boldsymbol{h}_1 \circ {}^t\boldsymbol{h}_2. \tag{15} $$

Dies ergibt sich sofort aus den Definitionen; man beachte aber die Verkehrung der Reihenfolge. Da die Transponierte der identischen Abbildung von V offenbar die identische Abbildung von ${}^tV$ ist, folgt aus (15) sofort: Ist $\boldsymbol{h}\colon V \to W$ ein Isomorphismus, so ist auch ${}^t\boldsymbol{h}\colon {}^tW \to {}^tV$ ein Isomorphismus, und es gilt

$$({}^t\boldsymbol{h})^{-1} = {}^t(\boldsymbol{h}^{-1}). \tag{16}$$

Bemerkung 2: Es seien jetzt V und W K-Vektorräume der Gestalt $V = K^n$ und $W = K^m$, und $\boldsymbol{h}\colon V \to W$ sei eine lineare Abbildung von V in W. Mit $\boldsymbol{A}$ bezeichnen wir die Koordinatenmatrix von $\boldsymbol{h}$ in bezug auf die kanonischen Basen von K^n und K^m. Wir sind gewohnt, einfach $\boldsymbol{h} = \boldsymbol{A}$ zu setzen, wollen uns hier aber erst davon überzeugen, daß im Einklang zu unseren früheren Bezeichnungen gilt: Die Transponierte ${}^t\boldsymbol{h}$ der linearen Abbildung $\boldsymbol{h}$ besitzt in bezug auf die kanonischen Basen von ${}^t(K^n)$ und ${}^t(K^m)$ gerade die Transponierte ${}^t\boldsymbol{A}$ der *Matrix* $\boldsymbol{A}$ als Koordinatenmatrix. In der Tat: Ist

$$\boldsymbol{A} = (a_{ij}),$$

so ist zu zeigen, daß

$${}^t\boldsymbol{h}({}^t\boldsymbol{e}_i) = \sum_{j=1}^{n} a_{ij}\,{}^t\boldsymbol{e}_j \tag{17}$$

gilt. Definitionsgemäß ist ${}^t\boldsymbol{h}({}^t\boldsymbol{e}_i) = {}^t\boldsymbol{e}_i \circ \boldsymbol{h}$. Anwendung der Linearform auf der linken Seite von (17) auf einen beliebigen Basisvektor $\boldsymbol{e}_k$ der kanonischen Basis von K^n liefert

$$({}^t\boldsymbol{e}_i \circ \boldsymbol{h})(\boldsymbol{e}_k) = {}^t\boldsymbol{e}_i(\boldsymbol{h}\boldsymbol{e}_k) = {}^t\boldsymbol{e}_i(\boldsymbol{A}\boldsymbol{e}_k) = a_{ik}.$$

Der gleiche Wert ergibt sich im Hinblick auf (10) aber auch bei Anwendung der rechten Seite von (17) auf $\boldsymbol{e}_k$.

F2 ('Matrixbeschreibung der transponierten Abbildung'):

Es sei $\boldsymbol{h}\colon V \to W$ *eine lineare Abbildung endlich-dimensionaler* K*-Vektorräume. Ist dann* $\boldsymbol{A}$ *die Koordinatenmatrix von* $\boldsymbol{h}$ *in bezug auf bestimmte Basen von* V *und* W*, so ist die transponierte Matrix* ${}^t\boldsymbol{A}$ *von* $\boldsymbol{A}$ *die Koordinatenmatrix der transponierten linearen Abbildung* ${}^t\boldsymbol{h}\colon {}^tW \to {}^tV$ *in bezug auf die zu den gewählten Basen dualen Basen von* ${}^tW$ *und* ${}^tV$.

Beweis: Man kann dies leicht direkt nachrechnen, doch geben wir dafür auch den folgenden begrifflichen Beweis: Nach Voraussetzung haben wir die Kommutativität des Diagramms

$$\begin{array}{ccc} V & \xrightarrow{f} & W \\ {\scriptstyle c}\downarrow & & \downarrow{\scriptstyle c'} \\ K^n & \xrightarrow{A} & K^m \end{array}, \tag{18}$$

in dem $\boldsymbol{c}$ bzw. $\boldsymbol{c}'$ die zu den gewählten Basen gehörigen Koordinatenabbildungen bezeichnen. Durch Übergang zu den Transponierten ergibt sich daraus die Kommutativität des 'oberen Rechtecks' in dem Diagramm:

$$\begin{array}{ccc} {}^tV & \xleftarrow{{}^tf} & {}^tW \\ {\scriptstyle {}^tc}\uparrow & & \uparrow{\scriptstyle {}^tc'} \\ {}^t(K^n) & \xleftarrow{{}^tA} & {}^t(K^m) \\ \uparrow & & \uparrow \\ K^n & \xleftarrow{{}^tA} & K^m \end{array} \tag{19}$$

Das 'untere Rechteck' in (19) ist dabei nach der obigen Bemerkung 2 zu Def. 2 kommutativ. Somit ist auch das 'große Rechteck' kommutativ. In diesem sind aber die Hintereinanderausführungen der vertikalen Abbildungen offenbar die *Basisisomorphismen* zu den dualen Basen der gegebenen Basen, womit die Behauptung bewiesen ist. □

Aufgrund von F2 haben wir nun auch eine begriffliche Deutung der transponierten Matrix ${}^t\boldsymbol{A}$ einer Matrix $\boldsymbol{A}$. Aus dieser ergeben sich im Hinblick auf (15) und (16) sofort die folgenden 'Rechenregeln':

$$ {}^t(\boldsymbol{AB}) = {}^t\boldsymbol{B}\,{}^t\boldsymbol{A} \tag{20}$$

$$ {}^t(\boldsymbol{A}^{-1}) = ({}^t\boldsymbol{A})^{-1} \tag{21}$$

Wir definieren jetzt ein 'Produkt'

$$\begin{aligned} {}^tV \times V &\to K \\ (\boldsymbol{f}, \boldsymbol{x}) &\mapsto \langle \boldsymbol{f}, \boldsymbol{x} \rangle, \end{aligned} \tag{22}$$

indem wir einfach

$$\langle \boldsymbol{f}, \boldsymbol{x} \rangle = \boldsymbol{f}(\boldsymbol{x}) = \boldsymbol{f}\boldsymbol{x} \tag{23}$$

setzen. Dieses Produkt ist *bilinear*, d.h.

$$\langle \boldsymbol{f}_1 + \boldsymbol{f}_2, \boldsymbol{x} \rangle = \langle \boldsymbol{f}_1, \boldsymbol{x} \rangle + \langle \boldsymbol{f}_2, \boldsymbol{x} \rangle \tag{24}$$

$$\langle \boldsymbol{f}, \boldsymbol{x}_1 + \boldsymbol{x}_2 \rangle = \langle \boldsymbol{f}, \boldsymbol{x}_1 \rangle + \langle \boldsymbol{f}, \boldsymbol{x}_2 \rangle \tag{25}$$

$$\langle a\boldsymbol{f}, \boldsymbol{x} \rangle = a\langle \boldsymbol{f}, \boldsymbol{x} \rangle = \langle \boldsymbol{f}, a\boldsymbol{x} \rangle \tag{26}$$

Außerdem: Ist $\boldsymbol{h}$: $V \to W$ linear, so gilt

$$\langle {}^t\boldsymbol{h}\boldsymbol{f}, \boldsymbol{x} \rangle = \langle \boldsymbol{f}, \boldsymbol{h}\boldsymbol{x} \rangle \tag{27}$$

für alle $\boldsymbol{x} \in V$, $\boldsymbol{f} \in {}^tW$ (und diese Gleichung ist definierend für ${}^t\boldsymbol{h}$, vgl. den folgenden Satz 1).

Gilt für $\boldsymbol{f} \in {}^tV$ und $\boldsymbol{x} \in V$

$$\boldsymbol{f}\boldsymbol{x} = \langle \boldsymbol{f}, \boldsymbol{x} \rangle = 0,$$

so sagen wir auch: '$\boldsymbol{f}$ ist *orthogonal* zu $\boldsymbol{x}$'. Ist M eine Teilmenge von V, so setzen wir

$$M^\circ = \{\boldsymbol{f} \in {}^tV \mid \langle \boldsymbol{f}, \boldsymbol{x} \rangle = 0 \text{ für alle } \boldsymbol{x} \in M\}. \tag{28}$$

Offenbar ist M° ein Teilraum von ${}^tV$. Ist F eine Teilmenge von ${}^tV$, so erhalten wir analog mit

$$F^\circ = \{\boldsymbol{x} \in V \mid \langle \boldsymbol{f}, \boldsymbol{x} \rangle = 0 \text{ für alle } \boldsymbol{f} \in F\} \tag{29}$$

einen Teilraum von V. Ist $\boldsymbol{f} \in M^\circ$, so sagen wir auch, $\boldsymbol{f}$ ist orthogonal zu M; entsprechend nennen wir ein $\boldsymbol{x} \in F^\circ$ orthogonal zu F.

Es gelten für diese Bildungen folgende formale Gesetze:

$$M_1 \subseteq M_2 \Rightarrow M_2^\circ \subseteq M_1^\circ; \quad F_1 \subseteq F_2 \Rightarrow F_2^\circ \subseteq F_1^\circ \tag{30}$$

$$M^\circ = (\mathrm{Lin}\, M)^\circ; \quad F^\circ = (\mathrm{Lin}\, F)^\circ \tag{31}$$

$$M \subseteq M^{\circ\circ}; \quad F \subseteq F^{\circ\circ} \tag{32}$$

$$M^\circ = M^{\circ\circ\circ}; \quad F^\circ = F^{\circ\circ\circ} \tag{33}$$

Für *Teilräume* M_1, M_2 von V bzw. F_1, F_2 von ${}^tV$ gilt:

$$(M_1 + M_2)^\circ = M_1^\circ \cap M_2^\circ; \quad (F_1 + F_2)^\circ = F_1^\circ \cap F_2^\circ \tag{34}$$

$$M_1^\circ + M_2^\circ \subseteq (M_1 \cap M_2)^\circ; \quad F_1^\circ + F_2^\circ \subseteq (F_1 \cap F_2)^\circ \tag{35}$$

Diese formalen Gesetzmäßigkeiten sind beinahe offensichtlich, so daß wir ihren Beweis dem Leser als *Übungsaufgabe* 1 überlassen wollen. Hinweis: (33) folgt durch Anwendung von (32) und (30). Im übrigen wird sich aus dem Dualitätssatz (siehe weiter unten) ergeben, daß in (35) ebenfalls das Gleichheitszeichen gilt, falls V als endlich-dimensional vorausgesetzt wird.

F3: *Ist V ein endlich-dimensionaler Vektorraum, so gilt für jede Teilmenge M von V die Dimensionsbeziehung*

$$\dim M^\circ = \dim V - \dim(\mathrm{Lin}\, M) \tag{36}$$

Beweis: Wir setzen $U := \text{Lin}\, M$. Wegen $U^\circ = M^\circ$ haben wir dann zu zeigen, daß

$$\dim U^\circ = \dim V - \dim U \tag{37}$$

gilt. Es sei $m = \dim U$, $n = \dim V$. Wir wählen eine Basis $\boldsymbol{b}_1, \ldots, \boldsymbol{b}_m$ von U und setzen diese zu einer Basis $\boldsymbol{b}_1, \ldots, \boldsymbol{b}_m, \boldsymbol{b}_{m+1}, \ldots, \boldsymbol{b}_n$ von V fort. Wir behaupten, daß die Elemente $^*\boldsymbol{b}_{m+1}, \ldots, {}^*\boldsymbol{b}_n$ der dualen Basis $^*\boldsymbol{b}_1, \ldots, {}^*\boldsymbol{b}_n$ von ^tV eine Basis von U° bilden (woraus dann auch (37) folgt). Sei

$$\boldsymbol{f} = \sum_{i=1}^{n} x_i\, {}^*\boldsymbol{b}_i \tag{38}$$

ein beliebiges Element von ^tV. Nun gilt offenbar

$$\boldsymbol{f} \in U^\circ \Leftrightarrow \boldsymbol{f}\boldsymbol{b}_j = 0 \quad \text{für } 1 \leq j \leq m, \tag{39}$$

vgl. (31). Wegen (13) gilt nun aber $\boldsymbol{f}(\boldsymbol{b}_j) = x_j$ für alle $j = 1, 2, \ldots, n$. Aufgrund von (39) ist also $\boldsymbol{f} \in U^\circ$ gleichbedeutend mit $x_1 = x_2 = \cdots = x_m = 0$. Somit ist $^*\boldsymbol{b}_{m+1}, \ldots, {}^*\boldsymbol{b}_n$ in der Tat eine Basis von U°.

Bemerkung: Ist U ein Teilraum eines Vektorraumes V, so ist die Transponierte der Inklusionsabbildung $U \to V$ diejenige lineare Abbildung

$$^tV \to {}^tU, \tag{40}$$

welche jeder Linearform $\boldsymbol{f}$ von V deren Einschränkung auf U zuordnet. Ist V endlich-dimensional, so kann man sich im Hinblick auf F2 sofort davon überzeugen, daß (40) *surjektiv* ist. Die Anwendung der *Dimensionsformel für lineare Abbildungen* auf (40) liefert dann von neuem die Formel (37) und somit F3 (genauere Ausführung des Beweises als *Übungsaufgabe* 2). □

Wir betrachten nun den dualen Raum

$$^{tt}V = {}^t({}^tV) \tag{41}$$

von ^tV. Man nennt ^{tt}V auch den *Bidualraum von V*. Auf natürliche Weise können wir eine lineare Abbildung

$$\begin{aligned} V &\to {}^{tt}V \\ \boldsymbol{x} &\mapsto \hat{\boldsymbol{x}} \end{aligned} \tag{42}$$

definieren: Für jedes $\boldsymbol{x}$ aus V sei $\hat{\boldsymbol{x}}$ die durch

$$\hat{\boldsymbol{x}}(\boldsymbol{f}) = \boldsymbol{f}(\boldsymbol{x}) = \langle \boldsymbol{f}, \boldsymbol{x} \rangle \tag{43}$$

definierte Linearform auf ^tV. Wir behaupten, daß die lineare Abbildung (42) *injektiv* ist. Hierzu genügt es zu zeigen, daß aus $\boldsymbol{x} \neq \boldsymbol{0}$ auch $\hat{\boldsymbol{x}} \neq \boldsymbol{0}$

folgt. Dies beweisen wir nur für den Fall eines endlich-dimensionalen K-Vektorraumes V. Sei also $\boldsymbol{x} \neq \boldsymbol{0}$ ein beliebiger von Null verschiedener Vektor von V. Nach dem *Basisergänzungssatz* gibt es dann eine Basis $\boldsymbol{b}_1, \boldsymbol{b}_2, \ldots, \boldsymbol{b}_n$ von V mit $\boldsymbol{b}_1 = \boldsymbol{x}$. Es gibt nun sicherlich eine lineare Abbildung $\boldsymbol{f}: V \to K$ mit $\boldsymbol{f}(\boldsymbol{b}_1) = \boldsymbol{f}(\boldsymbol{x}) = 1$ (denn den Vektoren einer Basis von V dürfen beliebige Werte als Bildvektoren einer linearen Abbildung vorgeschrieben werden, vgl. Kap. III, F2). Es gibt somit ein $\boldsymbol{f} \in {}^tV$ mit $\hat{\boldsymbol{x}}(\boldsymbol{f}) = \boldsymbol{f}(\boldsymbol{x}) = 1 \neq 0$.

Es sei V jetzt als endlich-dimensional vorausgesetzt. Aus der Injektivität der linearen Abbildung (42) ergibt sich dann wegen $\dim V = \dim {}^tV = \dim {}^{tt}V$ (aufgrund von F1), daß (42) sogar ein *Isomorphismus* ist. Da es sich dabei um einen '*kanonisch definierten*' (*basisunabhängigen*) Isomorphismus zwischen V und ${}^{tt}V$ handelt, können wir die Elemente von V mit denen seines Bidualraumes ${}^{tt}V$ identifizieren. In diesem Sinne kann man dann V als den dualen Raum von ${}^tV$ auffassen. Hieraus folgt zum Beispiel unmittelbar, daß mit F3 auch die folgende Aussage richtig ist: Für jede Teilmenge F von ${}^tV$ gilt

$$\begin{array}{c} \dim F^\circ = \dim {}^tV - \dim(\operatorname{Lin} F) \\ \| \\ \dim V \end{array} \tag{44}$$

Für einen endlich-dimensionalen Vektorraum V können wir aus (37) und (44) somit folgern, daß für beliebige Teilräume M bzw. F von V bzw. ${}^tV$ stets

$$M^{\circ\circ} = M \text{ bzw. } F^{\circ\circ} = F \tag{45}$$

gilt. – Wir fassen zusammen:

Satz 1 ('Dualitätssatz'):

Es sei V ein endlich-dimensionaler K-Vektorraum. Dann ist das 'Produkt'

$$\begin{aligned} &{}^tV \times V \to K \\ &(\boldsymbol{f}, \boldsymbol{x}) \mapsto \langle \boldsymbol{f}, \boldsymbol{x} \rangle = \boldsymbol{f}\boldsymbol{x} \end{aligned}$$

nicht ausgeartet, d.h.

$$\langle \boldsymbol{f}, \boldsymbol{x} \rangle = 0 \quad \textit{für alle } \boldsymbol{x} \Rightarrow \boldsymbol{f} = \boldsymbol{0}$$

$$\langle \boldsymbol{f}, \boldsymbol{x} \rangle = 0 \quad \textit{für alle } \boldsymbol{f} \Rightarrow \boldsymbol{x} = \boldsymbol{0}$$

Die lineare Abbildung

$$\begin{aligned} &V \to {}^{tt}V \\ &\boldsymbol{x} \mapsto (\boldsymbol{f} \mapsto \langle \boldsymbol{f}, \boldsymbol{x} \rangle) \end{aligned}$$

ist ein Isomorphismus. Ferner ist die Abbildung

$$M \mapsto M^\circ = \{ \boldsymbol{f} \mid \langle \boldsymbol{f}, \boldsymbol{x} \rangle = 0 \text{ für alle } \boldsymbol{x} \in M \} \tag{46}$$

eine Bijektion zwischen der Menge der Teilräume von V und der Menge der Teilräume von ${}^tV$. Sie verkehrt die Inklusionsbeziehung:

$$M_1 \subseteq M_2 \Leftrightarrow M_1^\circ \supseteq M_2^\circ. \tag{47}$$

Es gilt die Dimensionsformel

$$\dim M^\circ = \dim V - \dim M. \tag{48}$$

Die Umkehrabbildung zu (46) *wird durch*

$$F \mapsto F^\circ = \{ \boldsymbol{x} \mid \langle \boldsymbol{f}, \boldsymbol{x} \rangle = 0 \text{ für alle } \boldsymbol{f} \in F \} \tag{49}$$

gegeben; entsprechend zu (48) *gilt*

$$\dim F^\circ = \dim V - \dim F. \quad \square \tag{50}$$

Übungsaufgabe 3: Warum ergibt sich aus dem *Dualitätssatz*, daß mit (34) auch die Beziehungen

$$M_1^\circ + M_2^\circ = (M_1 \cap M_2)^\circ; \quad F_1^\circ + F_2^\circ = (F_1 \cap F_2)^\circ \tag{51}$$

erfüllt sind, falls V als endlich-dimensional vorausgesetzt wird?

Am Schluß dieses Paragraphen wollen wir als Anwendung noch einen anderen Beweis dafür geben, daß für jede $m \times n$-Matrix $\boldsymbol{A}$ über einem Körper K

$$\text{Spaltenrang}(\boldsymbol{A}) = \text{Zeilenrang}(\boldsymbol{A}) \tag{52}$$

gilt, vgl. Satz 12 in Kap. II. Hierzu fassen wir $\boldsymbol{A}$ als lineare Abbildung $\boldsymbol{A}$: $K^n \to K^m$ auf. Dann ist – geradezu nach Definition der in Rede stehenden Begriffe –

$$\text{Spaltenrang}(\boldsymbol{A}) = \dim(\text{Bild } \boldsymbol{A}).$$

Ferner ist klar, daß

$$\text{Zeilenrang}(\boldsymbol{A}) = \text{Spaltenrang}({}^t\boldsymbol{A})$$

gilt. Nun ist ${}^t\boldsymbol{A}$ die Koordinatenmatrix der zu $\boldsymbol{A}$ transponierten Abbildung ${}^t\boldsymbol{A}$: ${}^t(K^m) \to {}^t(K^n)$ bzgl. der kanonischen Basen von ${}^t(K^m)$ und ${}^t(K^n)$. Also ist

$$\text{Spaltenrang}({}^t\boldsymbol{A}) = \dim \text{Bild}({}^t\boldsymbol{A}).$$

Aufgrund der Dimensionsformel für lineare Abbildungen ist nun

$$\dim \text{Bild}({}^t\boldsymbol{A}) = m - \dim(\text{Kern } {}^t\boldsymbol{A}).$$

Andererseits gilt nach der Formel (48)

$$\dim \operatorname{Bild}(\boldsymbol{A}) = m - \dim(\operatorname{Bild} \boldsymbol{A})^\circ.$$

Zum Beweis von (52) genügt es daher zu zeigen, daß

$$(\operatorname{Bild} A)^\circ = \operatorname{Kern}({}^t\boldsymbol{A}) \tag{53}$$

gilt. In der Tat gilt: $\boldsymbol{f} \in \operatorname{Kern}({}^t\boldsymbol{A}) \Leftrightarrow {}^t\boldsymbol{A}\boldsymbol{f} = \boldsymbol{0} \Leftrightarrow \langle {}^t\boldsymbol{A}\boldsymbol{f}, \boldsymbol{x}\rangle = 0$ für alle $\boldsymbol{x}$ $\Leftrightarrow \langle \boldsymbol{f}, \boldsymbol{A}\boldsymbol{x}\rangle = 0$ für alle $\boldsymbol{x} \Leftrightarrow \boldsymbol{f} \in (\operatorname{Bild} \boldsymbol{A})^\circ$, wobei wir von der Formel (27) Gebrauch gemacht haben.

§2 Lineare Gleichungssysteme (eine Zusammenfassung)

Es sei K ein Körper, und sei

$$\begin{matrix} a_{11}X_1 + a_{12}X_2 + \cdots + a_{1n}X_n = b_1 \\ a_{21}X_1 + a_{22}X_2 + \cdots + a_{2n}X_n = b_2 \\ \vdots \qquad\qquad\qquad\qquad \vdots \\ a_{m1}X_1 + a_{m2}X_2 + \cdots + a_{mn}X_n = b_m \end{matrix} \tag{54}$$

ein beliebiges lineares Gleichungssystem von m Gleichungen in n Unbekannten über K. Es sei $\boldsymbol{A} = (a_{ij})$ die (*einfache*) *Koeffizientenmatrix* von (54). Wir deuten $\boldsymbol{A}$ als lineare Abbildung $\boldsymbol{A}$: $K^n \to K^m$, definiert durch

$$\boldsymbol{x} \mapsto \boldsymbol{A}(\boldsymbol{x}) = \boldsymbol{A}\boldsymbol{x} \quad (\textit{Matrixprodukt}).$$

Bezeichnet dann $\boldsymbol{b} \in K^m$ wie gewohnt das m-Tupel der b_i auf der rechten Seite von (54), so besteht die *Lösungsmenge* des Systems (54) aus allen Elementen $\boldsymbol{x}$ aus K^n mit

$$\boldsymbol{A}\boldsymbol{x} = \boldsymbol{b}, \tag{55}$$

ist also gleich dem vollen Urbild

$$\boldsymbol{A}^{-1}(\boldsymbol{b}) = \boldsymbol{A}^{-1}(\{\boldsymbol{b}\}) \tag{56}$$

der einelementigen Menge $\{\boldsymbol{b}\}$ unter der Abbildung $\boldsymbol{A}$. Die Lösungen des *zugehörigen homogenen Systems* sind gerade alle Vektoren $\boldsymbol{y}$ aus K^n mit

$$\boldsymbol{A}\boldsymbol{y} = \boldsymbol{0}. \tag{57}$$

Die Lösungsmenge eines homogenen linearen Gleichungssystems mit der Koeffizientenmatrix $\boldsymbol{A}$ ist also gleich dem Kern der linearen Abbildung $\boldsymbol{A}$. Sie ist daher ein *Teilvektorraum* von K^n (vgl. Kap. I, F3).

Es sei $\boldsymbol{v} \in K^n$ eine feste Lösung von (54). Ist dann $\boldsymbol{x} \in K^n$ eine beliebige Lösung von (54), so gilt

$$A(x - v) = Ax - Av = b - b = 0,$$

folglich ist $y := x - v$ eine Lösung des zugehörigen homogenen Systems. Umgekehrt: Für jede Lösung y des zu (54) gehörigen homogenen Systems ist $x := v + y$ eine Lösung von (54). Es gilt also

$$A^{-1}(b) = v + A^{-1}(0) \tag{58}$$

(vgl. Kap. I, F2).

Es sei jetzt

$$C = \begin{pmatrix} a_{11} & a_{12} & \cdots & a_{1n} & b_1 \\ a_{21} & a_{22} & \cdots & a_{2n} & b_2 \\ \vdots & \vdots & & \vdots & \vdots \\ a_{m1} & a_{m2} & \cdots & a_{mn} & b_m \end{pmatrix} \tag{59}$$

die *erweiterte Koeffizientenmatrix* von (54). Das Gleichungssystem (54) ist *lösbar* genau dann, wenn $b \in$ Bild A. *Also ist* (54) *genau dann lösbar, wenn* Rang A = Rang C *gilt* (vgl. Kap. II, F17). Allgemein gilt natürlich

$$\text{Rang } A \leq \text{Rang } C \leq m, \quad n + 1. \tag{60}$$

Wir betrachten jetzt das *homogene* lineare Gleichungssystem mit der Koeffizientenmatrix A. Aus der *Dimensionsformel für lineare Abbildungen* folgt dann: *Ist* r = Rang A, *so ist der Lösungsraum* $(n - r)$-*dimensional* (vgl. Kap. I, F7).

Ist insbesondere $m < n$ (weniger Gleichungen als Unbekannte), so besteht der Lösungsraum des homogenen linearen Gleichungssystems wegen $r \leq m$ nicht nur aus dem Nullvektor, es gibt dann also *nichttriviale* Lösungen (Kap. I, F5).

Wir betrachten jetzt das (inhomogene) Gleichungssystem (54) für den Fall

$$m = n. \tag{61}$$

Nach dem oben schon Gesagten besitzt dann das zugehörige homogene System genau dann nur die triviale Lösung, wenn Rang $A = n$. Ist dies der Fall, so folgt aus (60), daß Rang A = Rang C gelten muß, das System (54) also *lösbar* ist (und zwar *eindeutig* aufgrund von (58)). Damit haben wir auch F6 aus Kap. I erneut bewiesen.

Wir hätten auch folgendermaßen argumentieren können: Ist $m = n =$ Rang A, so ist A *invertierbar* und folglich $x = A^{-1}b$ eindeutig bestimmte Lösung von (54), vgl. (55).

Nun entsteht aber noch folgende Frage: Das vorgelegte Gleichungssystem (54) hat im Falle $m = n =$ Rang A, wie wir wissen, *genau eine* Lösung

$$x = \begin{pmatrix} x_1 \\ x_2 \\ \vdots \\ x_n \end{pmatrix} \tag{62}$$

Wie aber lassen sich die Koordinaten x_i dieser Lösung durch die Koeffizienten a_{ij} und b_i ausdrücken? Eine Antwort darauf gibt der folgende

Satz 2 ('Cramersche Regel für lineare Gleichungssysteme'):
Es sei ein lineares Gleichungssystem von n Gleichungen in n Unbekannten vorgelegt. Seine (einfache) Koeffizientenmatrix $\boldsymbol{A}$ *sei invertierbar. Dann besitzt dieses System genau eine Lösung* (62). *Bezeichnet man mit* $\boldsymbol{a}_1, \boldsymbol{a}_2, \ldots, \boldsymbol{a}_n$ *der Reihe nach die Spalten von* $\boldsymbol{A}$ *und mit* $\boldsymbol{b}$ *das aus den Zahlen auf der rechten Seite gebildete n-Tupel, so gilt für alle* $i = 1, 2, \ldots, n$

$$x_i = \frac{\det(\boldsymbol{A}_i)}{\det(\boldsymbol{A})} = \frac{\det(\boldsymbol{a}_1, \ldots, \overset{\substack{i\text{-te Stelle}\\ \downarrow}}{\boldsymbol{b}}, \ldots, \boldsymbol{a}_n)}{\det(\boldsymbol{A})} \tag{63}$$

wobei die Matrix $\boldsymbol{A}_i$ *aus* $\boldsymbol{A}$ *entsteht, indem die i-te Spalte von* $\boldsymbol{A}$ *durch* $\boldsymbol{b}$ *ersetzt wird.*

Beweis: Wir wissen schon, daß das vorgelegte System eindeutig lösbar ist. Sei (62) seine Lösung. Es ist dann

$$x_1 \boldsymbol{a}_1 + x_2 \boldsymbol{a}_2 + \cdots + x_n \boldsymbol{a}_n = \boldsymbol{b}.$$

Folglich gilt

$$\begin{aligned} x_i \det(\boldsymbol{A}) &= x_i \det(\boldsymbol{a}_1, \ldots, \boldsymbol{a}_n) = \det(\boldsymbol{a}_1, \ldots, x_i \boldsymbol{a}_i, \ldots, \boldsymbol{a}_n) \\ &= \det(\boldsymbol{a}_1, \ldots, \boldsymbol{b}, \ldots, \boldsymbol{a}_n), \end{aligned}$$

also (63).

Bemerkung: Wegen $\boldsymbol{x} = \boldsymbol{A}^{-1}\boldsymbol{b}$ ergibt sich die Behauptung auch aus Kap. IV, Satz 5 ('*Cramersche Regel für die Matrixinversion*'); Beweis als *Übungsaufgabe* 4. Im übrigen gilt Satz 2 in der angegebenen Formulierung auch über einem beliebigen kommutativen Ring K statt eines Körpers.

Die Bedeutung der Cramerschen Regel für lineare Gleichungssysteme liegt nicht etwa darin, daß sie zur allgemeinen Berechnung eines linearen Gleichungssystems mit $m = n =$ Rang $\boldsymbol{A}$ wirklich geeignet wäre; vielmehr stellt sie eine wichtige theoretische Aussage dar. Aus ihr kann man zum Beispiel erkennen, daß etwa im Fall $K = \mathbb{R}$ oder $\mathbb{C}$ die Koordinaten x_i der Lösung $\boldsymbol{x}$ *stetig* (*stetig differenzierbar*, ja sogar *analytisch*) von den Koeffizienten a_{ij} der invertierbaren Matrix $\boldsymbol{A}$ abhängen. Was eine praktische Berechnung der x_i angeht, so ist hier nach wie vor das schon in Kap. I beschriebene Gaußsche Verfahren heranzuziehen.

Bemerkungen: (1) Sei U ein Teilraum eines endlich-dimensionalen Vektorraumes V, $\boldsymbol{v}$ ein beliebiger Vektor aus V. Es sei dann

$$\boldsymbol{v} + U = \{\boldsymbol{v} + \boldsymbol{u} \mid \boldsymbol{u} \in U\} \tag{64}$$

gesetzt. Jede Teilmenge der Gestalt (64) von V heißt ein *affiner Teilraum* von V. Vereinbart man, daß auch die *leere Menge* $\emptyset$ ein affiner Teilraum von V sein soll, so ist also die Lösungsmenge eines beliebigen linearen Gleichungssystems (54) über K ein affiner Teilraum von K^n.

(2) Ist U ein beliebiger Teilvektorraum von K^n, so gibt es gewiß eine lineare Abbildung $\boldsymbol{A}$: $K^n \to K^n$ mit Kern $\boldsymbol{A} = U$. Hieraus folgt F18 von Kap. II. Natürlich ist dann auch jeder beliebige *affine* Teilraum von K^n Lösungsmenge eines geeigneten inhomogenen linearen Gleichungssystems.

Als *Übungsaufgabe* 5 zeige man: Ist K ein *unendlicher* Körper, so hat ein beliebiges lineares Gleichungssystem entweder keine, genau eine oder unendlich viele Lösungen. Ist K hingegen ein *endlicher* Körper mit q Elementen (z.B. $K = \mathbb{F}_q$ mit einer Primzahl q, vgl. Kap. II, §2), so treten genau die Potenzen q^s als Lösungsanzahlen eines lösbaren linearen Gleichungssystems über K auf. Man beweise ferner: Ist K ein Körper mit q Elementen, so ist q notwendig eine Potenz der *Charakteristik* p von K, vgl. Kap. II, §2. Eine andere (schwierigere) Frage ist, ob es zu jeder Potenz p^n einer Primzahl p wirklich einen Körper mit genau p^n Elementen gibt. Dies ist aber in der Tat der Fall, wie man in der Algebra beweist.

§3 Bilinearformen

Definition 3 ('Bilinearform'):

Es seien V, W Vektorräume über dem Körper K. Eine Abbildung

$$\beta: V \times W \to K$$

heißt eine Bilinearform, falls β linear in jeder der beiden Variablen ist, d.h. es soll gelten:

$$\beta(\boldsymbol{x} + \boldsymbol{x}', \boldsymbol{y}) = \beta(\boldsymbol{x}, \boldsymbol{y}) + \beta(\boldsymbol{x}', \boldsymbol{y}) \tag{65}$$

$$\beta(\boldsymbol{x}, \boldsymbol{y} + \boldsymbol{y}') = \beta(\boldsymbol{x}, \boldsymbol{y}) + \beta(\boldsymbol{x}, \boldsymbol{y}') \tag{66}$$

$$\beta(a\boldsymbol{x}, \boldsymbol{y}) = a\beta(\boldsymbol{x}, \boldsymbol{y}) = \beta(\boldsymbol{x}, a\boldsymbol{y}) \tag{67}$$

Die Bilinearform heißt *nicht ausgeartet in der ersten Variablen* bzw. *der zweiten Variablen*,* falls gilt

$$\beta(\boldsymbol{x}, \boldsymbol{y}) = 0 \text{ für alle } \boldsymbol{y} \Rightarrow \boldsymbol{x} = \boldsymbol{0} \tag{68}$$

bzw.

$$\beta(\boldsymbol{x}, \boldsymbol{y}) = 0 \text{ für alle } \boldsymbol{x} \Rightarrow \boldsymbol{y} = \boldsymbol{0}. \tag{69}$$

Mit

$$\mathrm{Bil}(V, W) = \mathrm{Bil}_K(V, W)$$

bezeichnen wir die Menge aller Bilinearformen $\boldsymbol{\beta}\colon V \times W \to K$.

Bemerkungen: (1) 'Urform' einer Bilinearform ist die Multiplikation

$$\mu\colon K \times K \to K$$
$$(x, y) \mapsto xy$$

des Körpers K. Die Bilinearität von μ besagt nichts anderes als die Gültigkeit des Distributiv- und des Assoziativgesetzes sowie des Kommutativgesetzes der Multiplikation in K.

(2) Sei $\boldsymbol{B} = (b_{ij})$ eine beliebige $n \times m$-Matrix über K. Die durch

$$(\boldsymbol{x}, \boldsymbol{y}) \mapsto {}^t\boldsymbol{x}\boldsymbol{B}\boldsymbol{y} \tag{70}$$

definierte Abbildung $\boldsymbol{\beta}\colon K^n \times K^m \to K$ ist dann offenbar eine Bilinearform. Für

$$\boldsymbol{x} = \begin{pmatrix} x_1 \\ \vdots \\ x_n \end{pmatrix} \in K^n, \quad \boldsymbol{y} = \begin{pmatrix} y_1 \\ \vdots \\ y_m \end{pmatrix} \in K^m$$

ist

$$\boxed{\beta(\boldsymbol{x}, \boldsymbol{y}) = {}^t\boldsymbol{x}\boldsymbol{B}\boldsymbol{y} = \sum_{i,j} b_{ij} x_i y_j}\,, \tag{71}$$

wobei über alle Paare (i, j) mit $1 \leq i \leq n$ und $1 \leq j \leq m$ summiert wird. Man nennt (70) die *von der $m \times n$-Matrix B vermittelte Bilinearform auf $K^n \times K^m$.*

(3) Offenbar ist $\mathrm{Bil}(V, W)$ in natürlicher Weise ein Vektorraum über K.

(4) Ist $V = W$, so heißt eine Bilinearform $\boldsymbol{\beta}\colon V \times V \to K$ eine 'Bilinearform auf V' (obwohl $V \times V$ und nicht V der Definitionsbereich der Abbildung $\boldsymbol{\beta}$ ist). Auf Bilinearformen dieser Art wird unser Interesse vorwiegend gerichtet sein.

---

* Beachte aber die anschließende Bem. 7 zu Def. 3.

(5)* Ist $f: G \to \mathbb{R}$ eine auf einer offenen Menge G des $\mathbb{R}^n$ definierte (*total-*)*differenzierbare* Funktion. Für jedes $\boldsymbol{a} \in G$ ist dann die Ableitung $f'(\boldsymbol{a})$ von f an der Stelle $\boldsymbol{a}$ eine *Linearform auf* $\mathbb{R}^n$. Ist die Abbildung f': $G \to {}^t(\mathbb{R}^n)$ ihrerseits (total-)differenzierbar, so kann man $f''(\boldsymbol{a})$ für jedes $\boldsymbol{a} \in G$ als *Bilinearform auf* $\mathbb{R}^n$ ansehen (vgl. die Bemerkung 1 zu F4 weiter unten).

(6) Für jeden K-Vektorraum V ist die in §1 schon betrachtete Abbildung

$$\begin{aligned} &{}^tV \times V \to K \\ &(f, \boldsymbol{x}) \to \langle f, \boldsymbol{x} \rangle = f\boldsymbol{x} \end{aligned}$$

offenbar eine Bilinearform.

(7) Wie sich bald herausstellen wird, gilt: Sind V und W endlichdimensionale K-Vektorräume mit

$$\dim W = \dim V, \tag{72}$$

so ist eine Bilinearform $\beta: V \times W \to K$ genau dann nicht ausgeartet in der *ersten* Variablen, wenn sie nicht ausgeartet in der *zweiten* Variablen ist. □

Hält man bei einer Funktion zweier Variablen die erste Variable fest und läßt nur die zweite variieren, so bekommt man eine Funktion in einer einzigen Variablen. Jedem möglichen festen Wert, den man für die erste Variable einsetzt, entspricht so eine gewisse Funktion der anderen Variablen. Auf diese Weise kann der Begriff von Funktionen zweier Variablen im Grunde auf den Begriff von Funktionen einer Variablen zurückgeführt werden.* Dieses Grundkonzept wenden wir natürlich auch auf Bilinearformen an:

Es sei $\beta: V \times W \to K$ eine Bilinearform. Zu jedem $\boldsymbol{x}$ aus V betrachten wir die Abbildung

$$\begin{aligned} &W \to K \\ &\boldsymbol{y} \mapsto \beta(\boldsymbol{x}, \boldsymbol{y}) \end{aligned} \tag{73}$$

Diese ist *linear* (und zwar geradezu nach Definition einer Bilinearform); wir bezeichnen sie mit $\beta_1 \boldsymbol{x}$. Für jedes $\boldsymbol{x}$ aus V ist $\beta_1 \boldsymbol{x}$ also eine *Linearform* auf W. Die Abbildung

$$\beta_1: V \to {}^tW \tag{74}$$

ist dann eine lineare Abbildung von V in den *Dualraum* ${}^tW$ von W. Nach Definition von β_1 gilt

* Entsprechend läßt sich im übrigen auch jede Funktion in mehr als zwei Variablen schrittweise auf Funktionen einer Variablen zurückführen.

$$(\boldsymbol{\beta}_1 \boldsymbol{x})(\boldsymbol{y}) = \boldsymbol{\beta}(\boldsymbol{x}, \boldsymbol{y}) \quad \text{für alle } \boldsymbol{x} \in V, \boldsymbol{y} \in W \tag{75}$$

Dies können wir auch in der Gestalt

$$\boldsymbol{\beta}(\boldsymbol{x}, \boldsymbol{y}) = \langle \boldsymbol{\beta}_1 \boldsymbol{x}, \boldsymbol{y} \rangle \quad \text{für alle } \boldsymbol{x} \in V, \boldsymbol{y} \in W \tag{76}$$

schreiben, vgl. (22) in §1.

F4: *Die Abbildung*

$$\begin{aligned} \operatorname{Bil}(V, W) &\to \operatorname{Hom}(V, {}^tW) \\ \boldsymbol{\beta} &\mapsto \boldsymbol{\beta}_1 \end{aligned} \tag{77}$$

ist ein Isomorphismus von Vektorräumen. Besitzen daher V bzw. W die Dimensionen m bzw. n, so hat Bil(V, W) *die Dimension mn. Ferner gilt: Genau dann ist $\boldsymbol{\beta}$ nicht ausgeartet in der ersten Variablen, falls $\boldsymbol{\beta}_1$ injektiv ist.*

Beweis: Wir geben eine Abbildung in der umgekehrten Richtung an: Zu einer linearen Abbildung $\boldsymbol{h}: V \to {}^tW$ definieren wir eine Bilinearform $\boldsymbol{\beta}: V \times W \to K$ durch

$$\boldsymbol{\beta}(\boldsymbol{x}, \boldsymbol{y}) = \langle \boldsymbol{h}\boldsymbol{x}, \boldsymbol{y} \rangle \quad \boldsymbol{x} \in V, \boldsymbol{y} \in W \tag{78}$$

Man verifiziert dann sofort, daß wir auf diese Weise eine Umkehrabbildung zu (77) erhalten. Die übrigen Behauptungen von F4 sind klar. □

Bemerkung 1: Da es sich bei (77) um einen kanonischen (basisunabhängigen) Isomorphismus von Vektorräumen handelt, können wir Bilinearformen $V \times W \to K$ mit den ihnen entsprechenden linearen Abbildungen $V \to {}^tW$ identifizieren:

$$\operatorname{Bil}(V, W) = \operatorname{Hom}(V, {}^tW) \tag{79}$$

In diesem Sinne sind also z.B. Bilinearformen auf V dasselbe wie lineare Abbildungen von V in seinen Dualraum ${}^tV$.

Bemerkung 2: Ist $\boldsymbol{\beta}: V \times W \to K$ eine Bilinearform, so definiert man – analog zu $\boldsymbol{\beta}_1$ – die Abbildung

$$\boldsymbol{\beta}_2: W \to {}^tV \tag{80}$$

durch die Festsetzung $(\boldsymbol{\beta}_2 \boldsymbol{y})(\boldsymbol{x}) = \boldsymbol{\beta}(\boldsymbol{x}, \boldsymbol{y})$, also

$$\boldsymbol{\beta}(\boldsymbol{x}, \boldsymbol{y}) = \langle \boldsymbol{\beta}_2 \boldsymbol{y}, \boldsymbol{x} \rangle \quad \text{für alle } \boldsymbol{x} \in V, \boldsymbol{y} \in W \tag{81}$$

Hinsichtlich $\boldsymbol{\beta}_2$ hat man dann analoge Eigenschaften wie hinsichtlich $\boldsymbol{\beta}_1$.

Definition 4 ('Matrix einer Bilinearform'):
Es seien V und W jetzt K-Vektorräume endlicher Dimension; es gelte

$$n = \dim V, \quad m = \dim W \tag{82}$$

mit natürlichen Zahlen n und m. Sei

$$\beta: V \times W \to K$$

eine Bilinearform. Sind dann $\boldsymbol{v}_1, \ldots, \boldsymbol{v}_n$ bzw. $\boldsymbol{w}_1, \ldots, \boldsymbol{w}_m$ Basen von V bzw. W, so heißt die $n \times m$-Matrix $\boldsymbol{B} = (b_{ik})$ mit den Koeffizienten

$$b_{ik} = \beta(\boldsymbol{v}_i, \boldsymbol{w}_k) \tag{83}$$

die *Matrix der Bilinearform* β in bezug auf die Basen $\boldsymbol{v}_1, \ldots, \boldsymbol{v}_n$ von V und $\boldsymbol{w}_1, \ldots, \boldsymbol{w}_m$ von W.

Im Falle $V = W$, also einer Bilinearform β auf dem n-dimensionalen K-Vektorraum V, heißt die Matrix $\boldsymbol{B} = (b_{ik})$ mit den Koeffizienten

$$b_{ik} = \beta(\boldsymbol{v}_i, \boldsymbol{v}_k) \tag{84}$$

die Matrix von β in bezug auf die Basis $\boldsymbol{v}_1, \ldots, \boldsymbol{v}_n$ von V.

F5: *Ist B die Matrix der Bilinearform β: $V \times W \to K$ in bezug auf die Basen $\boldsymbol{v}_1, \ldots, \boldsymbol{v}_n$ von V und $\boldsymbol{w}_1, \ldots, \boldsymbol{w}_m$ von W, so ist*

$${}^t\boldsymbol{B} \quad (bzw.\ \boldsymbol{B})$$

die Koordinatenmatrix der linearen Abbildung

$$\beta_1: V \to {}^tW \quad (bzw.\ \beta_2: W \to {}^tV)$$

bezüglich der Basen $v_1, \ldots, v_n$ von V und $^*w_1, \ldots, {}^*w_m$ von ${}^tW$ (bzw. der Basen $w_1, \ldots, w_m$ von W und ${}^tv_1, \ldots, {}^tv_n$ von ${}^tV$).

Beweis: Für alle $1 \leq i \leq n$, $1 \leq k \leq n$ ist wegen (83)

$$(\boldsymbol{\beta}_1 \boldsymbol{v}_i)\, \boldsymbol{w}_k = b_{ik} = (\boldsymbol{\beta}_2 \boldsymbol{w}_k)\, \boldsymbol{v}_i$$

Deshalb gilt

$$\boldsymbol{\beta}_1 v_i = \sum_j b_{ij}\, {}^*w_j \ \text{bzw.}\ \boldsymbol{\beta}_2 w_k = \sum_j b_{jk}\, {}^*v_j,$$

also die Behauptung (vgl. die Formel (68) in Kap. III).

F6 ('Matrixbeschreibung von Bilinearformen'):
Ist $\boldsymbol{B}$ die Matrix der Bilinearform β: $V \times W \to K$ in bezug auf die Basen $\boldsymbol{v}_1, \ldots, \boldsymbol{v}_n$ von V und $\boldsymbol{w}_1, \ldots, \boldsymbol{w}_m$ von W, so gilt

$$\beta(\boldsymbol{x}, \boldsymbol{y}) = {}^t\tilde{\boldsymbol{x}}\boldsymbol{B}\tilde{\boldsymbol{y}} \quad \textit{für alle } \boldsymbol{x} \in V, \boldsymbol{y} \in W, \tag{85}$$

wobei $\tilde{x}$ bzw. $\tilde{y}$ die Koordinatenvektoren von $\boldsymbol{x}$ bzw. $\boldsymbol{y}$ in bezug auf die gegebenen Basen von V bzw. W bezeichnen. Sind also $x_1, \ldots, x_n$ bzw. $y_1, \ldots, y_m$ die Koordinaten von $\boldsymbol{x}$ bzw. $\boldsymbol{y}$ bezüglich der obigen Basen, so besagt (85), *daß die Gleichung*

$$\beta(\boldsymbol{x}, \boldsymbol{y}) = \sum_{i,j} b_{ij} x_i y_j \tag{86}$$

besteht, wobei über alle Paare (i,j) mit $1 \leq i \leq n$ und $1 \leq j \leq m$ summiert wird.

Beweis: Nach F5 ist $\beta(\boldsymbol{x}, \boldsymbol{y}) = (\beta_1 \boldsymbol{x})(\boldsymbol{y}) = {}^t({}^t\boldsymbol{B}\tilde{\boldsymbol{x}})\tilde{\boldsymbol{y}} = {}^t\tilde{\boldsymbol{x}}\boldsymbol{B}\tilde{\boldsymbol{y}}$ (vgl. (106) in Kap. III sowie §1).

Mit $\boldsymbol{x} = \sum_i x_i \boldsymbol{v}_i$ und $\boldsymbol{y} = \sum_j y_j \boldsymbol{w}_j$ ergibt sich (86) bzw. (85) durch leichte Rechnung natürlich auch direkt aus der Bilinearität von β. □

Bemerkungen: (1) Ist $\boldsymbol{B}$ die Matrix einer Bilinearform $\beta: V \times W \to K$ in bezug auf gegebene Basen von V und W, so ist β nach (85) durch die Matrix $\boldsymbol{B}$ bereits völlig festgelegt. Wir nennen $\boldsymbol{B}$ daher auch die *Strukturmatrix der Bilinearform* β in bezug auf die gegebenen Basen von V und W.

(2) Sei $\boldsymbol{B} = (b_{ij})$ eine beliebige $n \times m$-Matrix über dem Körper K. Die von $\boldsymbol{B}$ vermittelte Bilinearform

$$(\boldsymbol{x}, \boldsymbol{y}) \mapsto {}^t\boldsymbol{x}\boldsymbol{B}\boldsymbol{y}$$

(vgl. Bem. 2 zu Def. 3) besitzt bezüglich der *kanonischen Basen* von K^n und K^m natürlich die Matrix $\boldsymbol{B}$ als Strukturmatrix, denn es ist ja

$${}^t\boldsymbol{e}_i \boldsymbol{B} \boldsymbol{e}_j = b_{ij} \tag{87}$$

für alle $1 \leq i \leq n$, $1 \leq j \leq m$.

(3) Es liege die Situation von Def. 4 vor. Ordnet man dann jeder Bilinearform $\beta: V \times W \to K$ ihre Matrix in bezug auf die fest gewählten Basen von V und W zu, so erhält man aufgrund von F6 sowie der vorangegangenen Bemerkung 2 einen *Isomorphismus*

$$\mathrm{Bil}_K(V, W) \to K^{n,m} \tag{88}$$

des K-Vektorraumes aller Bilinearformen β: $V \times W \to K$ auf den K-Vektorraum aller $n \times m$-Matrizen über K.

Man vergleiche diese Aussage mit Satz 3 aus Kap. III; wie dort sei auch hier die Abhängigkeit des Isomorphismus (88) von den gewählten Basen ausdrücklich hervorgehoben. Das Verhalten der Strukturmatrix einer Bilinearform bei Basiswechsel wollen wir im übrigen gleich anschließend genauer studieren.

Satz 3 ('Transformation der Strukturmatrix einer Bilinearform bei Basiswechsel'):
Sei $\boldsymbol{B}$ *die Matrix einer Bilinearform* $\beta: V \times W \to K$ *in bezug auf die Basen* $v_1, \ldots, v_n$ *von* V *und* $w_1, \ldots, w_m$ *von* W. *Sind dann* $v'_1, \ldots, v'_n$ *bzw.* $w'_1, \ldots, w'_m$ *beliebige Basen von* V *bzw.* W *und ist* $\boldsymbol{B}'$ *die Strukturmatrix von* β *bezüglich dieser Basen, so gilt zwischen* $\boldsymbol{B}$ *und* $\boldsymbol{B}'$ *die Transformationsgleichung*

$$\boldsymbol{B}' = {}^t\boldsymbol{S}\boldsymbol{B}\boldsymbol{T}, \tag{89}$$

wobei $\boldsymbol{S}$ *die Übergangsmatrix von* $v_1, \ldots, v_n$ *nach* $v'_1, \ldots, v'_n$ *und* $\boldsymbol{T}$ *die Übergangsmatrix von* $w_1, \ldots, w_m$ *nach* $w'_1, \ldots, w'_m$ *bezeichnen.*

Beweis: Wir betrachten die lineare Abbildung

$$\beta_2: W \to {}^tV$$

Nach F5 besitzt diese bezüglich der Basen $w_1, \ldots, w_m$ von W und $^*v_1, \ldots, {}^*v_n$ von ${}^tV$ die Koordinatenmatrix $\boldsymbol{B}$. Entsprechend gehört zu β_2 bezüglich der Basen $w'_1, \ldots, w'_m$ von W und $^*v'_1, \ldots, {}^*v'_n$ von V die Koordinatenmatrix $\boldsymbol{B}'$. Aufgrund von Satz 5 aus Kap. III gilt dann aber

$$\boldsymbol{B}' = \boldsymbol{Q}^{-1}\boldsymbol{B}\boldsymbol{T} \tag{90}$$

mit $\boldsymbol{T}$ – wie oben – als der Übergangsmatrix von $w_1, \ldots, w_m$ nach $w'_1, \ldots, w'_m$ und $\boldsymbol{Q}$ als der Übergangsmatrix von $^*v_1, \ldots, {}^*v_n$ nach $^*v'_1, \ldots, {}^*v'_n$. Nun ist $\boldsymbol{S}$ die Koordinatenmatrix des Automorphismus

$$f: V \to V \text{ mit } fv_i = v'_i \quad \text{für } 1 \le i \le n$$

in bezug auf die Basis $v_1, \ldots, v_n$ von V. Bezüglich der Basis $^*v_1, \ldots, {}^*v_n$ von ${}^tV$ hat dann die Transponierte

$${}^tf: {}^tV \to {}^tV \text{ mit } {}^tf{}^*v'_i = {}^*v_i \quad \text{für } 1 \le i \le n$$

von f nach F2 die Koordinatenmatrix ${}^t\boldsymbol{S}$. Es folgt ${}^t\boldsymbol{S} = \boldsymbol{Q}^{-1}$, und somit geht (90) in (89) über.

Übungsaufgabe 6: Man leite (89) auch direkt aus (85) von F6 her. □

Wegen seiner besonderen Bedeutung wollen wir den folgenden Spezialfall von Satz 3 eigens formulieren:

Satz 3': *Es sei* $\beta: V \times V \to K$ *eine Bilinearform auf dem* n*-dimensionalen* K*-Vektorraum* V, *und sei* $\boldsymbol{B}$ *die Strukturmatrix von* β *bezüglich der Basis* $b_1, \ldots, b_n$ *von* V. *Ist dann* $c_1, \ldots, c_n$ *eine beliebige Basis von* V *und ist* $\boldsymbol{C}$ *die Strukturmatrix von* β *in bezug auf die Basis* $c_1, \ldots, c_n$ *von* V, *so gilt*

$$\boldsymbol{C} = {}^t\boldsymbol{S}\boldsymbol{B}\boldsymbol{S}, \tag{91}$$

wobei $\boldsymbol{S}$ *die Übergangsmatrix von* $b_1, \ldots, b_n$ *nach* $c_1, \ldots, c_n$ *bezeichnet.*

Bemerkung 1: Nach Satz 3′ gilt speziell: Ist $\boldsymbol{B}$ eine beliebige $n \times n$-Matrix über K, so hat die Strukturmatrix $\boldsymbol{C}$ der von $\boldsymbol{B}$ vermittelten Bilinearform (70) auf K^n in bezug auf eine beliebige Basis $\boldsymbol{s}_1, \ldots, \boldsymbol{s}_n$ von K^n die Gestalt

$$\boldsymbol{C} = {}^t\boldsymbol{S}\boldsymbol{B}\boldsymbol{S}$$

wobei $\boldsymbol{S}$ die $n \times n$-Matrix mit den Spalten $\boldsymbol{s}_1, \ldots, \boldsymbol{s}_n$ ist.

Bemerkung 2: Es sei β eine Bilinearform auf dem n-dimensionalen K-Vektorraum V. Sind dann $\boldsymbol{B}$ und $\boldsymbol{C}$ Strukturmatrizen von β bezüglich gewisser Basen von V, so unterscheiden sich die Determinanten von $\boldsymbol{B}$ und $\boldsymbol{C}$ nur um ein *Quadrat aus* $K^\times$, d.h. es gilt

$$\det(\boldsymbol{C}) = \alpha^2 \det(\boldsymbol{B}) \tag{92}$$

mit einem α aus $K^\times$. Aus (91) folgt nämlich $\det(\boldsymbol{C}) = \det({}^t\boldsymbol{S}) \det(\boldsymbol{B}) \det(\boldsymbol{S}) = \det(\boldsymbol{S})^2 \det(\boldsymbol{B})$, also gilt (92) mit $\alpha = \det(\boldsymbol{S})$.

Durch Satz 3 werden wir zu folgender Definition veranlaßt:

Definition 5 ('Kongruenz von Matrizen'):
$\boldsymbol{B}$ und $\boldsymbol{C}$ seien $n \times n$-Matrizen über dem Körper K. Wir sagen, $\boldsymbol{C}$ ist *kongruent zu* $\boldsymbol{B}$ *über* K, und schreiben

$$\boldsymbol{C} \simeq \boldsymbol{B},$$

wenn es eine *invertierbare* $n \times n$-Matrix $\boldsymbol{S}$ über K gibt, so daß (91) gilt.

Bemerkungen: (1) Aufgrund von Satz 3 gilt für $n \times n$-Matrizen $\boldsymbol{B}$, $\boldsymbol{C}$ über K genau dann

$$\boldsymbol{C} \simeq \boldsymbol{B},$$

wenn es eine Bilinearform β auf einem n-dimensionalen K-Vektorraum V gibt, so daß sowohl $\boldsymbol{B}$ als auch $\boldsymbol{C}$ als Strukturmatrizen von β bezüglich jeweils geeigneter Basen von V auftreten.

(2) Selbstverständlich ist die in Def. 5 eingeführte Relation eine *Äquivalenzrelation* auf der Menge $K^{n,n}$.

(3) Wie sich erst später zeigen wird, besteht zwischen der durch Def. 5 eingeführten Kongruenz von Matrizen und dem *Kongruenzbegriff der Geometrie* durchaus ein Zusammenhang.

Definition 6: Ist $\beta\colon V \times W \to K$ eine Bilinearform, so bezeichnen wir mit ${}^t\beta\colon W \times V \to K$ die durch

$${}^t\beta(\boldsymbol{w}, v) = \beta(v, \boldsymbol{w}) \quad \text{für alle } \boldsymbol{w} \in W, v \in V \tag{93}$$

definierte Bilinearform.

Eine Bilinearform $\beta\colon V \times V \to K$ auf V heißt <u>*symmetrisch*</u>, wenn ${}^t\beta = \beta$ gilt, also

$$\beta(\boldsymbol{y}, \boldsymbol{x}) = \beta(\boldsymbol{x}, \boldsymbol{y}) \quad \text{für alle } \boldsymbol{x}, \boldsymbol{y} \in V. \tag{94}$$

Bemerkung 1: Aufgrund der Definitionen gilt

$$({}^t\beta)_1 = \beta_2 \tag{95}$$

Sind V und W endlich-dimensional und ist $\boldsymbol{B}$ die Matrix von β in bezug auf feste Basen von V bzw. W, so ist die transponierte Matrix ${}^t\boldsymbol{B}$ die Matrix von ${}^t\beta$ in bezug auf die gegebenen Basen von W bzw. V.

Übungsaufgabe 7: Ist W endlich-dimensional und identifiziert man dann ${}''W$ mit W, so hat man für die Transponierte ${}^t(\beta_1)$ von β_1 die Gleichung

$${}^t(\beta_1) = ({}^t\beta)_1 = \beta_2 \tag{96}$$

Übungsaufgabe 8: Aus (96) folgere man: Sind V und W endlich-dimensionale K-Vektorräume mit $\dim V = \dim W$, so ist eine Bilinearform $\beta\colon V \times W \to K$ genau dann nicht ausgeartet in der ersten Variablen, wenn sie nicht ausgeartet in der zweiten Variablen ist. – Man leite diese Aussage auch direkt aus (85) von F6 her.

Bemerkung 2: Sei $\beta\colon V \times V \to K$ eine Bilinearform auf dem n-dimensionalen K-Vektorraum V, und sei $\boldsymbol{B}$ die Matrix von β in bezug auf eine Basis $\boldsymbol{b}_1, \ldots, \boldsymbol{b}_n$ von V. Dann ist β symmetrisch genau dann, wenn die $n \times n$-Matrix $\boldsymbol{B}$ symmetrisch ist, d.h. wenn

$${}^t\boldsymbol{B} = \boldsymbol{B} \tag{97}$$

gilt.

**Bemerkung* 3: Ist $f\colon G \to \mathbb{R}$ wie in Bem. 5 zu Def. 3 eine *zweimal (total-)differenzierbare* Funktion, so ist die Bilinearform $f''(a)$ für jedes $a \in G$ nach einem grundlegenden Satz der Analysis eine *symmetrische Bilinearform* auf $\mathbb{R}^n$. □

Gegeben sei eine Bilinearform

$$\beta\colon V \times W \to K \tag{98}$$

Für jeden Endomorphismus $\boldsymbol{f}\colon V \to V$ von V ist dann offenbar auch die durch

$$\beta_f(\boldsymbol{x}, \boldsymbol{y}) = \beta(\boldsymbol{f}\boldsymbol{x}, \boldsymbol{y}) \quad \text{für alle } \boldsymbol{x} \in V, \boldsymbol{y} \in W \tag{99}$$

definierte Abbildung $\beta_f\colon V \times W \to K$ eine Bilinearform. Unter welchen Umständen kann man so jede beliebige Bilinearform $\gamma\colon V \times W \to K$ aus der gegebenen Bilinearform (98) erhalten? Eine Antwort darauf gibt die folgende Feststellung.

F7: *Es seien V und W endlich-dimensionale K-Vektorräume mit* dim V = dim W, *und*

$$\beta: V \times W \to K$$

sei eine nicht ausgeartete Bilinearform. Zu einer beliebigen Bilinearform γ: $V \times W \to K$ *gibt es dann genau einen Endomorphismus* $\boldsymbol{f}$ *von* V, *so daß*

$$\gamma(\boldsymbol{x}, \boldsymbol{y}) = \beta(\boldsymbol{f}\boldsymbol{x}, \boldsymbol{y}) \quad \textit{für alle } \boldsymbol{x} \in V, \boldsymbol{y} \in W \tag{100}$$

gilt. Entsprechend gibt es zu γ *genau einen Endomorphismus* $\boldsymbol{g}$ *von* W *mit*

$$\gamma(\boldsymbol{x}, \boldsymbol{y}) = \beta(\boldsymbol{x}, \boldsymbol{g}\boldsymbol{y}) \quad \textit{für alle } \boldsymbol{x} \in V, \boldsymbol{y} \in W. \tag{101}$$

Beweis: Es gebe ein $\boldsymbol{f} \in \mathrm{End}(V)$ mit (100). Nun ist (100) gleichwertig mit

$$\gamma_1 = \beta_1 \circ \boldsymbol{f} \tag{102}$$

Aufgrund der Voraussetzungen ist β_1: $V \to {}^tW$ aber ein *Isomorphismus* (vgl. F4), also ist (102) äquivalent zu

$$\boldsymbol{f} = \beta_1^{-1} \circ \gamma_1 \tag{103}$$

Hieraus folgt bereits die Eindeutigkeit von $\boldsymbol{f}$. Definiert man nun andererseits eine lineare Abbildung $\boldsymbol{f}$: $V \to V$ durch (103), so gilt offenbar (102) bzw. (100). Damit ist F7 schon bewiesen (denn Existenz und Eindeutigkeit von $\boldsymbol{g}$ folgen aus Symmetriegründen). □

Die folgende Anwendung von F7 führt auf einen wichtigen Begriff, dessen Bedeutung sich uns allerdings erst später besser erschließen wird.

F8 ('Adjungierte'):
Es seien V und W endlich-dimensionale K-Vektorräume mit dim V = dim W, *und*

$$\beta: V \times W \to K$$

sei eine nicht ausgeartete Bilinearform. Zu einem beliebigen Endomorphismus $\boldsymbol{h}$ *von* V *gibt es dann genau einen Endomorphismus* $\boldsymbol{h}^\wedge$ *von* W *mit*

$$\beta(\boldsymbol{h}\boldsymbol{x}, \boldsymbol{y}) = \beta(\boldsymbol{x}, \boldsymbol{h}^\wedge \boldsymbol{y}) \quad \textit{für alle } \boldsymbol{x} \in V, \boldsymbol{y} \in W. \tag{104}$$

Man nennt $\boldsymbol{h}^\wedge$ *die Adjungierte von* $\boldsymbol{h}$ *bezüglich* β.

Entsprechend existiert zu jedem $\boldsymbol{j} \in \mathrm{End}(W)$ *genau ein* ${}^\wedge\boldsymbol{j} \in \mathrm{End}(V)$ *mit*

$$\beta(\boldsymbol{x}, \boldsymbol{j}\boldsymbol{y}) = \beta({}^\wedge\boldsymbol{j}\boldsymbol{x}, \boldsymbol{y}) \quad \textit{für alle } \boldsymbol{x} \in V, \boldsymbol{y} \in W \tag{105}$$

Beweis: Auf $\gamma := \beta_h$ angewandt, ergibt sich aus der zweiten Aussage von F7 sofort die Behauptung.

Bemerkung 1: Die *Adjungierte* $h^\wedge$ von h ist in bezug auf eine gegebene nicht ausgeartete Bilinearform definiert; die Bezeichnung $h^\wedge$ ist also nur dann nicht mißverständlich, wenn klar ist, welche Bilinearform β der Betrachtung zugrundegelegt ist.

Bemerkung 2: Wie aus F8 sofort hervorgeht, gilt:

$$^\wedge(h^\wedge) = h, \quad (^\wedge j)^\wedge = j, \quad (h_1 h_2)^\wedge = h_2^\wedge h_1^\wedge, \quad ^\wedge(j_1 j_2) = {}^\wedge j_1 \, {}^\wedge j_2. \tag{106}$$

Bemerkung 3: Im Falle $V = W$, also einer nicht-ausgearteten Bilinearform β auf einem n-dimensionalen K-Vektorraum V nennt man $h^\wedge$ die *Rechts*-Adjungierte und $^\wedge h$ die *Links*-Adjungierte von h bezüglich β. Ist β symmetrisch, so ist natürlich $h^\wedge = {}^\wedge h$, und wir sprechen dann einfach von *der Adjungierten* von h (bzgl. β).

Bemerkung 4: Für die allgemeine Gültigkeit von F8 ist die Voraussetzung der *Endlich-Dimensionalität* wesentlich. Dennoch spielt der Begriff der Adjungierten auch bei *unendlich-dimensionalen* Vektorräumen (z.B. in Verbindung mit der *Analysis*) eine wichtige Rolle. Ist β eine Bilinearform auf einem beliebigen K-Vektorraum V und $h \in \mathrm{End}(V)$, so heißt $g \in \mathrm{End}(V)$ eine (Rechts-) *Adjungierte* zu h bzgl. β, wenn

$$\beta(hx, y) = \beta(x, gy) \quad \text{für alle } x, y \in V$$

gilt. Ist β nicht ausgeartet in der zweiten Variablen, so ist g eindeutig bestimmt. Ob ein solches g allerdings existiert, ist eine andere Frage. *Ist V ein *Hilbertraum*, so besitzt jeder stetige Endomorphismus h von V eine (stetige) Adjungierte.

Bemerkung 5: Es sollen die Voraussetzungen und Bezeichnungen von F8 gelten. Seien ferner $v_1, \ldots, v_n$ bzw. $w_1, \ldots, w_n$ Basen von V bzw. W. Bezüglich dieser Basen sei B die Strukturmatrix von β. Besitzt dann ein Endomorphismus h von V bezüglich der Basis $v_1, \ldots, v_n$ von V die Koordinatenmatrix A, so gehört zu dem Endomorphismus $h^\wedge$ von W bezüglich der Basis $w_1, \ldots, w_n$ von W die Koordinatenmatrix

$$B^{-1}\,{}^tAB \tag{107}$$

Es ist (104) nämlich gleichbedeutend mit

$$\beta_2 \circ h^\wedge = {}^th \circ \beta_2 \tag{108}$$

Doch β_2: $W \to {}^tV$ ist ein Isomorphismus, denn β ist nicht ausgeartet, und es ist $\dim W = \dim V$; daher besagt (108) dasselbe wie

$$h^\wedge = \beta_2^{-1} \circ {}^th \circ \beta_2, \tag{109}$$

woraus sich durch Übergang zu den Koordinatenmatrizen (wegen F5 und F2) sofort die Behauptung ergibt.

Definition 7 ('Isometrie'):
Es sei $\beta: V \times V \to K$ eine Bilinearform auf dem K-Vektorraum V. Wir sagen, die lineare Abbildung $s: V \to V$ lasse β invariant, wenn gilt:

$$\beta(sx, sy) = \beta(x, y) \quad \text{für alle } x, y \in V. \tag{110}$$

Wir nennen s dann auch eine *Isometrie von V bezüglich β.*

F9: *Es sei V ein n-dimensionaler K-Vektorraum, und $\beta: V \times V \to K$ sei eine nicht ausgeartete Bilinearform auf V. Dann sind für einen Endomorphismus s von V die folgenden Aussagen äquivalent:*

(*i*) *$s: V \to V$ ist eine Isometrie bzgl. β, d.h. es gelte* (110).
(*ii*) *Es gilt $s^\wedge s = \mathrm{id}_V$.*
(*iii*) *s ist invertierbar, und es gilt*

$$s^{-1} = s^\wedge = {}^\wedge s. \tag{111}$$

(*iv*) *Gehört zu s bzgl. einer Basis $b_1, \ldots, b_n$ von V die Koordinatenmatrix S und zu β bzgl. derselben Basis die Strukturmatrix B, so gilt*

$$B = {}^tSBS. \tag{112}$$

Beweis: (i) $\Leftrightarrow$ (ii): Nach Definition von $s^\wedge$ gilt zunächst ganz allgemein:

$$\beta(x, s^\wedge sy) = \beta(sx, sy) \quad \text{für alle } x, y \in V. \tag{113}$$

Ist also (110) erfüllt, so folgt aus der Eindeutigkeitsaussage von F8 sofort $s^\wedge s = \mathrm{id}_V$, d.h. (ii). Umgekehrt ergibt sich aus (ii) im Hinblick auf (113) sofort (110).

(ii) $\Rightarrow$ (iii): Weil V endlich-dimensional ist, folgt aus $s^\wedge s = \mathrm{id}_V$ bereits die Invertierbarkeit von s (vgl. Kap. III, F21) und damit $s^{-1} = s^\wedge$. Wie oben ergibt sich aus (i) auch ${}^\wedge ss = \mathrm{id}_V$, also auch ${}^\wedge s = s^{-1}$.

(iii) $\Rightarrow$ (iv): Aufgrund von Bem. 5 zu F8 besitzt $s^\wedge$ in bezug auf die gewählte Basis die Koordinatenmatrix $B^{-1}\,{}^tSB$; also gilt (112).

(iv) $\Rightarrow$ (ii): Um $s^\wedge s = \mathrm{id}_V$ zu zeigen, genügt es, die entsprechende Gleichung für die zugehörigen Koordinatenmatrizen sicherzustellen. In der Tat ist $(B^{-1}\,{}^tSB)\,S = B^{-1}({}^tSBS) = B^{-1}B = E$, wobei wir zuerst von (107) und dann von der Voraussetzung (112) Gebrauch gemacht haben.

Bemerkung: Um das in Def. 7 eingeführte Konzept auch auf beliebige Bilinearformen $\beta: V \times W \to K$ zu übertragen, vereinbaren wir: Sind $s \in \mathrm{End}(V)$, $t \in \mathrm{End}(W)$ Endomorphismen von V bzw. W, so sagen wir, das Paar (s, t) lasse die Bilinearform $\beta: V \times W \to K$ invariant, wenn gilt:

$$\beta(sx, ty) = \beta(x, y) \quad \text{für alle } x \in V, y \in W \tag{114}$$

Sind dann V und W endlich-dimensionale K-Vektorräume mit $\dim V = \dim W$ und $\beta: V \times W \to K$ eine *nicht ausgeartete* Bilinearform, so sind die folgenden Aussagen gleichwertig:

(i) Das Paar (s, t) lasse β invariant, d.h. es gilt (114).
(ii) Es gilt ${}^{\wedge}ts = \mathrm{id}_V$.
(iii) s und t sind invertierbar, und es gilt $s^{-1} = {}^{\wedge}t$ sowie $t^{-1} = s^{\wedge}$.
(iv) Gehören bei fester Basiswahl in V bzw. W zu β, s, t die Matrizen B, S, T, so gilt

$$B = {}^{t}SBT \tag{115}$$

Beweis als *Übungsaufgabe* 9. □

Wir wollen jetzt noch einen allgemeinen Begriff behandeln, der – wie sich später zeigen wird – in speziellerem Zusammenhang einen geometrischen Grundbegriff *algebraisch* widerspiegelt.

Definition 8 ('Orthogonalität'):
Es sei $\beta: V \times W \to K$ eine beliebige Bilinearform. Für Vektoren $x \in V$ und $y \in W$ sagen wir, *x ist orthogonal zu y bezüglich β*, wenn

$$\beta(x, y) = 0 \tag{116}$$

gilt. Sind X bzw. Y Teilmengen von V bzw. W, so bezeichnen wir mit $X^{\perp}$ bzw. ${}^{\perp}Y$ die folgendermaßen definierten Teilmengen von W bzw. V:

$$X^{\perp} = \{y \in W \mid \beta(x, y) = 0 \text{ für alle } x \in X\} \tag{117}$$

$${}^{\perp}Y = \{x \in V \mid \beta(x, y) = 0 \text{ für alle } y \in Y\} \tag{118}$$

Man nennt $X^{\perp}$ bzw. ${}^{\perp}Y$ das *orthogonale Komplement (bzgl. β) von X bzw. Y in W bzw. V.*

Bemerkungen: (1) Im Falle $V = W$ heißt $X^{\perp}$ das orthogonale *Rechts-* und ${}^{\perp}X$ das orthogonale *Links*-Komplement von X bezüglich β. Ist β *symmetrisch*, so ist natürlich ${}^{\perp}X = X^{\perp}$.

(2) Natürlich sind $X^{\perp}$ ein Teilraum von W und ${}^{\perp}Y$ ein Teilraum von V; außerdem gilt

$$X^{\perp} = (\mathrm{Lin}\, X)^{\perp}, \quad {}^{\perp}Y = {}^{\perp}(\mathrm{Lin}\, Y) \tag{119}$$

(3) Es ist klar, daß zwischen der Orthogonalität bzgl. β und der Orthogonalität bzgl. der *universellen* Bilinearform $\langle , \rangle : {}^{t}V \times V$ bzw. $\langle , \rangle : {}^{t}W \times W$ enge Beziehungen bestehen. Es ist

$$X^{\perp} = (\beta_1 X)^{\circ}, \quad {}^{\perp}Y = (\beta_2 Y)^{\circ}, \tag{120}$$

was aufgrund der Definition der in Rede stehenden Begriffe unmittelbar klar ist (vgl. §1).

(4) Definitionsgemäß ist

$$^{\perp}W = \text{Kern}\,\boldsymbol{\beta}_1; \quad V^{\perp} = \text{Kern}\,\boldsymbol{\beta}_2 \tag{121}$$

und daher auch

$$^{\perp}W \cap X = \text{Kern}\,\boldsymbol{\beta}_{1|X}, \quad V^{\perp} \cap Y = \text{Kern}\,\boldsymbol{\beta}_{2|Y}, \tag{122}$$

falls X und Y als Teilräume von V bzw. W vorausgesetzt werden.

F10 ('Dimensionsformel für orthogonale Komplemente'):
Es seien V und W endlich-dimensionale K-Vektorräume und $\boldsymbol{\beta}: V \times W \to K$ eine Bilinearform. Dann gilt für jeden Teilraum X von V die Formel

$$\dim X + \dim X^{\perp} = \dim W + \dim(^{\perp}W \cap X) \tag{123}$$

und entsprechend für jeden Teilraum Y von W

$$\dim Y + \dim {}^{\perp}Y = \dim V + \dim(V^{\perp} \cap Y) \tag{124}$$

Beweis: Wir betrachten die Einschränkung

$$\boldsymbol{\beta}_{1|X}: X \to {}^{t}W$$

der linearen Abbildung $\boldsymbol{\beta}_1: V \to {}^{t}W$. Die Dimensionsformel für lineare Abbildungen liefert dann wegen (122) zunächst

$$\dim(\boldsymbol{\beta}_1 X) = \dim X - \dim(^{\perp}W \cap X) \tag{125}$$

Im Hinblick auf (120) ist nun

$$\dim X^{\perp} = \dim(\boldsymbol{\beta}_1 X)^{\circ} = \dim W - \dim(\boldsymbol{\beta}_1 X), \tag{126}$$

wobei wir (50) aus Satz 1 in §1 benutzt haben. Aus (125) und (126) ergibt sich (123). Aus Symmetriegründen gilt dann auch (124). □

Wendet man (123) speziell auf $X = V$ an, so folgt

$$\dim V + \dim V^{\perp} = \dim W + \dim {}^{\perp}W, \tag{127}$$

also

$$\dim V^{\perp} = \dim {}^{\perp}W, \quad \text{falls} \dim V = \dim W \tag{128}$$

Hieraus ergibt sich von neuem, daß *eine Bilinearform $\boldsymbol{\beta}: V \times W$* mit $\dim V = \dim W < \infty$ *genau dann nicht ausgeartet bezüglich der* ersten *Variablen ist, wenn $\boldsymbol{\beta}$ bezüglich der* zweiten *Variablen nicht ausgeartet ist.*

Der Leser mag vielleicht selbst mit den Formeln (123) und (124) noch etwas spielen; hier seien jedenfalls noch die folgenden Konsequenzen aus ihnen ausdrücklich festgehalten:

F11: *Es seien V und W endlich-dimensionale K-Vektorräume gleicher Dimension und $\beta: V \times W \to K$ eine Bilinearform. Ist β nicht ausgeartet, so gelten für beliebige Teilräume X bzw. Y von V bzw. W die Formeln*

$$\dim X + \dim X^{\perp} = \dim V \tag{129}$$

und

$$\dim Y + \dim {}^{\perp}Y = \dim V \tag{130}$$

Außerdem ist dann

$${}^{\perp}(X^{\perp}) = X, \quad ({}^{\perp}Y)^{\perp} = Y \tag{131}$$

Beweis: Nach Voraussetzung ist $V^{\perp} = 0$ und ${}^{\perp}W = 0$, somit folgt (129) wegen $\dim V = \dim W$ aus (123); analog ergibt sich (130) aus (124). Beweis von (131) als Übungsaufgabe 10.

Bemerkung: In der Situation von F11 sei $V = W$. Dann folgt aus (129) nicht notwendig, daß $X^{\perp}$ *transversal* zu X ist, also $X \cap X^{\perp} = 0$ gilt. □

Wir beschließen diesen Paragraphen (und damit zugleich das Kapitel) mit einer Feststellung, die besonders 'nutzlos' ist, dem Leser aber vielleicht dennoch zu gefallen vermag:

F12: *Es sei β eine Bilinearform auf dem n-dimensionalen K-Vektorraum V. Wir setzen voraus, daß die Orthogonalitätsrelation bzgl. β symmetrisch ist, d.h. für alle $\boldsymbol{x}, \boldsymbol{y}$ aus V gelte: Ist $\beta(\boldsymbol{x}, \boldsymbol{y}) = 0$, so ist auch $\beta(\boldsymbol{y}, \boldsymbol{x}) = 0$.*

Dann ist β symmetrisch, d.h.

$$\beta(\boldsymbol{y}, \boldsymbol{x}) = \beta(\boldsymbol{x}, \boldsymbol{y}) \quad \text{für alle } \boldsymbol{x}, \boldsymbol{y} \in V, \tag{132}$$

oder β ist schiefsymmetrisch, d.h.

$$\beta(\boldsymbol{y}, \boldsymbol{x}) = -\beta(\boldsymbol{x}, \boldsymbol{y}) \quad \text{für alle } \boldsymbol{x}, \boldsymbol{y} \in V \tag{133}$$

Beweis: Wir führen den Beweis nur für den Fall, daß β *nicht ausgeartet* ist. Dann gibt es nach F7 – angewandt auf $\gamma = {}^{t}\beta$ – ein $\boldsymbol{f} \in \mathrm{End}(V)$ mit

$$\beta(\boldsymbol{y}, \boldsymbol{x}) = \beta(\boldsymbol{f}\boldsymbol{x}, \boldsymbol{y}) \quad \text{für alle } x, y \in V \tag{134}$$

Für beliebiges $\boldsymbol{x} \neq 0$ aus V betrachte man $M = \langle \boldsymbol{x} \rangle$. Sei $\boldsymbol{y} \in M^{\perp}$. Aufgrund der Voraussetzung folgt dann aus (134), daß $\beta(\boldsymbol{f}\boldsymbol{x}, \boldsymbol{y}) = 0$ gilt. Folglich ist $\boldsymbol{f}\boldsymbol{x} \in {}^{\perp}(M^{\perp})$, wegen (131) also stets $\boldsymbol{f}\boldsymbol{x} \in M$. Der Endomorphismus $\boldsymbol{f}$ von V bildet somit jeden eindimensionalen Teilraum von V in sich ab. Bezüglich jeder Basis $\boldsymbol{b}_1, \ldots, \boldsymbol{b}_n$ von V besitzt $\boldsymbol{f}$ also eine Diagonalmatrix

$$\begin{pmatrix} \lambda_1 & & O \\ & \ddots & \\ O & & \lambda_n \end{pmatrix}$$

als Koordinatenmatrix. Außerdem muß $\lambda_1 = \lambda_2 = \cdots = \lambda_n$ sein; wäre nämlich etwa $\lambda_1 \neq \lambda_2$, so könnte $f(\boldsymbol{b}_1 + \boldsymbol{b}_2) = \lambda_1 \boldsymbol{b}_1 + \lambda_2 \boldsymbol{b}_2$ kein Vielfaches von $\boldsymbol{b}_1 + \boldsymbol{b}_2$ sein. Also hat f die Gestalt

$$f = \lambda \, \mathrm{id}_V$$

mit $\lambda \in K$. Wegen ${}^t({}^t\beta) = \beta$ folgt nun aber aus (134), daß $\lambda^2 = 1$, also $\lambda = \pm 1$ gelten muß. Dies beweist F12 für nicht ausgeartetes β.

Der allgemeine Fall läßt sich nun leicht auf den schon behandelten Fall zurückführen; dies durchzuführen, sei dem Leser als *Übungsaufgabe* 11 empfohlen. (Hinweis: Betrachte β auf einem Komplementärraum W zu $V^\perp$ in V.) □

Bemerkung 1: Ist $\mathrm{Char}(K) \neq 2$, d.h. $1 + 1 \neq 0$ in K, so schließen sich für $\beta \neq 0$ die Fälle (132) und (133) aus. Außerdem ist dann (133) äquivalent mit

$$\beta(\boldsymbol{x}, \boldsymbol{x}) = 0 \quad \text{für alle } \boldsymbol{x} \in V \tag{135}$$

Eine Bilinearform β, für die (135) gilt, haben wir früher (vgl. Kap. IV) auch *alternierend* genannt. Ist $\mathrm{Char}(K) = 2$, also $1 + 1 = 0$ in K, so ist (135) im allgemeinen keine Konsequenz von (133); eine Bilinearform, die (135) erfüllt, wird auch *symplektisch* genannt.

Bemerkung 2: Ist $\mathrm{Char}(K) \neq 2$, so läßt sich jede Bilinearform β auf einem beliebigen K-Vektorraum V in eindeutiger Weise als Summe

$$\beta = \beta_s + \beta_a \tag{136}$$

einer *symmetrischen* Bilinearform β_s auf V und einer *schiefsymmetrischen* Bilinearform β_a auf V darstellen. Aus (136) folgt nämlich ${}^t\beta = {}^t\beta_s + {}^t\beta_a = \beta_s - \beta_a$, woraus sich zusammen mit (136) sofort

$$\beta_s = \tfrac{1}{2}(\beta + {}^t\beta), \quad \beta_a = \tfrac{1}{2}(\beta - {}^t\beta) \tag{137}$$

ergibt. Definiert man umgekehrt β_s und β_a durch (137), so gilt (136) mit *symmetrischen* β_s und *schiefsymmetrischem* β_a.

Ist β eine Bilinearform auf V, so haben wir für $\boldsymbol{x}, \boldsymbol{y}$ aus V den Vektor $\boldsymbol{x}$ orthogonal (bzgl. β) zum Vektor $\boldsymbol{y}$ genannt, wenn

$$\beta(\boldsymbol{x}, \boldsymbol{y}) = 0 \tag{138}$$

gilt. Damit hier überhaupt eine Verbindung zur *Geometrie* bestehen kann, muß die durch (138) definierte Relation wenigstens *symmetrisch* sein. Ist dies der Fall, so ist β nach F12 notwendig eine symmetrische oder schiefsymmetrische Bilinearform. Die Grundzüge der *Theorie der symmetrischen Bilinearformen* werden wir im nächsten Kap. ausführlich behandeln. Auf *schiefsymmetrische* Bilinearformen hingegen gehen wir nicht eigens ein, hier ist im übrigen auch alles viel einfacher als im symmetrischen Fall. Ist z.B. V ein n-dimensionaler Vektorraum und ist n *ungerade*, so kann es auf V keine schiefsymmetrische Bilinearform $\boldsymbol{\beta} \neq \mathbf{0}$ geben: Sei β zunächst eine beliebige Bilinearform auf einem n-dimensionalen K-Vektorraum V, und sei $\boldsymbol{b}_1, \ldots, \boldsymbol{b}_n$ eine Basis von V. Dann ist β schiefsymmetrisch genau dann, wenn die Strukturmatrix $\boldsymbol{B}$ von β in bezug auf $\boldsymbol{b}_1, \ldots, \boldsymbol{b}_n$ eine *schiefsymmetrische Matrix* ist, d.h.

$$ {}^t\boldsymbol{B} = -\boldsymbol{B} \tag{139} $$

gilt. Stets sei hier $\mathrm{Char}(K) \neq 2$ vorausgesetzt. Aus (139) aber folgt

$$ \det(\boldsymbol{B}) = (-1)^n \det(\boldsymbol{B}) \tag{140} $$

Ist β also schiefsymmetrisch, so ist notwendig n gerade oder $\det(\boldsymbol{B}) = 0$. Auf einem K-Vektorraum V ungerader Dimension kann es also keine nicht ausgeartete schiefsymmetrische Bilinearform geben. Dies folgt auch aus der folgenden Feststellung

F13: *Sei β eine symplektische Bilinearform auf einem n-dimensionalen Vektorraum V über einem beliebigen Körper K. Wir setzen β gleich als nicht ausgeartet voraus. Dann besitzt β eine 'symplektische Basis', d.h. es gibt eine Basis*

$$ \boldsymbol{u}_1, \boldsymbol{v}_1, \boldsymbol{u}_2, \boldsymbol{v}_2, \ldots, \boldsymbol{u}_m, \boldsymbol{v}_m \tag{141} $$

von V, bezüglich welcher die Strukturmatrix von β die Gestalt

$$ \begin{pmatrix} \boldsymbol{H} & & & \\ & \boldsymbol{H} & & \boldsymbol{O} \\ & & \ddots & \\ & \boldsymbol{O} & & \boldsymbol{H} \end{pmatrix} \tag{142} $$

besitzt, wobei $\boldsymbol{H}$ die 2×2-Matrix

$$ \boldsymbol{H} = \begin{pmatrix} 0 & 1 \\ -1 & 0 \end{pmatrix} \tag{143} $$

bezeichnet. Insbesondere also ist $n = 2m$ gerade, und außerdem gilt: Ist $\boldsymbol{B}$ eine beliebige schiefsymmetrische $n \times n$-Matrix über K, so ist $\det(\boldsymbol{B})$ *ein Quadrat in K.*

Beweis (skizze):

Sei $\boldsymbol{u}_1 \neq \boldsymbol{0}$ ein beliebiger Vektor aus V. Weil $\boldsymbol{\beta}$ nicht ausgeartet ist, gibt es einen Vektor $\boldsymbol{v}_1$ mit $\boldsymbol{\beta}(\boldsymbol{u}_1, \boldsymbol{v}_1) = 1$. Es sei dann $H = \langle \boldsymbol{u}_1, \boldsymbol{v}_1 \rangle$. Dann hat die Einschränkung $\boldsymbol{\beta}_H$ von $\boldsymbol{\beta}$ auf H in bezug auf die Basis $\boldsymbol{u}_1$, $\boldsymbol{v}_1$ von H die Strukturmatrix $\boldsymbol{H}$ in (143); insbesondere ist $\boldsymbol{\beta}_H$ *nicht ausgeartet*. Es sei $W = H^{\perp}$. Dann ist $V = H \oplus W$, und wir können Induktion anwenden.

Da die Matrix $\boldsymbol{H}$ in (143) die Determinante 1 besitzt, hat auch die Matrix in (142) die Determinante 1. Somit folgt die letzte Aussage von F13 aus Bem. 2 zu Satz 3′. □

Mit F13 ist bereits eine *vollständige Klassifikation symplektischer Bilinearformen* auf endlich-dimensionalen Vektorräumen über einem beliebigen Körper K erreicht.

Bemerkung: Dem aufmerksamen Leser wird nicht entgangen sein, daß wir beim Beweis der letzten Behauptung von F13 stillschweigend Char $(K) \neq 2$ vorausgesetzt haben. Die Behauptung gilt aber auch für Char$(K) = 2$, wenn man in diesem Fall von einer schiefsymmetrischen Matrix ausdrücklich verlangt, daß alle Koeffizienten auf der Hauptdiagonalen verschwinden.

Kapitel VII

Quadratische Formen

§1 Zum Begriff einer quadratischen Form

Es sei K ein Körper, z.B. $K = \mathbb{Q}$ der Körper der rationalen Zahlen. Urbeispiele für eine quadratische Form über K sind dann die Funktionen der Gestalt

$$q: x \mapsto cx^2 \tag{1}$$

von K in sich, wobei c ein festes, aber beliebiges Element aus K ist. Allgemeiner betrachtet man Funktionen

$$q: K^n \to K$$

der Gestalt

$$q(\boldsymbol{x}) = q(x_1, \ldots, x_n) = \sum_{i,j=1}^{n} c_{ij} x_i x_j, \tag{2}$$

wobei die c_{ij} beliebige vorgegebene Zahlen aus K sind, beispielsweise die durch

$$q(x_1, \ldots, x_5) = 5x_1^2 + 3x_1x_2 + 12x_3^2 + 17x_4^2 - 3x_5^2 \tag{3}$$

definierte Funktion $q: \mathbb{Q}^5 \to \mathbb{Q}$. Nun ist von vornherein allerdings nicht klar, daß die Untersuchung derartiger Funktionen etwas mit *Linearer Algebra* zu tun hat, denn diese Funktionen sind ja nicht '*linear*', sondern '*quadratisch*'. Die Bedeutung der Linearen Algebra aber – wir haben schon darauf hingewiesen – liegt in der methodischen Kraft, mit der sie in andere mathematische Disziplinen einzudringen vermag. Dies ist auch bei der Untersuchung quadratischer Formen der Fall; die Anwendung linearen Denkens ist hier sogar so direkt und unmittelbar, daß man die allgemeinen Grundlagen der Theorie der quadratischen Formen über Körpern mit Recht einfach als Bestandteil der *Linearen Algebra* ansieht.

Damit aber kein Mißverständnis entsteht: 'Tiefere' Fragen können selbstverständlich nicht allein mit Linearer Algebra beantwortet werden. Ob zum Beispiel eine quadratische Form wie in (2) über $\mathbb{Q}$ eine nicht-triviale Nullstelle besitzt, es also ein $\boldsymbol{x} \neq 0$ aus $\mathbb{Q}^n$ mit $q(\boldsymbol{x}) = 0$ gibt, ist eine Frage der *Zahlentheorie*, eine einigermaßen schwierige überdies, welche aber durch den schönen Satz von Hasse–Minkowski als vollständig beantwortet gelten kann. Nach diesem Satz hat z.B. die quadratische Form (3) eine nicht-triviale Nullstelle in $\mathbb{Q}^5$, während etwa die Gleichung

$$x_1^2 - 3x_2^2 - 5x_3^2 + 15x_4^2 = 0$$

über $\mathbb{Q}$ keine nicht-triviale Lösung besitzt.

Um nun – was unser Thema betrifft – der begrifflichen Kraft der Linearen Algebra einen Zugang zu eröffnen, geben wir der Definition einer quadratischen Form eine etwas weniger direkte Fassung, als man das anhand der obigen Beispiele vielleicht erwarten würde:

Definition 1 ('quadratische Form'):

Es sei V ein Vektorraum über dem Körper K. Unter *einer quadratischen Form q auf V* verstehen wir eine Abbildung $q: V \to K$ mit den folgenden beiden Eigenschaften:

(i) Für alle $a \in K$ und alle $\boldsymbol{x}$ aus V gilt

$$q(a\boldsymbol{x}) = a^2 q(\boldsymbol{x}).$$

(ii) Die Abbildung

$$(\boldsymbol{x}, \boldsymbol{y}) \mapsto q(\boldsymbol{x} + \boldsymbol{y}) - q(\boldsymbol{x}) - q(\boldsymbol{y})$$

ist eine *Bilinearform* auf V.

Bemerkungen: (1) Für alle $x, y \in K$ ist

$$c(x + y)^2 - cx^2 - cy^2 = 2cxy,$$

also ist (1) eine quadratische Form auf K. Entsprechend rechnet man sofort nach, daß (2) für eine beliebige $n \times n$-Matrix $\boldsymbol{C} = (c_{ij})$ über K eine quadratische Form auf K^n definiert.

(2) Bezeichnet man die durch (ii) definierte Bilinearform mit $\boldsymbol{\beta}$, so gilt also

$$q(\boldsymbol{x} + \boldsymbol{y}) = q(\boldsymbol{x}) + q(\boldsymbol{y}) + \beta(\boldsymbol{x}, \boldsymbol{y}) \tag{4}$$

Mit (i) folgt daraus speziell

$$\beta(\boldsymbol{x}, \boldsymbol{x}) = 2q(\boldsymbol{x}) \tag{5}$$

Wir nennen β die *zu q assoziierte Bilinearform.* Wie aus ihrer Definition hervorgeht, handelt es sich bei β um eine *symmetrische* Bilinearform, d.h. für alle $\boldsymbol{x}$, $\boldsymbol{y}$ aus V gilt $\beta(\boldsymbol{y}, \boldsymbol{x}) = \beta(\boldsymbol{x}, \boldsymbol{y})$. Die quadratische Form q heißt *nicht ausgeartet*, wenn die zu q assoziierte Bilinearform nicht ausgeartet ist.

(3) Es sei $\dim V = n$, und $\boldsymbol{b}_1, \ldots, \boldsymbol{b}_n$ sei eine Basis von V. Dann gilt

$$q\left(\sum_{i=1}^{n} x_i \boldsymbol{b}_i\right) = \sum_{i=1}^{n} x_i^2 q(\boldsymbol{b}_i) + \sum_{i<j} x_i x_j \beta(\boldsymbol{b}_i, \boldsymbol{b}_j), \tag{6}$$

wobei in der zweiten Summe über alle Paare i, j mit $1 \leq i < j \leq n$ summiert wird. Wegen (4) ergibt sich (6) sofort durch Induktion nach n.

(4) Ist $\mathrm{Char}(K) \neq 2$, so gilt nach (5)

$$q(\boldsymbol{x}) = \tfrac{1}{2}\beta(\boldsymbol{x}, \boldsymbol{x}) \quad \text{für alle } \boldsymbol{x} \in V \tag{7}$$

Also ist dann q durch die zu q assoziierte Bilinearform eindeutig festgelegt. Ist umgekehrt eine beliebige symmetrische Bilinearform $\boldsymbol{\beta}$ auf V gegeben, so wird durch (7) offenbar eine quadratische Form q auf V definiert. *Unter der Voraussetzung* $\mathrm{Char}(K) \neq 2$ *hat man also eine natürliche Bijektion zwischen der Menge aller quadratischen Formen auf V und der Menge*

$$\mathrm{Sym}(V) \tag{8}$$

aller symmetrischen Bilinearformen auf V. Zwischen der Theorie der quadratischen Formen und der Theorie der symmetrischen Bilinearformen besteht dann kein Unterschied. □

Der Einfachheit halber setzen wir von nun an stets

$$\boxed{\mathrm{Char}(K) \neq 2} \tag{9}$$

voraus. Nach der obigen Bemerkung läuft dann das Studium quadratischer Formen über K auf die Untersuchung von symmetrischen Bilinearformen auf K-Vektorräumen hinaus. Wir vereinbaren dann die folgende (formal nicht ganz korrekte, aber sehr nützliche) Bezeichnungsweise: Ist q eine quadratische Form auf V und $\boldsymbol{\beta}$ die assoziierte Bilinearform, so setzen wir

$$q(\boldsymbol{x}, \boldsymbol{y}) = \tfrac{1}{2}\boldsymbol{\beta}(\boldsymbol{x}, \boldsymbol{y}), \tag{10}$$

bezeichnen also mit q auch die Bilinearform $q = \frac{1}{2}\boldsymbol{\beta}$. In diesem Sinne gilt dann also

$$q(\boldsymbol{x}) = q(\boldsymbol{x}, \boldsymbol{x}) \tag{11}$$

Wir hätten das auch so ausdrücken können: Ist $\boldsymbol{q}$ eine symmetrische Bilinearform auf einem K-Vektorraum, so bezeichnen wir mit demselben Buchstaben $\boldsymbol{q}$ auch die von $\boldsymbol{q}$ vermittelte quadratische Form

$$\boldsymbol{x} \mapsto \boldsymbol{q}(\boldsymbol{x}, \boldsymbol{x}) \tag{12}$$

Es sei aber ausdrücklich vermerkt: Ist $\mathrm{Char}(K) = 2$ – und solche Körper K sind keineswegs nur pathologische Sonderfälle – so ist zur Untersuchung quadratischer Formen über K die Ausarbeitung einer eigenen Theorie erforderlich; mit der (in diesem Falle spezielleren) Theorie der symmetrischen Bilinearformen kommt man nicht aus. Doch ist hier nicht der Platz, genauer darauf einzugehen.

Wir wollen an dieser Stelle nochmals ausdrücklich festhalten:

F1: *Es sei $\boldsymbol{q}$ eine quadratische Form auf dem n-dimensionalen K-Vektorraum V. Bezüglich einer Basis $\boldsymbol{b}_1, \ldots, \boldsymbol{b}_n$ von V sei $\boldsymbol{A} = (a_{ij})$ die Strukturmatrix der symmetrischen Bilinearform $\boldsymbol{q}$. Dann ist $\boldsymbol{q}$ genau dann nicht ausgeartet, wenn $\boldsymbol{A}$ nicht singulär (also invertierbar) ist.*

Beweis: Die Behauptung ergibt sich sofort aus F4 und F5 von Kap. VI, sei hier aber nochmals folgendermaßen begründet: Es sei

$$V^\perp = \{\boldsymbol{x} \in V \mid \boldsymbol{q}(\boldsymbol{x}, \boldsymbol{y}) = 0 \text{ für alle } \boldsymbol{y} \in V\}$$

das *orthogonale Komplement* von V bzgl. $\boldsymbol{q}$. Genau dann ist $\boldsymbol{q}$ nicht ausgeartet, wenn $V^\perp = 0$ gilt. Nun liegt ein beliebiger Vektor

$$\boldsymbol{x} = \sum_{j=1}^{n} x_j \boldsymbol{b}_j$$

aus V offenbar genau dann in $V^\perp$, wenn $\boldsymbol{q}(\boldsymbol{x}, \boldsymbol{b}_i) = 0$ für alle $i = 1, 2, \ldots, n$ gilt. Es ist aber

$$\boldsymbol{q}(\boldsymbol{x}, \boldsymbol{b}_i) = \sum_j x_j \boldsymbol{q}(\boldsymbol{b}_j, \boldsymbol{b}_i) = \sum_j a_{ij} x_j,$$

somit gilt

$$\boldsymbol{x} = \sum_{j=1}^{n} x_j \boldsymbol{b}_j \in V^\perp \quad \Leftrightarrow \quad \sum_j a_{ij} x_j = 0$$

Danach ist $V^\perp = 0$ gleichbedeutend damit, daß das *homogene lineare Gleichungssystem* mit der Koeffizientenmatrix $\boldsymbol{A} = (a_{ij})$ nur die triviale Lösung besitzt. Dies ist aber genau dann der Fall, wenn $\boldsymbol{A}$ invertierbar ist. □

Übungsaufgabe 1: Es sei $\boldsymbol{q}$ eine quadratische Form auf dem n-dimensionalen K-Vektorraum V. Man zeige: Ist $\boldsymbol{v}_1, \ldots, \boldsymbol{v}_m$ ein System von Vektoren aus V, für welches die $m \times m$-Matrix

$$(\boldsymbol{q}(v_i, v_j))_{i,j} \tag{13}$$

nicht singulär ist, so ist $\boldsymbol{v}_1, \ldots, \boldsymbol{v}_m$ *linear unabhängig*, also im Falle $m = n$ eine Basis von V. □

Es sei $\boldsymbol{q}$ eine beliebige quadratische Form auf dem K-Vektorraum V. Sei dann W ein Komplementärraum zu $V^\perp$ in V. Offenbar ist dann die Einschränkung $\boldsymbol{q}_W$ von $\boldsymbol{q}$ auf W eine nicht ausgeartete quadratische Form auf W. Für einen beliebigen Vektor $\boldsymbol{v} = \boldsymbol{u} + \boldsymbol{w}$ mit $\boldsymbol{u} \in V^\perp$ und $\boldsymbol{w} \in W$ gilt dann

$$\boldsymbol{q}(\boldsymbol{v}) = \boldsymbol{q}(\boldsymbol{w}) = \boldsymbol{q}_W(\boldsymbol{w})$$

Dies zeigt, daß man sich in der Theorie der quadratischen Formen gegebenenfalls immer auf nicht ausgeartete Formen beschränken kann.

Übungsaufgabe 2: Zeige, daß mit den obigen Bezeichnungen gilt: Ist W' ein weiterer Komplementärraum zu $V^\perp$ in V, so liefert die natürliche Abbildung $W \to W'$ die Äquivalenz

$$\boldsymbol{q}_W \simeq \boldsymbol{q}_{W'} \tag{14}$$

(Zum Begriff der *Äquivalenz quadratischer Formen* vgl. Def. 2 im nächsten Paragraphen.)

§2 Existenz von Orthogonalbasen, das Klassifikationsproblem quadratischer Formen und der Witt'sche Kürzungssatz

Es sei $\boldsymbol{q}$ eine symmetrische Bilinearform auf dem n-dimensionalen K-Vektorraum V. Nach Wahl einer Basis $\boldsymbol{b}_1, \ldots, \boldsymbol{b}_n$ von V gilt

$$\boldsymbol{q}(\boldsymbol{x}, \boldsymbol{y}) = \sum_{i,j=1}^{n} a_{ij} x_i y_j; \tag{15}$$

hierbei sind die Elemente a_{ij} aus K durch

$$a_{ij} = \boldsymbol{q}(\boldsymbol{b}_i, \boldsymbol{b}_j) \quad 1 \leq i, j \leq n \tag{16}$$

definiert, und für alle $\boldsymbol{x}, \boldsymbol{y} \in V$ bezeichnen $x_1, \ldots, x_n$ bzw. $y_1, \ldots, y_n$ die *Koordinaten* von $\boldsymbol{x}$ bzw. $\boldsymbol{y}$ in bezug auf die gegebene Basis $\boldsymbol{b}_1, \ldots, \boldsymbol{b}_n$ von V. Die zu $\boldsymbol{q}$ gehörige quadratische Form $\boldsymbol{q}$ wird dann nach (15) durch

$$\boldsymbol{q}(\boldsymbol{x}) = \sum_{i,j=1}^{n} a_{ij} x_i x_j \tag{17}$$

beschrieben. Die *Strukturmatrix* $\boldsymbol{A} = (a_{ij})$ von $\boldsymbol{q}$ bzgl. der gewählten Basis $\boldsymbol{b}_1, \ldots, \boldsymbol{b}_n$ ist *symmetrisch*, d.h. für alle $1 \leq i, j \leq n$ gilt

$$a_{ij} = a_{ji}, \tag{18}$$

vgl. (16).

Ist umgekehrt eine *symmetrische* $n \times n$-Matrix $\boldsymbol{A}$ über K vorgelegt, so betrachte man die folgendermaßen definierte quadratische Form:

$$\boldsymbol{q}_A(\boldsymbol{x}) = {}^t\boldsymbol{x}\boldsymbol{A}\boldsymbol{x} = \sum_{i,j=1}^{n} a_{ij} x_i x_j \tag{19}$$

Wir nennen $\boldsymbol{q}_A$ *die von der symmetrischen Matrix* $\boldsymbol{A}$ *vermittelte quadratische Form.* Es ist dann $\boldsymbol{A}$ die Strukturmatrix von $\boldsymbol{q}_A$ in bezug auf die *kanonische* Basis $\boldsymbol{e}_1, \ldots, \boldsymbol{e}_n$ von K^n. Wie wir oben gesehen haben, ist eine beliebige quadratische Form auf einem n-dimensionalen K-Vektorraum 'im wesentlichen gleich' einer quadratischen Form der Gestalt (19). Um hier und im folgenden eine präzise Ausdrucksweise zur Verfügung zu haben, vereinbaren wir:

Definition 2 ('Äquivalenz quadratischer Formen, Isometrie quadratischer Räume'):

Ist $\boldsymbol{q}$ eine quadratische Form auf einem K-Vektorraum V, so nennen wir das Paar

$$(V, \boldsymbol{q})$$

abkürzend einen *quadratischen Raum* über K. Ein quadratischer Raum über K ist also ein K-Vektorraum V zusammen mit einer quadratischen

Form $\boldsymbol{q}$ auf V. Seien $(V, \boldsymbol{q})$ und $(V', \boldsymbol{q}')$ quadratische Räume über K. Wir sagen dann, die quadratische Form $\boldsymbol{q}$ ist *äquivalent* zu der quadratischen Form $\boldsymbol{q}'$, in Zeichen

$$\boldsymbol{q} \simeq \boldsymbol{q}', \tag{20}$$

wenn es einen Vektorraumisomorphismus $\boldsymbol{s}: V \to V'$ gibt mit

$$\boldsymbol{q}'(\boldsymbol{s}\boldsymbol{x}) = \boldsymbol{q}(\boldsymbol{x}) \quad \text{für alle } \boldsymbol{x} \in V \tag{21}$$

Ein solches $\boldsymbol{s}$ nennen wir eine *Isometrie des quadratischen Raumes $(V, \boldsymbol{q})$ auf den quadratischen Raum* $(V', \boldsymbol{q}')$. Gilt (20), so schreiben wir auch

$$(V, \boldsymbol{q}) \simeq (V', \boldsymbol{q}') \tag{22}$$

und nennen $(V, \boldsymbol{q})$ *isomorph* (oder auch *isometrisch* bzw. *äquivalent*) zu $(V', \boldsymbol{q}')$.

Bemerkung 1: Aus (21) und der Linearität von $\boldsymbol{s}$ folgt natürlich sofort, daß sogar

$$\boldsymbol{q}'(\boldsymbol{s}\boldsymbol{x}, \boldsymbol{s}\boldsymbol{y}) = \boldsymbol{q}(\boldsymbol{x}, \boldsymbol{y}) \quad \text{für alle } \boldsymbol{x}, \boldsymbol{y} \in V \tag{23}$$

gilt, $\boldsymbol{s}$ also die zugehörigen symmetrischen Bilinearformen 'respektiert'.

Bemerkung 2: Sei $\boldsymbol{q}$ eine symmetrische Bilinearform auf dem n-dimensionalen K-Vektorraum V, und sei $\boldsymbol{A}$ die Strukturmatrix von $\boldsymbol{q}$ bezüglich einer Basis $\boldsymbol{b}_1, \ldots, \boldsymbol{b}_n$ von V. Dann besagt (15) im Hinblick auf (19), daß die *Koordinatenabbildung*

$$\boldsymbol{c}: V \to K^n$$

bezüglich der gewählten Basis $\boldsymbol{b}_1, \ldots, \boldsymbol{b}_n$ von V eine *Isometrie* des quadratischen Raumes $(V, \boldsymbol{q})$ auf den quadratischen Raum $(K^n, \boldsymbol{q}_A)$ darstellt.

Bemerkung 3: Es seien $(V, \boldsymbol{q})$ und $(V', \boldsymbol{q}')$ quadratische Räume über K, und

$$\boldsymbol{s}: V \to V'$$

sei ein Vektorraumisomorphismus. Wir setzen V und V' als n-dimensional voraus und wählen Basen $\boldsymbol{b}_1, \ldots, \boldsymbol{b}_n$ von V und $\boldsymbol{b}'_1, \ldots, \boldsymbol{b}'_n$ von V'. Gehören dann zu $\boldsymbol{q}$, $\boldsymbol{q}'$ und $\boldsymbol{s}$ bezüglich der gewählten Basen der Reihe nach die Matrizen $\boldsymbol{A}$, $\boldsymbol{A}'$ und $\boldsymbol{S}$, so gilt: *Genau dann ist $\boldsymbol{s}$ eine Isometrie von $(V, \boldsymbol{q})$ auf $(V', \boldsymbol{q}')$, wenn die Matrixgleichung*

$$\boldsymbol{A} = {}^t\boldsymbol{S}\boldsymbol{A}'\boldsymbol{S} \tag{24}$$

besteht. Dies folgt aus Satz 3 in Kap. VI; danach hat die Bilinearform $\boldsymbol{q}'$ bezüglich der Basis $\boldsymbol{s}\boldsymbol{b}_1, \ldots, \boldsymbol{s}\boldsymbol{b}_n$ die Strukturmatrix

$$ {}^tSA'S $$

Doch (23) gilt genau dann, wenn diese Matrix gleich der Strukturmatrix $\boldsymbol{A}$ von $\boldsymbol{q}$ bezüglich der Basis $\boldsymbol{b}_1, \ldots, \boldsymbol{b}_n$ von V ist, denn (23) ist offenbar gleichbedeutend mit

$$ \boldsymbol{q}'(\boldsymbol{s}\boldsymbol{b}_i, \boldsymbol{s}\boldsymbol{b}_j) = \boldsymbol{q}(\boldsymbol{b}_i, \boldsymbol{b}_j) \quad \text{für alle } 1 \le i, j \le n. \tag{25} $$

Bemerkung 4: Seien $(V, \boldsymbol{q})$ und $(V', \boldsymbol{q}')$ quadratische Räume. Ist dann $\boldsymbol{s}$: $V \to V'$ eine lineare (nicht als bijektiv vorausgesetzte) Abbildung, welche die Eigenschaft (21) und damit auch (23) besitzt, und ist $\boldsymbol{q}$ nicht ausgeartet, so ist $\boldsymbol{s}$ notwendig *injektiv* (Beweis als *Übungsaufgabe* 3).

Bemerkung 5: Seien $(V, \boldsymbol{q})$ und $(V', \boldsymbol{q}')$ quadratische Räume und sei $\boldsymbol{s}$: $V \to V'$ irgendeine (nicht als *linear* vorausgesetzte) Abbildung, welche (23) erfüllt. Ferner sei $\boldsymbol{q}'$ nicht ausgeartet. Enthält dann das Bild $\boldsymbol{s}V$ eine Basis von V', so ist $\boldsymbol{s}$ notwendig linear und damit eine *Isometrie* von $(V, \boldsymbol{q})$ auf $(V', \boldsymbol{q}')$.

Beweis: Für beliebige Vektoren $\boldsymbol{x}, \boldsymbol{y}$ aus V und beliebige Zahlen a, b aus K haben wir

$$ \boldsymbol{s}(a\boldsymbol{x} + b\boldsymbol{y}) = a\boldsymbol{s}(\boldsymbol{x}) + b\boldsymbol{s}(\boldsymbol{y}) \tag{26} $$

zu zeigen: Nach Voraussetzung gibt es Elemente $\boldsymbol{b}_1, \ldots, \boldsymbol{b}_n$ aus V, so daß $\boldsymbol{s}(\boldsymbol{b}_1), \ldots, \boldsymbol{s}(\boldsymbol{b}_n)$ eine Basis von V' ist. Weil $\boldsymbol{q}'$ nicht ausgeartet ist, genügt es zum Beweis von (26) zu zeigen, daß $\boldsymbol{s}(a\boldsymbol{x} + b\boldsymbol{y}) - a\boldsymbol{s}(\boldsymbol{x}) - b\boldsymbol{s}(\boldsymbol{y})$ orthogonal zu allen $\boldsymbol{s}(\boldsymbol{b}_i)$ bzgl. $\boldsymbol{q}'$ ist. In der Tat gilt $\boldsymbol{q}'(\boldsymbol{s}(a\boldsymbol{x} + b\boldsymbol{y}) - a\boldsymbol{s}\boldsymbol{x} - b\boldsymbol{s}\boldsymbol{y}, \boldsymbol{s}\boldsymbol{b}_i) = \boldsymbol{q}'(\boldsymbol{s}(a\boldsymbol{x} + b\boldsymbol{y}), \boldsymbol{s}\boldsymbol{b}_i) - a\boldsymbol{q}'(\boldsymbol{s}\boldsymbol{x}, \boldsymbol{s}\boldsymbol{b}_i) - b\boldsymbol{q}'(\boldsymbol{s}\boldsymbol{y}, \boldsymbol{s}\boldsymbol{b}_i) = \boldsymbol{q}(a\boldsymbol{x} + b\boldsymbol{y}, \boldsymbol{b}_i) - a\boldsymbol{q}(\boldsymbol{x}, \boldsymbol{b}_i) - b\boldsymbol{q}(\boldsymbol{y}, \boldsymbol{b}_i) = 0$, wobei wir zuerst die Bilinearität von $\boldsymbol{q}'$, dann die Voraussetzung (23) und schließlich auch die *Bilinearität* von $\boldsymbol{q}$ ausgenutzt haben. □

Nach soviel (hoffentlich nützlichen) Vorreden wollen wir nun endlich wieder ein Resultat formulieren, das uns sichtlich voranbringt. Es handelt sich um den folgenden einfachen

Satz 1 ('Existenz einer Orthogonalbasis'):

Es sei V ein n-dimensionaler Vektorraum über dem Körper K. Für eine beliebige quadratische Form $\boldsymbol{q}$ *auf V existiert dann stets eine Orthogonalbasis, d.h. eine Basis* $\boldsymbol{b}_1, \ldots, \boldsymbol{b}_n$ *von V mit*

$$ \boldsymbol{q}(\boldsymbol{b}_i, \boldsymbol{b}_j) = 0 \quad \text{für } i \neq j. \tag{27} $$

Setzt man dann

$$ a_i := \boldsymbol{q}(\boldsymbol{b}_i) = \boldsymbol{q}(\boldsymbol{b}_i, \boldsymbol{b}_i), \tag{28} $$

so gilt also

$$\boldsymbol{q}\left(\sum_{i=1}^{n} x_i \boldsymbol{b}_i\right) = \sum_{i=1}^{n} a_i x_i^2 \tag{29}$$

Genau dann ist $\boldsymbol{q}$ *nicht ausgeartet, wenn* $a_i \neq 0$ *für alle* $i = 1, 2, \ldots, n$ *ist.*

Beweis: Wir führen Induktion nach n. Für $n = 1$ ist die Behauptung klar, sei also $n > 1$. Gilt $\boldsymbol{q}(\boldsymbol{v}) = 0$ für alle $\boldsymbol{v}$ aus V, so ist auch $\boldsymbol{q}(\boldsymbol{x}, \boldsymbol{y}) = \frac{1}{2}(\boldsymbol{q}(\boldsymbol{x} + \boldsymbol{y}) - \boldsymbol{q}(\boldsymbol{x}) - \boldsymbol{q}(\boldsymbol{y})) = 0$ für alle $\boldsymbol{x}, \boldsymbol{y} \in V$, und somit ist jede Basis von V eine Orthogonalbasis für $\boldsymbol{q}$. Sei jetzt also $\boldsymbol{b}$ ein beliebiger Vektor mit

$$\boldsymbol{q}(\boldsymbol{b}) \neq 0. \tag{30}$$

Wir betrachten dann das orthogonale Komplement

$$W = \{\boldsymbol{w} \in V \mid \boldsymbol{q}(\boldsymbol{b}, \boldsymbol{w}) = 0\}$$

von $\{\boldsymbol{b}\}$ bezüglich $\boldsymbol{q}$. Wegen $\boldsymbol{q}(\boldsymbol{b}, \boldsymbol{b}) = \boldsymbol{q}(\boldsymbol{b}) \neq 0$ erhält man aus F10, Kap. VI, daß

$$\dim W = n - 1$$

gilt. Dies folgt im übrigen auch daraus, daß W der *Kern* der von Null verschiedenen *Linearform* $\boldsymbol{x} \mapsto \boldsymbol{q}(\boldsymbol{b}, \boldsymbol{x})$ auf dem n-dimensionalen Vektorraum V ist.

Nun ist die Einschränkung $\boldsymbol{q}_W$ von $\boldsymbol{q}$ auf W eine quadratische Form auf dem $(n-1)$-dimensionalen K-Vektorraum W. Nach Induktionsvoraussetzung besitzt W eine Orthogonalbasis $\boldsymbol{b}_2, \ldots, \boldsymbol{b}_n$ für $\boldsymbol{q}_W$. Mit $\boldsymbol{b}_1 := \boldsymbol{b}$ ist dann $\boldsymbol{b}_1, \boldsymbol{b}_2, \ldots, \boldsymbol{b}_n$ eine Orthogonalbasis für $\boldsymbol{q}$. Denn offenbar gilt (27) und wegen $\boldsymbol{b} \notin W$ ist $\boldsymbol{b}_1, \boldsymbol{b}_2, \ldots, \boldsymbol{b}_n$ wirklich eine Basis von V.

Bemerkungen: (1) Ist $\boldsymbol{b}_1, \ldots, \boldsymbol{b}_n$ eine *Orthogonalbasis* für $\boldsymbol{q}$, so hat die Matrix $\boldsymbol{A}$ von $\boldsymbol{q}$ bezüglich $\boldsymbol{b}_1, \ldots, \boldsymbol{b}_n$ Diagonalgestalt, d.h. es gilt

$$\boldsymbol{A} = \begin{pmatrix} a_1 & & & \\ & a_2 & & \mathbf{0} \\ & \mathbf{0} & \ddots & \\ & & & a_n \end{pmatrix} \tag{31}$$

Dabei sind die a_i durch (28) gegeben.

(2) Ist $\boldsymbol{A}$ eine beliebige $n \times n$-*Diagonalmatrix* über K wie in (31), so hat die von $\boldsymbol{A}$ vermittelte quadratische Form $\boldsymbol{q}_A\colon K^n \to K$ die Gestalt

$$\boldsymbol{q}_A(\boldsymbol{x}) = \sum_{i=1}^{n} a_i x_i^2 = a_1 x_1^2 + a_2 x_2^2 + \cdots + a_n x_n^2 \tag{32}$$

Eine solche quadratische Form heißt eine (*n-gliedrige*) *Diagonalform* (*über K*). Die durch die Zahlen $a_1, \ldots, a_n$ festgelegte Diagonalform (32) bezeichnen wir auch mit

$$[a_1, a_2, \ldots, a_n] \tag{33}$$

Das einfachste Beispiel einer nicht ausgearteten n-gliedrigen Diagonalform ist die von der $n \times n$-Einheitsmatrix E vermittelte quadratische Form $\boldsymbol{q}_E = [1, 1, \ldots, 1]$. Es ist

$$\boldsymbol{q}_E(\boldsymbol{x}) = \sum_{i=1}^{n} x_i^2 = x_1^2 + x_2^2 + \cdots + x_n^2 \quad \text{für alle } \boldsymbol{x} \in K^n, \tag{34}$$

und die zugehörige symmetrische Bilinearform $\boldsymbol{q}_E$ hat die Gestalt

$$\boldsymbol{q}_E(\boldsymbol{x}, \boldsymbol{y}) = \sum_{i=1}^{n} x_i y_i \quad \text{für alle } \boldsymbol{x}, \boldsymbol{y} \in K^n. \tag{35}$$

Wir nennen $\boldsymbol{q}_E$ auch die *Einheitsform auf* K^n.

(3) Matrizentheoretisch formuliert besagt Satz 1, daß eine beliebige symmetrische $n \times n$-Matrix $\boldsymbol{A}$ über K stets *kongruent* zu einer Diagonalmatrix ist, d.h. es gibt eine *invertierbare* $n \times n$-Matrix $\boldsymbol{S}$ über K, so daß

$$^t\boldsymbol{S}\boldsymbol{A}\boldsymbol{S} = \begin{pmatrix} a_1 & & & \\ & a_2 & & \mathbf{0} \\ & & \ddots & \\ & \mathbf{0} & & a_n \end{pmatrix} \tag{36}$$

mit gewissen a_i aus K gilt (vgl. (91) in Kap. VI). Man beachte übrigens:

In (36) sind $a_1, \ldots, a_n$ nicht notwendig die Eigenwerte von $\boldsymbol{A}$. (Vgl. aber den späteren Satz 1 in Kap. VIII.)

(4) Die vorangegangene Bemerkung legt die Frage nach einem *Rechenverfahren* für die Transformation einer *symmetrischen Matrix* auf Diagonalgestalt im Sinne von (36) nahe. Hier leistet nun wieder das *Gauß'sche Verfahren elementarer Matrixumformungen*, das wir bereits in Kap. I in ganz anderem Zusammenhang kennengelernt haben, gute Dienste. In geeigneter Weise auf symmetrische Matrizen angewandt, liefert es nicht nur eine neue Begründung von Satz 1, sondern es gibt uns vor allem ein Rechenverfahren zur Herstellung einer Orthogonalbasis bzw. der Diagonalform einer symmetrischen Matrix im Sinne von (36) an die Hand. Sei also

$$\boldsymbol{A} = (a_{ij})_{i,j} \quad \text{mit } a_{ij} = a_{ji} \tag{37}$$

eine beliebige symmetrische $n \times n$-Matrix über K. Wir wenden das Gauß'sche Verfahren nun in folgender Weise auf symmetrische

Matrizen an: *Immer lassen wir einer elementaren Spaltenumformung sofort die analoge Zeilenumformung folgen.* Matrizentheoretisch bedeutet dies den Übergang von $\boldsymbol{A}$ zur Matrix

$$ {}^t\boldsymbol{TAT} $$

mit einer Matrix $\boldsymbol{T}$ der speziellen Gestalt (193), (210) oder (211) aus Kap. III. Wir gelangen so jedenfalls immer wieder zu einer symmetrischen Matrix, denn est ist ${}^t({}^t\boldsymbol{TAT}) = {}^t\boldsymbol{T}\,{}^t\boldsymbol{A}\,{}^{tt}\boldsymbol{T} = {}^t\boldsymbol{TAT}$. Man sieht nun leicht, daß gilt: *Eine vorgegebene symmetrische Matrix $\boldsymbol{A}$ läßt sich durch wiederholte Anwendung von elementaren Spaltenumformungen vom Typ I, jeweils gefolgt von der analogen Zeilenumformung, in eine Matrix der Gestalt*

$$ \begin{pmatrix} a_1 & & & \\ & a_2 & & \mathbf{0} \\ & & \ddots & \\ & \mathbf{0} & & a_n \end{pmatrix} $$

verwandeln (Beweis als *Übungsaufgabe* 4). Man erhält dabei auch explizit eine Transformationsmatrix $\boldsymbol{S}$ mit (36), indem man die obigen Spaltenumformungen in derselben Reihenfolge auf die $n \times n$-Einheitsmatrix $\boldsymbol{E}$ anwendet. Sind nämlich die zugehörigen Matrizen mit $\boldsymbol{T}_1, \ldots, \boldsymbol{T}_r$ bezeichnet, so gilt ja $\boldsymbol{S} = \boldsymbol{T}_1 \ldots \boldsymbol{T}_r = \boldsymbol{E}\boldsymbol{T}_1 \ldots \boldsymbol{T}_r$. Da es sich bei den $\boldsymbol{T}_i$ um *Elementarmatrizen* handelt, ist notwendig $\det(\boldsymbol{S}) = 1$.

(5) Nach Satz 1 ist eine beliebige quadratische Form $\boldsymbol{q}$ auf einem n-dimensionalen K-Vektorraum *äquivalent* zu einer *Diagonalform* $[a_1, \ldots, a_n]$, vgl. auch Bem. 2 zu Def. 2. Beim Studium quadratischer Formen kann man sich also auf die Betrachtung von Diagonalformen beschränken. (Es sei aber daran erinnert, daß wir immer $\mathrm{Char}(K) \neq 2$ voraussetzen.)

(6) Aus dem Beweis von Satz 1 geht noch hervor, daß man jeden Vektor $\boldsymbol{b}$ mit $\boldsymbol{q}(\boldsymbol{b}) \neq 0$ zu einer Orthogonalbasis von $\boldsymbol{q}$ ergänzen kann. Anders ausgedrückt: Wird das Element $a \neq 0$ aus K durch die quadratische Form $\boldsymbol{q}$ dargestellt, d.h. gibt es ein $\boldsymbol{b}$ aus V mit

$$ \boldsymbol{q}(\boldsymbol{b}) = a, \tag{38} $$

so gilt

$$ \boldsymbol{q} \simeq [a, a_2, \ldots, a_n] \tag{39} $$

mit eben demselben a wie in (38) und gewissen Elementen $a_2, \ldots, a_n$ aus K. □

Die aufgrund von Satz 1 mögliche Reduktion auf Diagonalformen stellt für die Theorie der quadratischen Formen über Körpern (der *Charakteristik* $\neq 2$) durchaus ein wesentliches Resultat dar, das andererseits aber auch nicht überschätzt werden darf. Denn die in (28) auftretenden Diagonalkoeffizienten $a_1, \ldots, a_n$ sind natürlich nicht eindeutig durch $\boldsymbol{q}$ bestimmt, sondern sie hängen von der jeweils zugrundegelegten Orthogonalbasis ab.

Es entsteht das Problem zu entscheiden, wann zwei nicht ausgeartete Diagonalformen über K äquivalent sind, also für beliebige Zahlen $a_1, \ldots, a_n, b_1, \ldots, b_n$ aus K die Relation

$$[a_1, \ldots, a_n] \simeq [b_1, \ldots, b_n] \tag{40}$$

gilt ('Klassifikationsproblem quadratischer Formen'). Matrizentheoretisch formuliert lautet die Frage: Wann sind zwei Diagonalmatrizen kongruent, wann gilt also für beliebige Zahlen $a_1, \ldots, a_n, b_1, \ldots, b_n$ die Relation

$$\begin{pmatrix} a_1 & & & \\ & a_2 & & \mathbf{0} \\ & & \ddots & \\ \mathbf{0} & & & a_n \end{pmatrix} \simeq \begin{pmatrix} b_1 & & & \\ & b_2 & & \mathbf{0} \\ & & \ddots & \\ \mathbf{0} & & & b_n \end{pmatrix} ?$$

Es handelt sich hier um ein schwieriges Problem, das in voller Allgemeinheit sicherlich nicht völlig befriedigend gelöst werden kann. Unter welchen Umständen (40) gilt, hängt im übrigen ganz wesentlich vom Grundkörper K ab, weswegen speziellere Untersuchungen dieses Problemkreises auch nicht mehr zur *Linearen Algebra* gehören.

Für $K = \mathbb{C}$ oder allgemeiner für jeden Körper K, in dem für jedes a aus K die Gleichung $X^2 = a$ eine Lösung besitzt,* ist das oben gestellte Klassifikationsproblem auf triviale Weise lösbar: Jede nicht ausgeartete quadratische Form $\boldsymbol{q}$ auf einem n-dimensionalen Vektorraum über K ist äquivalent zur *Einheitsform* auf K^n. Sei nämlich $\boldsymbol{b}_1, \ldots, \boldsymbol{b}_n$ eine *Orthogonalbasis* für $\boldsymbol{q}$. Nach Voraussetzung gibt es nun Elemente c_i aus K mit $c_i^2 = \boldsymbol{q}(\boldsymbol{b}_i)$; setzt man daher $\boldsymbol{v}_i = c_i^{-1} \boldsymbol{b}_i$, so gilt

$$\boldsymbol{q}(\boldsymbol{v}_i, \boldsymbol{v}_j) = \delta_{ij}, \tag{41}$$

also besitzt $\boldsymbol{q}$ bezüglich der Basis $\boldsymbol{v}_1, \ldots, \boldsymbol{v}_n$ von V die $n \times n$-Einheitsmatrix als Strukturmatrix. (Eine Basis $\boldsymbol{v}_1, \ldots, \boldsymbol{v}_n$ mit der Eigenschaft (41) nennt man übrigens eine *Orthonormalbasis für* $\boldsymbol{q}$.) Matrizentheoretisch formuliert gilt also: *Jede symmetrische Matrix* $\boldsymbol{A} \in M_n(\mathbb{C})$ *besitzt eine Darstellung*

$$\boldsymbol{A} = {}^t\boldsymbol{S}\boldsymbol{S} \tag{42}$$

mit geeignetem $\boldsymbol{S} \in M_n(\mathbb{C})$. Auch das Klassifikationsproblem quadratischer Formen über $\mathbb{R}$, dem Körper der reellen Zahlen, läßt sich auf einfache (wenn auch nicht ganz so triviale) Weise lösen, siehe §5. Es sei hier erwähnt, daß auch über einem *endlichen Körper* K eine sehr einfache Klassifizierung der quadratischen Formen über K möglich ist. Auch im Falle $K = \mathbb{Q}$ ist das

---

* Stets ist $\mathrm{Char}(K) \neq 2$ vorausgesetzt.

Klassifikationsproblem quadratischer Formen gelöst; das ergibt sich aus dem schon erwähnten Satz von Hasse–Minkowski, welcher ein bedeutendes Resultat der *Zahlentheorie* darstellt.

Im Rahmen der *Linearen Algebra* lassen sich nun aber durchaus noch wesentliche, das Klassifikationsproblem quadratischer Formen betreffende Aussagen machen. Hierzu gehört vor allem der folgende fundamentale

Satz 2 ('Kürzungssatz von Witt'):
Es seien $1 \leq k < n$ *natürliche Zahlen und* $a_1, \dots, a_n, b_1, \dots, b_n$ *Elemente von* $K^\times$. *Aus*

$$\begin{cases} [a_1, \dots, a_k, a_{k+1}, \dots, a_n] \simeq [b_1, \dots, b_k, b_{k+1}, \dots, b_n] \\ [a_1, \dots, a_k] \simeq [b_1, \dots, b_k] \end{cases} \tag{43}$$

folgt dann

$$[a_{k+1}, \dots, a_n] \simeq [b_{k+1}, \dots, b_n]. \tag{44}$$

Beweis: Aus (43) folgt zunächst

$$[a_1, \dots, a_k, a_{k+1}, \dots, a_n] \simeq [a_1, \dots, a_k, b_{k+1}, \dots, b_n] \tag{45}$$

Es ist zu zeigen, daß sich daraus (44) ergibt. Wir beweisen dies durch *Induktion nach k*. Sei $k > 1$ und gelte die Behauptung für $k - 1$ (und alle n). Dann folgt aus (45) sofort

$$[a_k, a_{k+1}, \dots, a_n] \simeq [a_k, b_{k+1}, \dots, b_n] \tag{46}$$

Gilt nun die Behauptung auch für $k = 1$, so folgt aus (46) die Gültigkeit von (44). Somit läuft alles darauf hinaus, die Behauptung für $k = 1$ zeigen (Induktionsanfang!). Dabei gehen wir zunächst einmal ziemlich rechnerisch vor:* Mit $\boldsymbol{A}$ bzw. $\boldsymbol{B}$ bezeichnen wir die (Diagonal-) Matrix der quadratischen Form $[a_2, \dots, a_n]$ bzw. $[b_2, \dots, b_n]$ bezüglich der kanonischen Basis von K^{n-1}. Aufgrund der Voraussetzung (46) für $k = 1$ gibt es eine Matrix $\boldsymbol{S} \in M_{n-1}(K)$, Vektoren $\boldsymbol{u}, \boldsymbol{v} \in K^{n-1}$ sowie eine Zahl c aus K mit

$$\begin{pmatrix} c & {}^t\boldsymbol{u} \\ \boldsymbol{v} & {}^t\boldsymbol{S} \end{pmatrix} \begin{pmatrix} a_1 & \boldsymbol{0} \\ \boldsymbol{0} & \boldsymbol{A} \end{pmatrix} \begin{pmatrix} c & {}^t\boldsymbol{v} \\ \boldsymbol{u} & \boldsymbol{S} \end{pmatrix} = \begin{pmatrix} a_1 & \boldsymbol{0} \\ \boldsymbol{0} & \boldsymbol{B} \end{pmatrix}^{\dagger} \tag{47}$$

Nach Ausrechnen des linksstehenden Matrixproduktes erhält man die zu (47) äquivalenten Gleichungen

---

* In anderem Zusammenhang geben wir später noch einen weiteren Beweis.

† Vgl. Bem. 3 zu Def. 2.

$$\begin{cases} {}^t\boldsymbol{u}A\boldsymbol{u} = a_1(1-c^2), \quad {}^t\boldsymbol{S}A\boldsymbol{S} + a_1\boldsymbol{v}\,{}^t\boldsymbol{v} = \boldsymbol{B} \\ {}^t\boldsymbol{S}A\boldsymbol{u} = -a_1 c\boldsymbol{v} \end{cases} \tag{48}$$

Gesucht ist eine Matrix $\boldsymbol{M} \in M_{n-1}(K)$ mit

$${}^t\boldsymbol{M}A\boldsymbol{M} = \boldsymbol{B} \tag{49}$$

(Gilt diese Gleichung, so ist $\boldsymbol{M}$ automatisch invertierbar, wie man z.B. durch Determinantenbildung sofort erkennt.) Im Hinblick auf die zweite Gleichung in (48) machen wir für $\boldsymbol{M}$ den Ansatz $\boldsymbol{M} = \boldsymbol{S} + \boldsymbol{Y}$ mit einer noch verfügbaren Matrix $\boldsymbol{Y}$ aus $M_{n-1}(K)$. Es ist dann

$${}^t\boldsymbol{M}A\boldsymbol{M} = {}^t\boldsymbol{S}A\boldsymbol{S} + {}^t\boldsymbol{S}A\boldsymbol{Y} + {}^t\boldsymbol{Y}A\boldsymbol{S} + {}^t\boldsymbol{Y}A\boldsymbol{Y},$$

und somit gilt (49) genau dann, wenn $\boldsymbol{Y}$ der Gleichung

$$-a_1\boldsymbol{v}\,{}^t\boldsymbol{v} + {}^t\boldsymbol{S}A\boldsymbol{Y} + {}^t\boldsymbol{Y}A\boldsymbol{S} + {}^t\boldsymbol{Y}A\boldsymbol{Y} = \boldsymbol{0} \tag{50}$$

genügt. Dies legt – wieder im Hinblick auf (48) – für $\boldsymbol{Y}$ die Gestalt

$$\boldsymbol{Y} = \lambda\boldsymbol{u}\,{}^t\boldsymbol{v} \quad \text{mit } \lambda \in K \tag{51}$$

nahe. Setzt man diesen Ausdruck in (50) ein, so erhält man unter Beachtung von (48) für λ die Bedingung

$$(1 + c\lambda)^2 = \lambda^2 \tag{52}$$

Wie man sich nun aber sofort überlegt, gibt es stets ein λ aus K, für welches (52) gilt. Also ist die Bedingung (49) immer erfüllbar und der Satz von Witt damit bewiesen. □

Eine triviale Weise, von einer Diagonalform $[a_1, \ldots, a_n]$ zu einer dazu äquivalenten überzugehen, besteht darin, die Diagonalkoeffizienten a_i um Quadrate aus $K^\times$ abzuändern; es gilt nämlich für beliebige $c_1, \ldots, c_n$ aus $K^\times$ die Relation:

$$[c_1^2 a_1, c_2^2 a_2, \ldots, c_n^2 a_n] \simeq [a_1, a_2, \ldots, a_n] \tag{53}$$

Beweis als (triviale!) *Übungsaufgabe* 5. Nicht triviale Transformationen einer Diagonalform in eine dazu äquivalente Diagonalform werden durch die folgende Feststellung geliefert:

F2 ('Witt'sche Relation'):
Es sei K ein beliebiger Körper. Für beliebige Elemente a, b aus $K^\times$ mit $a + b \neq 0$ gilt dann

$$[a, b] \simeq [a + b, (a + b)ab] \tag{54}$$

Beweis: Es sei $\boldsymbol{q} = [a, b]$. Definitionsgemäß gilt

$$\boldsymbol{q}(x_1\boldsymbol{e}_1 + x_2\boldsymbol{e}_2) = ax_1^2 + bx_2^2,$$

vgl. (32). Also wird $a + b$ von $\boldsymbol{q}$ dargestellt, und wegen $a + b \neq 0$ ist daher

$$\boldsymbol{q} = [a, b] \simeq [a + b, t] \tag{55}$$

mit einem gewissen t aus K, vgl. Bem. 6 zu Satz 1. Aus (55) folgt aber durch Determinantenvergleich (siehe Bem. 2 zu Satz 3' in Kap. VI), daß ein α aus $K^\times$ existiert mit $(a + b)\, t = \alpha^2 ab$; also gilt

$$t = c^2(a + b)\, ab$$

mit $c = \alpha(a + b)^{-1}$. Mit (53) folgt hieraus aber $[a, b] \simeq [a + b, t] \simeq [a + b, (a + b)\, ab]$ und somit die Behauptung (54). □

Indem man eine gegebene nicht ausgeartete Diagonalform $[a_1, \ldots, a_n]$ fortgesetzt Transformationen der Art (53) sowie der Art (54) – jeweils angewandt auf zweigliedrige Teilformen – unterwirft, gelangt man stets zu einer Diagonalform, welche zur Ausgangsform *äquivalent* ist. Daß man auf diese Weise jede beliebige zur Ausgangsform äquivalente Diagonalform erhalten kann, besagt der nachstehende Satz 3. Um diesen etwas genauer als eben angedeutet formulieren zu können, vereinbaren wir: Unter einer *elementaren quadratischen Umformung eines n-Tupels* $(c_1, \ldots, c_n)$ *von Elementen aus* $K^\times$ verstehen wir:

(i) Vertauschen zweier Koeffizienten in $(c_1, \ldots, c_n)$
(ii) Multiplikation eines Koeffizienten in $(c_1, \ldots, c_n)$ mit einem Quadrat aus $K^\times$
(iii) Ersetzen von c_1, c_2 in $(c_1, \ldots, c_n)$ durch $c_1 + c_2$, $(c_1 + c_2)\, c_1 c_2$, falls $c_1 + c_2 \neq 0$.

Satz 3 ('Relationensatz für quadratische Formen'):
Seien $a_1, \ldots, a_n, b_1, \ldots, b_n$ Elemente aus $K^\times$ und gelte

$$[a_1, \ldots, a_n] \simeq [b_1, \ldots, b_n] \tag{56}$$

Dann läßt sich das n-Tupel $(a_1, \ldots, a_n)$ durch fortgesetzte Anwendung von elementaren quadratischen Umformungen in das n-Tupel $(b_1, \ldots, b_n)$ überführen.

Beweis: Da b_1 von $[a_1, \ldots, a_n]$ dargestellt wird, besteht eine Gleichung der Gestalt

$$b_1 = a_1 x_1^2 + a_2 x_2^2 + \cdots + a_k x_k^2 \quad \text{mit } x_i \in K \quad \text{und} \quad 1 \leq k \leq n \tag{57}$$

Indem wir von Umformungen des Typs (i) Gebrauch machen, können wir (nach eventueller Umnumerierung der a_i) annehmen, daß alle Partialsummen der Summe auf der rechten Seite von (57) verschieden von Null sind. Indem wir nun Umformungen des Typs (ii) vornehmen, können wir $a_1, \ldots, a_k$ der Reihe nach durch $a_1 x_1^2, \ldots, a_k x_k^2$ ersetzen. Wir dürfen daher gleich annehmen, daß (57) mit $x_1 = x_2 = \cdots = x_k = 1$ gilt:

$$b_1 = a_1 + a_2 + \cdots + a_k \tag{58}$$

Jetzt wenden wir Umformungen vom Typ (iii) an. Dann läßt sich $(a_1, a_2, \ldots, a_n)$ zunächst in $(a_1 + a_2, *, a_3, \ldots, a_n)$, also auch in $(a_1 + a_2, a_3, \ldots, a_n, *)$ überführen; der nächste Schritt liefert $(a_1 + a_2 + a_3, *, a_4, \ldots)$, und nach einer erneuten Vertauschung gelangt man zu $(a_1 + a_2 + a_3, a_4, \ldots)$. Wegen (58) erhalten wir so schließlich ein n-Tupel der Gestalt

$$(b_1, a_2', \ldots, a_n') \quad \text{mit gewissen } a_i' \in K^\times$$

Aufgrund der Voraussetzung (56) gilt nun aber

$$[b_1, a_2', \ldots, a_n'] \simeq [b_1, b_2, \ldots, b_n] \tag{59}$$

Nun kommt der *Witt'sche Kürzungssatz* ins Spiel; er erlaubt es, von (59) auf

$$[a_2', \ldots, a_n'] \simeq [b_2, \ldots, b_n]$$

zu schließen. Somit ergibt sich Satz 3 durch Induktion nach n. Es sei lediglich noch bemerkt, daß die Behauptung des Satzes für $n = 1$ sicherlich richtig ist, denn für eingliedrige Diagonalformen gilt offenbar

$$[a] \simeq [b] \Leftrightarrow \exists\, t \in K^\times \quad \text{mit } b = at^2. \tag{60}$$

§3 Isotrope Vektoren

Sei (V, q) ein quadratischer Raum. Ist U ein Teilraum des K-Vektorraumes V, so bezeichnen wir mit

$$\begin{aligned} \boldsymbol{q}_U\colon U &\to K \\ \boldsymbol{x} &\mapsto \boldsymbol{q}(x) \end{aligned}$$

die Einschränkung von $\boldsymbol{q}$ auf U. Den quadratischen Raum $(U, \boldsymbol{q}_U)$ nennen wir einen Teilraum des quadratischen Raumes $(V, \boldsymbol{q})$. Man beachte: Ist $(V, \boldsymbol{q})$ nicht ausgeartet, so kann $(U, \boldsymbol{q}_U)$ sehr wohl ausgeartet sein, ja es kann sogar

$$\boldsymbol{q}_U = \boldsymbol{0}$$

gelten. Gerade dieses Phänomen wollen wir in diesem Paragraphen genauer untersuchen. Zunächst sei nur festgestellt:

F3: *Es sei $(V, \boldsymbol{q})$ ein n-dimensionaler quadratischer Raum, und $\boldsymbol{q}$ sei nicht ausgeartet. Für einen Teilraum U von V sind dann die folgenden Aussagen äquivalent:*

(i) *$\boldsymbol{q}_U$ ist nicht ausgeartet*
(ii) $U \cap U^\perp = 0$

(iii) $\boldsymbol{q}_{U^\perp}$ *ist nicht ausgeartet*
(iv) $V = U + U^\perp$
(v) $V = U \oplus U^\perp$
(vi) *Jede Orthogonalbasis von* $(U, \boldsymbol{q}_U)$ *läßt sich zu einer Orthogonalbasis von* $(V, \boldsymbol{q})$ *fortsetzen.*

Beweis: (i) $\Leftrightarrow$ (ii): Dies ergibt sich unmittelbar aus den Definitionen; die Voraussetzung, daß $\boldsymbol{q}$ nicht ausgeartet sein soll, wird dabei nicht gebraucht.

(ii) $\Leftrightarrow$ (iii): Klar wegen $U^{\perp\perp} = U$, vgl. (131) in Kap. VI.

(ii) $\Leftrightarrow$ (iv) $\Leftrightarrow$ (v): Klar wegen $\dim U + \dim U^\perp = n$, vgl. (129) in Kap. VI sowie F13 in Kap. II.

Den Nachweis, daß auch (vi) zu den übrigen Aussagen äquivalent ist, überlassen wir dem Leser als *Übungsaufgabe* 6.

Definition 3 ('Isotropie'):

Es sei $(V, \boldsymbol{q})$ ein quadratischer Raum über dem Körper K. Ein Vektor v aus V heißt *isotrop* (bezüglich $\boldsymbol{q}$), wenn

$$\boldsymbol{q}(v) = 0$$

gilt. Enthält V einen isotropen Vektor $\boldsymbol{v} \neq \boldsymbol{0}$, so heißt die quadratische Form $\boldsymbol{q}$ bzw. der quadratische Raum $(V, \boldsymbol{q})$ *isotrop*. Besteht ein Teilraum U von V nur aus isotropen Vektoren, d.h. gilt $\boldsymbol{q}_U = \boldsymbol{0}$, so heißt U ein *total isotroper Teilraum* von V.

Ist $\boldsymbol{v}$ aus V nicht isotrop (bezüglich $\boldsymbol{q}$), so heißt $\boldsymbol{v}$ *anisotrop* (bezüglich $\boldsymbol{q}$). Entsprechend nennen wir die quadratische Form $\boldsymbol{q}$ bzw. den quadratischen Raum $(V, \boldsymbol{q})$ *anisotrop*, wenn es in V keinen Vektor $\boldsymbol{v} \neq \boldsymbol{0}$ gibt, der isotrop bzgl. $\boldsymbol{q}$ ist.

Bemerkungen: (1) Ist $\boldsymbol{A} = (a_{ij})$ eine symmetrische $n \times n$-Matrix über K, so ist die von $\boldsymbol{A}$ vermittelte quadratische Form $\boldsymbol{q} = \boldsymbol{q}_A$ auf K^n genau dann isotrop, wenn die Gleichung

$$\sum_{i,j=1}^{n} a_{ij} X_i X_j = 0 \tag{61}$$

eine nicht-triviale Lösung besitzt. Hieraus bereits geht hervor, daß es sich bei der Isotropie um einen wichtigen mathematischen Begriff handelt. Nun kann man sich auch hier immer auf Diagonalformen beschränken. Sei daher $\boldsymbol{q} = [a_1, \ldots, a_n]$. Dann ist $\boldsymbol{q}$ genau dann isotrop, wenn es ein $\boldsymbol{x} = (x_1, \ldots, x_n)$ aus K^n gibt mit

$$\sum_{i=1}^{n} a_i x_i^2 = 0, \quad \text{aber nicht alle } x_i = 0. \tag{62}$$

(2) Urbeispiel für eine nicht ausgeartete isotrope quadratische Form ist die 2-gliedrige Diagonalform

$$\boldsymbol{q} = [1, -1]$$

Für $\boldsymbol{x} = x_1 \boldsymbol{e}_1 + x_2 \boldsymbol{e}_2$ gilt nämlich

$$\boldsymbol{q}(\boldsymbol{x}) = x_1^2 - x_2^2,$$

also ist z.B. $\boldsymbol{e}_1 + \boldsymbol{e}_2$ ein von Null verschiedener isotroper Vektor bezüglich $\boldsymbol{q}$.

F4 ('Hyperbolische Ebene'):
Es sei $(V, \boldsymbol{q})$ ein isotroper, nicht ausgearteter quadratischer Raum der Dimension 2. Dann gibt es Vektoren $\boldsymbol{u}, \boldsymbol{v}$ in V mit

$$\boldsymbol{q}(\boldsymbol{u}) = 0, \quad \boldsymbol{q}(\boldsymbol{v}) = 0, \quad \boldsymbol{q}(\boldsymbol{u}, \boldsymbol{v}) = 1, \tag{63}$$

und jedes solche Paar $\boldsymbol{u}, \boldsymbol{v}$ von Vektoren ist eine Basis von V; die Strukturmatrix von $\boldsymbol{q}$ in bezug auf die Basis $\boldsymbol{u}, \boldsymbol{v}$ hat die Gestalt

$$\begin{pmatrix} 0 & 1 \\ 1 & 0 \end{pmatrix} \tag{64}$$

Eine solche Basis $\boldsymbol{u}, \boldsymbol{v}$ von V heißt eine hyperbolische Basis von $(V, \boldsymbol{q})$. Es gilt

$$\boldsymbol{q}(x_1 \boldsymbol{u} + x_2 \boldsymbol{v}) = 2 x_1 x_2, \tag{65}$$

somit stellt $\boldsymbol{q}$ jedes Element $a \in K^\times$ dar. Für jedes $a \in K^\times$ gilt daher

$$\boldsymbol{q} \simeq [1, -1] \simeq [a, -a] \tag{66}$$

Bis auf Isometrie gibt es nur einen isotropen, nicht ausgearteten quadratischen Raum der Dimension 2. Man nennt $(V, \boldsymbol{q})$ eine hyperbolische Ebene.

Beweis: Nach Voraussetzung gibt es ein $\boldsymbol{u} \neq \boldsymbol{0}$ mit

$$\boldsymbol{q}(\boldsymbol{u}) = 0. \tag{67}$$

Weil $\boldsymbol{q}$ nicht ausgeartet ist, existiert ein $\boldsymbol{w} \in V$ mit $\boldsymbol{q}(\boldsymbol{u}, \boldsymbol{w}) \neq 0$. Nach Abänderung durch einen Skalarfaktor können wir o.E. annehmen, daß

$$\boldsymbol{q}(\boldsymbol{u}, \boldsymbol{w}) = 1 \tag{68}$$

gilt. Für jedes α aus K ist auch $\boldsymbol{q}(\boldsymbol{u}, \alpha\boldsymbol{u} + \boldsymbol{w}) = 1$, und für geeignetes α können wir erreichen, daß $\boldsymbol{v} := \alpha\boldsymbol{u} + \boldsymbol{w}$ isotrop ist; die Bedingung hierfür lautet

$$0 = \boldsymbol{q}(\alpha\boldsymbol{u} + \boldsymbol{w}) = \alpha^2 \boldsymbol{q}(\boldsymbol{u}) + 2\alpha\boldsymbol{q}(\boldsymbol{u}, \boldsymbol{w}) + \boldsymbol{q}(\boldsymbol{w}) = 2\alpha + \boldsymbol{q}(\boldsymbol{w}),$$

ist also stets erfüllbar (man beachte, daß immer $\mathrm{Char}(K) \neq 2$ vorausgesetzt ist). Wegen (67) und (68) sind $\boldsymbol{u}$, $\boldsymbol{v}$ linear unabhängig, bilden also eine Basis von V. Die Strukturmatrix von $\boldsymbol{q}$ bezüglich dieser Basis ist die Matrix (64); also ist $\boldsymbol{q}$ bis auf *Äquivalenz* eindeutig bestimmt. Da $[a, -a]$ für jedes $a \in K^\times$ offenbar isotrop und nicht ausgeartet ist, gilt (66). Damit ist F4 bewiesen. □

Definition 4 ('orthogonale Summe'):
Es sei $(V, \boldsymbol{q})$ ein quadratischer Raum, und $U_1, \ldots, U_r$ seien paarweise zueinander orthogonale Unterräume von V, d.h. es gelte:

$$\boldsymbol{x} \in U_i,\ \boldsymbol{y} \in U_j,\ i \neq j \Rightarrow \boldsymbol{q}(\boldsymbol{x}, \boldsymbol{y}) = 0. \tag{69}$$

Ist dann

$$V = U_1 \oplus U_2 \oplus \cdots \oplus U_r \tag{70}$$

die *direkte Summe* der U_i, so heißt $(V, \boldsymbol{q})$ die *orthogonale Summe der* U_i, und man schreibt dann

$$V = U_1 \perp U_2 \perp \cdots \perp U_r \tag{71}$$

Bemerkung 1: Sei $(V, \boldsymbol{q})$ nicht ausgeartet und endlich-dimensional. Ist U ein Teilraum von V, so gilt

$$V = U \perp U^\perp \tag{72}$$

genau dann, wenn U nicht ausgeartet ist, vgl. F3. Dabei nennen wir (in solchem Zusammenhang) einen *Teilraum* U von V *nicht ausgeartet*, wenn $\boldsymbol{q}_U$ nicht ausgeartet ist.

Als Übungsaufgabe 7 zeige man: Ist $(V, \boldsymbol{q})$ ein beliebiger quadratischer Raum (endlicher Dimension), so gibt es einen Teilraum W von V mit

$$V = V^\perp \perp W; \tag{73}$$

W ist dann *nicht ausgeartet* und außerdem als quadratischer Raum bis auf Isometrie eindeutig bestimmt (nicht aber als Teilraum von V).

Bemerkung 2: Ist $(V, \boldsymbol{q})$ die *orthogonale Summe* von *hyperbolischen Ebenen* H_i, gilt also

$$V = H_1 \perp H_2 \perp \cdots \perp H_r \tag{74}$$

mit isotropen, nicht ausgearteten Teilräumen H_i der Dimension 2, so heißt $(V, \boldsymbol{q})$ ein *hyperbolischer Raum*. Ist $\boldsymbol{u}_i$, $\boldsymbol{v}_i$ eine hyperbolische Basis von H_i für jedes $1 \leq i \leq r$, so ist

$$\boldsymbol{u}_1, \boldsymbol{v}_1, \boldsymbol{u}_2, \boldsymbol{v}_2, \ldots, \boldsymbol{u}_r, \boldsymbol{v}_r \tag{75}$$

eine Basis von V; man nennt (75) eine *hyperbolische Basis von* $(V, \boldsymbol{q})$.

Man beachte, daß ein hyperbolischer Raum $(V, \boldsymbol{q})$ nicht ausgeartet ist. *Zwei hyperbolische Räume sind genau dann isometrisch, wenn sie die gleiche Dimension besitzen.*

F5 ('Orthogonale Abspaltung hyperbolischer Räume'):

Es sei $(V, \boldsymbol{q})$ ein nicht ausgearteter quadratischer Raum der Dimension n.

(*i*) *Ist $U \neq 0$ ein total isotroper Teilraum von V und $\boldsymbol{u}_1, \ldots, \boldsymbol{u}_r$ eine beliebige Basis von U, so gibt es Vektoren $\boldsymbol{v}_1, \ldots, \boldsymbol{v}_r$ in V mit folgender Eigenschaft: Für jedes $i = 1, \ldots, r$ ist*

$H_i := \langle \boldsymbol{u}_i, \boldsymbol{v}_i \rangle$ *eine hyperbolische Ebene*
mit hyperbolischer Basis $\boldsymbol{u}_i, \boldsymbol{v}_i$,

und es ist

$$V = H_1 \perp \cdots \perp H_r \perp W \tag{76}$$

die orthogonale Summe der hyperbolischen Ebenen H_i und einem nicht *ausgearteten Unterraum W von V. Insbesondere gilt*

$$2 \dim U \leq n. \tag{77}$$

(*ii*) *$(V, \boldsymbol{q})$ besitzt eine orthogonale Zerlegung der Gestalt*

$$V = H_1 \perp \cdots \perp H_m \perp W \tag{78}$$

mit einem anisotropen Teilraum W von V; dabei ist $0 \leq 2m \leq n$. Bis auf Isometrie sind die orthogonalen Summanden in (78) eindeutig bestimmt. Die Invariante m von $\boldsymbol{q}$ heißt der Index von $\boldsymbol{q}$. Genau dann ist $(V, \boldsymbol{q})$ isotrop, wenn $m > 0$ ist. V enthält einen total isotropen Teilraum der Dimension m. Jeder maximale total isotrope Teilraum von V besitzt die Dimension m. Genau dann ist $(V, \boldsymbol{q})$ hyperbolisch, wenn V einen total isotropen Teilraum der Dimension $n/2$ enthält.

Beweis: (i) Weil $\boldsymbol{q}$ nicht ausgeartet ist, gibt es ein $\boldsymbol{w} \in \langle \boldsymbol{u}_2, \ldots, \boldsymbol{u}_r \rangle^\perp$ mit $\boldsymbol{q}(\boldsymbol{u}_1, \boldsymbol{w}) \neq 0$. Dann ist $H_1 = \langle \boldsymbol{u}_1, \boldsymbol{w} \rangle$ ein isotroper zweidimensionaler Teilraum von V; außerdem ist H_1 nicht ausgeartet, denn die zur Basis $\boldsymbol{u}_1$, $\boldsymbol{w}$ gehörige Matrix von $\boldsymbol{q}_{H_1}$ hat eine von Null verschiedene Determinante. Also ist H_1 eine *hyperbolische Ebene*, und es existiert ein $\boldsymbol{v}_1$ aus H_1 mit $\boldsymbol{q}(\boldsymbol{v}_1) = 0$ und $q(\boldsymbol{u}_1, \boldsymbol{v}_1) = 1$. Man betrachte nun $V' = H_1^\perp$ mit $U' = \langle \boldsymbol{u}_2, \ldots, \boldsymbol{u}_r \rangle$ und wende Induktion an.

(ii) Es sei U jetzt ein *maximaler* total isotroper Teilraum von V. Nach (i) erhalten wir eine orthogonale Zerlegung der Gestalt (76). Wir behaupten, daß W jetzt notwendig *anisotrop* ist. Wäre nämlich $\boldsymbol{q}(\boldsymbol{w}) = 0$ für ein $\boldsymbol{w} \neq 0$ aus W, so wäre wegen $\boldsymbol{w} \in U^\perp$ auch $U + \langle \boldsymbol{w} \rangle$ ein total isotroper Teilraum von V, und dies stünde wegen $\boldsymbol{w} \notin U$ im Widerspruch zur Maximalität von U. Die Eindeutigkeit der Zerlegung (78) folgt jetzt leicht aus dem *Witt'schen Kürzungssatz* (da man alles auf Diagonalformen übertragen kann). Sei nämlich

$$V = H'_1 \perp \cdots \perp H'_{m'} \perp W'$$

eine weitere Zerlegung der betrachteten Art. Wäre $m \neq m'$, also o.E. etwa $m > m'$, so erhielte man nach Kürzen von hyperbolischen Ebenen die Äquivalenz

$$H_{m'+1} \perp \cdots \perp H_m \perp W \simeq W'.$$

Wegen $m - m' > 0$ ist aber der linksstehende Raum *isotrop*, der rechts stehende hingegen *anisotrop*; dies ist unmöglich, und daher ist $m = m'$ und deshalb auch $W \simeq W'$. (Hierbei ist mit $\simeq$ natürlich jeweils die Isomorphie der quadratischen Räume gemeint.) Die übrigen Behauptungen von F5 sind jetzt klar.

Bemerkung 1: Es sei $\boldsymbol{q}$ eine nicht ausgeartete quadratische Form auf dem n-dimensionalen K-Vektorraum V. Nach F5 ist $\boldsymbol{q}$ genau dann isotrop, wenn

$$\boldsymbol{q} \simeq [1, -1, c_3, \ldots, c_n] \tag{79}$$

mit gewissen $c_3, \ldots, c_n$ aus $K^\times$ gilt. *Ist $\boldsymbol{q}$ isotrop, so stellt $\boldsymbol{q}$ jedes Element a aus K dar*, d.h. zu einem beliebigen a aus K gibt es ein $\boldsymbol{x} \in V$ mit $\boldsymbol{q}(\boldsymbol{x}) = a$ (und für $a = 0$ hat man nicht nur die triviale Darstellung $\boldsymbol{q}(\boldsymbol{0}) = 0$). Denn die genannte Eigenschaft hat nach F4 bereits die Teilform $[1, -1]$ der rechten Seite von (79).

Bemerkung 2: Nach F5 besitzt jeder endlich-dimensionale, nicht ausgeartete quadratische Raum $(V, \boldsymbol{q})$ eine orthogonale Zerlegung

$$V = M \perp W \tag{80}$$

mit einem *hyperbolischen Teilraum* M und einem *anisotropen Teilraum* W von V; dabei sind M und W als quadratische Räume *bis auf Isometrie eindeutig* bestimmt. Damit ist in gewisser Weise eine Reduktion auf anisotrope quadratische Räume erreicht; man nennt W – oder genauer $(W, \boldsymbol{q}_W)$ – einen *anisotropen Kern von* $(V, \boldsymbol{q})$.

Es ist aber zu beachten, daß M und W natürlich nicht als Unterräume von V eindeutig bestimmt sind. Im übrigen gilt: Für einen beliebigen hyperbolischen Teilraum M von $(V, \boldsymbol{q})$ gilt

$$V = M \perp M^\perp, \tag{81}$$

und $M^\perp$ ist genau dann anisotrop, wenn M ein *maximaler hyperbolischer Teilraum* von V ist. Alle maximalen hyperbolischen Teilräume von V haben die gleiche Dimension $2m$, wobei m den *Index* von $\boldsymbol{q}$ bezeichnet. Jeder isotrope Vektor von V liegt in einem maximalen hyperbolischen Teilraum von V.

§4 Spiegelungen und orthogonale Gruppe

In diesem Abschnitt beschäftigen wir uns mit Fragen, die auch für die Geometrie von besonderem Interesse sind. Wir beginnen mit einer Feststellung, die zwar nicht direkt zu dem Thema dieses Paragraphen gehört, welche aber den Zusammenhang zwischen Geometrie und Algebra beleuchtet und eben hier ihren Platz finden soll.

F6 ('Linearität distanztreuer Abbildungen'):
Es sei $\boldsymbol{q}$ *eine nicht ausgeartete quadratische Form auf dem n-dimensionalen K-Vektorraum V. Ist dann f eine distanztreue Abbildung von* $(V, \boldsymbol{q})$ *in sich, d.h. eine Abbildung* $f\colon V \to V$*, welche die Bedingung*

$$\boldsymbol{q}(f\boldsymbol{x} - f\boldsymbol{y}) = \boldsymbol{q}(\boldsymbol{x} - \boldsymbol{y}) \quad \text{für alle } \boldsymbol{x}, \boldsymbol{y} \in V \tag{82}$$

erfüllt, so ist f eine affine Abbildung, d.h. es gibt eine lineare Abbildung $\boldsymbol{s}\colon V \to V$ *und einen Vektor* $\boldsymbol{v}$ *aus V, so daß*

$$f\boldsymbol{x} = \boldsymbol{s}\boldsymbol{x} + \boldsymbol{v} \quad \text{für alle } \boldsymbol{x} \in V \tag{83}$$

gilt. (Dabei sind $\boldsymbol{s}$ *und* $\boldsymbol{v}$ *eindeutig bestimmt, und* $\boldsymbol{s}$ *ist eine Isometrie im Sinne von Def.* 2.)

Beweis: Wir haben keine andere Wahl, als $\boldsymbol{v} := f(\boldsymbol{0})$ zu setzen und $\boldsymbol{s}\colon V \to V$ wie folgt zu definieren:

$$\boldsymbol{s}\boldsymbol{x} = f\boldsymbol{x} - \boldsymbol{v}. \tag{84}$$

Es ist zu zeigen, daß $\boldsymbol{s}$ *linear* ist. Zunächst gilt (83). Aus (82) erhält man dann

$$\boldsymbol{q}(\boldsymbol{s}\boldsymbol{x} - \boldsymbol{s}\boldsymbol{y}) = \boldsymbol{q}(\boldsymbol{x} - \boldsymbol{y}) \quad \text{für alle } \boldsymbol{x}, \boldsymbol{y} \in V. \tag{85}$$

Wegen $\boldsymbol{s}\boldsymbol{0} = \boldsymbol{0}$ ergibt sich aus (85) für $\boldsymbol{y} = \boldsymbol{0}$:

$$\boldsymbol{q}(\boldsymbol{s}\boldsymbol{x}) = \boldsymbol{s}(\boldsymbol{x}) \quad \text{für alle } \boldsymbol{x} \in V. \tag{86}$$

Nun ist aber $\boldsymbol{q}(\boldsymbol{s}\boldsymbol{x} - \boldsymbol{s}\boldsymbol{y}) = \boldsymbol{q}(\boldsymbol{s}\boldsymbol{x}) - 2\boldsymbol{q}(\boldsymbol{s}\boldsymbol{x}, \boldsymbol{s}\boldsymbol{y}) + \boldsymbol{q}(\boldsymbol{s}\boldsymbol{y})$; unter Berücksichtigung von (85) und (86) erhält man daraus

$$-2\boldsymbol{q}(\boldsymbol{s}\boldsymbol{x}, \boldsymbol{s}\boldsymbol{y}) = \boldsymbol{q}(\boldsymbol{x} - \boldsymbol{y}) - \boldsymbol{q}(\boldsymbol{x}) - \boldsymbol{q}(\boldsymbol{y}),$$

also

$$\boldsymbol{q}(\boldsymbol{s}\boldsymbol{x}, \boldsymbol{s}\boldsymbol{y}) = \boldsymbol{q}(\boldsymbol{x}, \boldsymbol{y}) \quad \text{für alle } \boldsymbol{x}, \boldsymbol{y} \in V. \tag{87}$$

Die Behauptung folgt somit aus Bem. 5 zu Def. 2, vorausgesetzt, wir können zeigen, daß $\boldsymbol{s}V$ eine Basis von V enthält. Doch dies ist klar: Ist nämlich $\boldsymbol{b}_1, \ldots, \boldsymbol{b}_n$ eine *Orthogonalbasis* von V, so gilt für die Bilder $\boldsymbol{v}_i = \boldsymbol{s}\boldsymbol{b}_i$ der $\boldsymbol{b}_i$ nach (87)

$$\boldsymbol{q}(\boldsymbol{v}_i, \boldsymbol{v}_j) = \boldsymbol{q}(\boldsymbol{b}_i, \boldsymbol{b}_j) \quad \text{für alle } 1 \le i, j \le n. \tag{88}$$

Hieraus folgt aber (nach Übungsaufgabe 1, §1), daß $\boldsymbol{v}_1, \ldots, \boldsymbol{v}_n$ eine *Basis* von V ist (und zwar eine Orthogonalbasis).

Definition 5 ('Orthogonale Gruppe einer quadratischen Form'):
Es sei $(V, \boldsymbol{q})$ ein quadratischer Raum. Mit $O(V, \boldsymbol{q})$ bezeichnen wir die Gesamtheit aller Isometrien von $(V, \boldsymbol{q})$ auf $(V, \boldsymbol{q})$. Statt von Isometrien von $(V, \boldsymbol{q})$ auf $(V, \boldsymbol{q})$ sprechen wir abgekürzt auch einfach von *Isometrien von* $(V, \boldsymbol{q})$. In diesem Sinne ist also

$$O(V, \boldsymbol{q}) = \{\boldsymbol{s} \mid \boldsymbol{s} \text{ Isometrie von } (V, \boldsymbol{q})\}. \tag{89}$$

Natürlich ist $O(V, \boldsymbol{q})$ eine *Gruppe*, und zwar eine *Untergruppe* der vollen *linearen Gruppe* $GL(V)$ von V. Wir nennen $O(V, \boldsymbol{q})$ die <u>*orthogonale Gruppe von*</u> $\boldsymbol{q}$. Ist $V = K^n$ und $\boldsymbol{q} = \boldsymbol{q}_E$ die Einheitsform

$$\boldsymbol{q}(\boldsymbol{x}) = x_1^2 + x_2^2 + \cdots + x_n^2,$$

so nennen wir die orthogonale Gruppe von $\boldsymbol{q}_E$ auch einfach die <u>*orthogonale Gruppe*</u> (*des Grades n*) *über dem Körper K* und verwenden für diese auch die Bezeichnung

$$O(n, K). \tag{90}$$

Die Untergruppe

$$SO(V, \boldsymbol{q}) = \{\boldsymbol{s} \in O(V, \boldsymbol{q}) \mid \det(\boldsymbol{s}) = 1\} \tag{91}$$

von $O(V, \boldsymbol{q})$ heißt die *spezielle orthogonale Gruppe von* $\boldsymbol{q}$. Die spezielle orthogonale Gruppe der Einheitsform auf K^n wird auch mit

$$SO(n, K) \tag{92}$$

bezeichnet.

Bemerkung 1: Die Elemente aus $O(n, K)$ heißen <u>*orthogonale Matrizen.*</u> Eine $n \times n$-Matrix $\boldsymbol{S}$ über K ist genau dann orthogonal, wenn die Matrixgleichung

$${}^t\boldsymbol{S}\boldsymbol{S} = \boldsymbol{E} \tag{93}$$

besteht, vgl. (24) in Bem. 3 zu Def. 2. Es ist dann

$$\boldsymbol{S}^{-1} = {}^t\boldsymbol{S}, \tag{94}$$

und daher gilt – gleichwertig mit (93) – auch

$$\boldsymbol{S}\,{}^t\boldsymbol{S} = \boldsymbol{E}. \tag{95}$$

Anders ausgedrückt: Eine $n \times n$-Matrix $\boldsymbol{S}$ mit den Spalten $\boldsymbol{u}_1, \ldots, \boldsymbol{u}_n$

ist genau dann orthogonal, wenn $\boldsymbol{u}_1, \ldots, \boldsymbol{u}_n$ eine Orthonormalbasis für die Einheitsform auf K^n ist, also

$$\boldsymbol{u}_i{}^t\boldsymbol{u}_j = \delta_{ij} \quad \text{für alle } 1 \le i, j \le n$$

gilt. Entsprechendes gilt dann wegen (93) auch bezüglich der *Zeilen* von $\boldsymbol{S}$.

Allgemeiner: Ist $\boldsymbol{A}$ eine symmetrische $n \times n$-Matrix über K, so ist $\boldsymbol{S} \in \mathrm{GL}(n, K)$ genau dann eine Isometrie von $(K^n, \boldsymbol{q}_A)$, wenn die Gleichung

$$^t\boldsymbol{SAS} = \boldsymbol{A} \tag{96}$$

besteht.

Bemerkung 2: Ist $\boldsymbol{s}$ eine Isometrie des nicht ausgearteten quadratischen Raumes $(V, \boldsymbol{q})$ der Dimension n, so gilt notwendig

$$\det(\boldsymbol{s}) = \pm 1. \tag{97}$$

Denn aus (96) folgt $\det({}^t\boldsymbol{S}) \det(\boldsymbol{A}) \det(\boldsymbol{S}) = \det(\boldsymbol{A})$, also – wegen $\det(\boldsymbol{A}) \neq 0$ – $\det(\boldsymbol{S})^2 = 1$, d.h. $\det(\boldsymbol{S}) = \pm 1$. □

Sei $(V, \boldsymbol{q})$ ein nicht ausgearteter quadratischer Raum mit $\dim V = n$. Wir betrachten zunächst Isometrien von $(V, \boldsymbol{q})$ der folgenden Art: Sei H eine *Hyperebene* von V, d.h. ein $(n-1)$-dimensionaler Teilraum von V. Wir setzen voraus, daß H *nicht ausgeartet* ist, d.h. $\boldsymbol{q}_H$ sei nicht ausgeartet. Dann ist $V = H \oplus H^\perp$, und daher gibt es genau eine lineare Abbildung $\boldsymbol{s} = \boldsymbol{s}_H$ mit

$$\boldsymbol{s}(\boldsymbol{x}) = \boldsymbol{x} \quad \text{für alle } \boldsymbol{x} \in H, \quad \boldsymbol{s}(\boldsymbol{y}) = -\boldsymbol{y} \quad \text{für alle } \boldsymbol{y} \in H^\perp. \tag{98}$$

Offenbar ist $\boldsymbol{s}$ eine Isometrie von $(V, \boldsymbol{q})$ in sich. Man nennt $\boldsymbol{s}$ die *Spiegelung an der Hyperebene H*. Es gilt

$$\boldsymbol{s}^2 = \boldsymbol{s} \circ \boldsymbol{s} = \mathrm{id}_V. \tag{99}$$

Sei umgekehrt $\boldsymbol{s}$ eine Isometrie von $(V, \boldsymbol{q})$ in sich, für welche der Teilraum

$$H = \{\boldsymbol{x} \in V \mid \boldsymbol{sx} = \boldsymbol{x}\} \tag{100}$$

von V eine nicht ausgeartete *Hyperebene** von V ist. Dann ist notwendig $\boldsymbol{s} = \boldsymbol{s}_H$, also $\boldsymbol{s}$ die Spiegelung an der Hyperebene H. Denn $H^\perp$ ist eindimensional, und wegen

$$\boldsymbol{q}(\boldsymbol{sx}, \boldsymbol{sy}) = \boldsymbol{q}(\boldsymbol{x}, \boldsymbol{y}) \quad \text{für alle } \boldsymbol{x}, \boldsymbol{y} \text{ aus } V$$

---

* Auf die Voraussetzung, daß H nicht ausgeartet ist, kann man hier verzichten, vgl. die spätere Bem. zu Satz 4.

gilt $\boldsymbol{s}(H^{\perp}) \subseteq H^{\perp}$; für $\boldsymbol{y} \neq \boldsymbol{0}$ aus $H^{\perp}$ gilt somit $\boldsymbol{sy} = \lambda \boldsymbol{y}$ mit einem λ aus K, und wegen $0 \neq \boldsymbol{q}(\boldsymbol{y}) = \boldsymbol{q}(\boldsymbol{sy}) = \lambda^2 \boldsymbol{q}(\boldsymbol{y})$ sowie $\boldsymbol{s} \neq \mathrm{id}_V$ ist daher $\lambda = -1$.

Es sei $\boldsymbol{b}_1, \ldots, \boldsymbol{b}_{n-1}$ eine Basis von H und $\boldsymbol{b}_n$ erzeuge $H^{\perp}$. Dann ist $\boldsymbol{b}_1, \ldots, \boldsymbol{b}_n$ eine Basis von V; die Koordinatenmatrix von $\boldsymbol{s}_H$ in bezug auf diese Basis hat die Gestalt:

$$\begin{pmatrix} 1 & & & & \\ & 1 & & \boldsymbol{0} & \\ & & \ddots & & \\ & \boldsymbol{0} & & 1 & \\ & & & & -1 \end{pmatrix} \tag{101}$$

Es gilt daher stets

$$\det(\boldsymbol{s}) = -1, \quad \text{falls } \boldsymbol{s} = \boldsymbol{s}_H \tag{102}$$

eine Spiegelung an einer Hyperebene H ist.

Sei $\boldsymbol{s}_H$ die Spiegelung an der Hyperebene H von V; nach Wahl eines Vektors $\boldsymbol{y}_0 \neq \boldsymbol{0}$ aus $H^{\perp}$ gilt dann

$$\boldsymbol{s}_H(\boldsymbol{v}) = \boldsymbol{v} - 2\,\frac{\boldsymbol{q}(\boldsymbol{v}, \boldsymbol{y}_0)}{\boldsymbol{q}(\boldsymbol{y}_0, \boldsymbol{y}_0)}\,\boldsymbol{y}_0 \quad \text{für alle } \boldsymbol{v} \in V \tag{103}$$

Zunächst ist dabei wirklich $\boldsymbol{q}(\boldsymbol{y}_0, \boldsymbol{y}_0) \neq 0$, denn $H^{\perp}$ ist nicht ausgeartet. (Beachte: Stets sind V und H als nicht ausgeartet vorausgesetzt.) Man verifiziert dann sofort, daß die durch (103) definierte Abbildung $\boldsymbol{s} = \boldsymbol{s}_H$ *linear* ist und die in (98) geforderten Eigenschaften besitzt.

Vielleicht ist es nicht ganz überflüssig, sich eine Spiegelung im $\mathbb{R}^2$ einmal durch die nachstehende Skizze zu veranschaulichen, vgl. Seite 55.

Bemerkung: Sei $(V, \boldsymbol{q})$ ein nicht ausgearteter quadratischer Raum mit $\dim V = n$. Sind dann $\boldsymbol{a}$ und $\boldsymbol{b}$ *anisotrope* Vektoren mit

$$\boldsymbol{q}(\boldsymbol{a}) = \boldsymbol{q}(\boldsymbol{b}), \tag{104}$$

so gibt es eine *Isometrie* $\boldsymbol{s}$ von $(V, \boldsymbol{q})$ mit

$$\boldsymbol{sa} = \boldsymbol{b}. \tag{105}$$

In der Tat: Aus der Voraussetzung folgt zunächst

$$\boldsymbol{q}(\boldsymbol{a} + \boldsymbol{b}, \boldsymbol{a} - \boldsymbol{b}) = 0,$$

also ist $\boldsymbol{a} + \boldsymbol{b}$ orthogonal zu $\boldsymbol{a} - \boldsymbol{b}$. Wegen $(\boldsymbol{a} + \boldsymbol{b}) + (\boldsymbol{a} - \boldsymbol{b}) = 2\boldsymbol{a}$ können dann nicht beide Vektoren $\boldsymbol{a} + \boldsymbol{b}$ und $\boldsymbol{a} - \boldsymbol{b}$ isotrop sein. Sei o.E. $\boldsymbol{a} - \boldsymbol{b}$ anisotrop. Dann ist $H = \langle \boldsymbol{a} - \boldsymbol{b} \rangle^{\perp}$ eine nicht ausgeartete Hyperebene in $(V, \boldsymbol{q})$. Für die Spiegelung $\boldsymbol{s} = \boldsymbol{s}_H$ an H ist dann

$$\boldsymbol{s}(\boldsymbol{a} + \boldsymbol{b}) = \boldsymbol{a} + \boldsymbol{b}, \quad \boldsymbol{s}(\boldsymbol{a} - \boldsymbol{b}) = -(\boldsymbol{a} - \boldsymbol{b}).$$

Indem wir diese beiden Gleichungen addieren, erhalten wir $\boldsymbol{sa} = \boldsymbol{b}$; also ist (105)

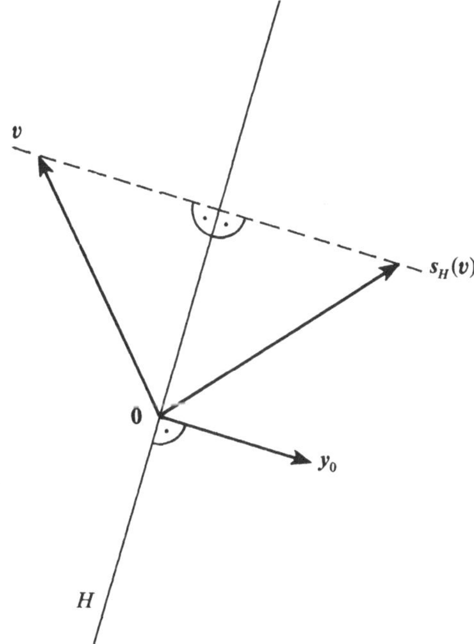

sogar mit einer *Spiegelung* s erfüllbar. Per Einschränkung vermittelt s dann eine Isometrie

$$s': \langle a \rangle^{\perp} \to \langle b \rangle^{\perp}$$

der orthogonalen Komplemente; hieraus folgt von neuem der Fall $k = 1$ des *Witt'schen Kürzungssatzes*. Somit haben wir auch für diesen wichtigen Satz zwei verschiedenartige Beweise angegeben. □

Wir wollen jetzt beliebige Isometrien s eines n-dimensionalen quadratischen Raumes (V, q) betrachten; ohne Einschränkung sei dabei stets q als nicht ausgeartet vorausgesetzt. Hat s einen *anisotropen Fixpunkt*, d.h. gibt es einen anisotropen Vektor v in V mit

$$sv = v,$$

so vermittelt s eine Isometrie des $(n - 1)$-dimensionalen, nicht ausgearteten Teilraumes $\langle v \rangle^{\perp}$ in sich; durch diese ist s schon eindeutig festgelegt, und wir erhalten somit eine Reduktion auf einen Raum kleinerer Dimension. Nun braucht natürlich eine Isometrie von (V, q) in sich keinen anisotropen Fixpunkt zu haben (betrachte z.B. *Drehungen* im $\mathbb{R}^2$), es gilt aber das folgende

Lemma: Sei s eine Isometrie des nicht ausgearteten quadratischen Raumes (V, q) in sich; dabei sei V wie stets als n-dimensional vorausgesetzt. Ist dann v ein *anisotroper Vektor* von V, so daß auch

$$sv - v \text{ anisotrop} \tag{106}$$

ist, so gibt es eine *Spiegelung* s_0 an einer Hyperebene mit

$$(s_0 s) v = v, \tag{107}$$

so daß also $s_0 s$ den *anisotropen* Vektor v als *Fixpunkt* besitzt.

Beweis: Sei $H = \langle sv - v \rangle^{\perp}$; nach Voraussetzung (106) ist H nicht ausgeartet. Sei nun s_0 die Spiegelung an der Hyperebene H. Wegen $q(sv + v, sv - v) = q(sv) - q(v) = 0$ gehört $sv + v$ zu H. Also gilt

$$s_0(sv + v) = sv + v, \quad s_0(sv - v) = v - sv.$$

Die Addition dieser beiden Gleichungen ergibt die Behauptung (107). □

Wir erinnern an die *symmetrische Gruppe* S_n aller Permutationen der Menge $\{1, 2, \ldots, n\}$. Dann ist jedes $\sigma \in S_n$ als Produkt $\sigma = \tau_1 \ldots \tau_r$ von $r \leq n$ *Transpositionen* darstellbar (vgl. Kap. IV, F5). Ein analoges Resultat gilt nun auch für *orthogonale Gruppen*, die Rolle der *Transpositionen* übernehmen dabei die *Spiegelungen an Hyperebenen.*

Satz 4 ('Erzeugung orthogonaler Gruppen durch Spiegelungen'):
Es sei (V, q) ein nicht ausgearteter quadratischer Raum der Dimension n. Dann ist jede Isometrie s von (V, q) ein Produkt von höchstens n Spiegelungen an Hyperebenen von V.

Beweis: (a) Wir nehmen zunächst an, daß s einen anisotropen Vektor v als Fixpunkt besitzt. Dann ist $H = \langle v \rangle^{\perp}$ eine nicht ausgeartete Hyperebene mit $sH = H$. Per Induktion dürfen wir annehmen, daß die von s vermittelte Isometrie $s' : H \to H$ als Produkt

$$s' = t_1 t_2 \ldots t_r \tag{108}$$

von $r \leq n - 1$ Spiegelungen an Hyperebenen des quadratischen Raumes (H, q_H) darstellbar ist. Für jedes $1 \leq i \leq r$ sei s_i die durch

$$s_i v = v, \quad s_i x = t_i x \quad \text{für alle } x \in H \tag{109}$$

definierte *Isometrie* von (V, q). Jedes s_i läßt dann eine nicht ausgeartete Hyperebene von (V, q) elementweise fest; andererseits ist $s_i \neq \mathrm{id}_V$, denn $t_i \neq \mathrm{id}_H$. Also ist jedes s_i eine *Spiegelung* von (V, q). Nun ist aber

$$s = s_1 s_2 \ldots s_r,$$

denn beide Seiten stimmen wegen (109) und (108) sowohl auf $\boldsymbol{v}$ als auch auf $H = \langle \boldsymbol{v} \rangle^{\perp}$ überein. Also ist in dem betrachteten Fall $\boldsymbol{s}$ ein Produkt von höchstens $n-1$ Spiegelungen.

(b) Gewissermaßen in Kontrast zu (a) nehmen wir jetzt an, daß $(V, \boldsymbol{q})$ einen anisotropen Vektor $\boldsymbol{v}$ enthält, für den auch

$$\boldsymbol{sv} - \boldsymbol{v} \text{ anisotrop}$$

ist. Nach dem vorausgeschickten Lemma gibt es dann aber eine Spiegelung $\boldsymbol{s}_0$, so daß die Isometrie $\boldsymbol{s}_0\boldsymbol{s}$ den anisotropen Vektor $\boldsymbol{v}$ als Fixpunkt besitzt. Nach der schon bewiesenen Teilaussage (a) ist dann aber $\boldsymbol{s}_0\boldsymbol{s}$ als Produkt $\boldsymbol{s}_0\boldsymbol{s} = \boldsymbol{s}_1 \dots \boldsymbol{s}_r$ von höchstens $n-1$ Spiegelungen $\boldsymbol{s}_i$ darstellbar. Wegen $\boldsymbol{s}_0^2 = \mathrm{id}$ gilt $\boldsymbol{s}_0^{-1} = \boldsymbol{s}_0$, also ist

$$\boldsymbol{s} = \boldsymbol{s}_0\boldsymbol{s}_1 \dots \boldsymbol{s}_r$$

als Produkt von höchstens n Spiegelungen darstellbar.

(c) Enthält $(V, \boldsymbol{q})$ überhaupt keine isotropen Vektoren $\neq \boldsymbol{0}$, so ist mit (a) und (b) die Behauptung des Satzes bereits bewiesen.

(d) Wir wollen den Fall $n = 2$ erledigen. Im Hinblick auf (c) können wir annehmen, daß $(V, \boldsymbol{q})$ eine *hyperbolische Ebene* ist. Sei dann $\boldsymbol{u}$, $\boldsymbol{v}$ eine hyperbolische Basis von V:

$$\boldsymbol{q}(\boldsymbol{u}) = \boldsymbol{q}(\boldsymbol{v}) = 0, \quad q(\boldsymbol{u}, \boldsymbol{v}) = 1.$$

Die Vielfachen von $\boldsymbol{u}$ und $\boldsymbol{v}$ sind die sämtlichen isotropen Vektoren von V, also gilt entweder

$$\boldsymbol{su} = \alpha\boldsymbol{v}, \quad \boldsymbol{sv} = \alpha^{-1}\boldsymbol{u} \tag{110}$$

oder

$$\boldsymbol{su} = \alpha\boldsymbol{u}, \quad \boldsymbol{sv} = \alpha^{-1}\boldsymbol{v} \tag{111}$$

mit einem α aus $K^{\times}$. Gilt (110), so ist $\boldsymbol{u} + \alpha\boldsymbol{v} = \boldsymbol{s}(\boldsymbol{u} + \alpha\boldsymbol{v})$ anisotroper Fixvektor von $\boldsymbol{s}$, also sind wir fertig nach (a). Im Falle (111) können wir $\alpha \neq 1$ annehmen, sonst ist $\boldsymbol{s} = \mathrm{id}_V$. Dann ist $\boldsymbol{s}(\boldsymbol{u} + \boldsymbol{v}) - (\boldsymbol{u} + \boldsymbol{v}) = (\alpha - 1)\,\boldsymbol{u} + (\alpha^{-1} - 1)\,\boldsymbol{v}$ *anisotrop*, und wir sind fertig nach (b).

(e) Aufgrund des Vorhergehenden haben wir uns noch mit der folgenden Situation zu befassen, in der gilt:

(i) $n \geq 3$.
(ii) $\boldsymbol{s}$ hat keinen anisotropen Fixvektor.
(iii) Für jeden anisotropen Vektor $\boldsymbol{v}$ ist $\boldsymbol{sv} - \boldsymbol{v}$ isotrop.

Wir wollen jetzt zuerst zeigen, daß dann anstelle von (iii) sogar gilt:

(iv) Für j e d e n Vektor $\boldsymbol{v}$ ist $\boldsymbol{sv} - \boldsymbol{v}$ isotrop.

Sei also $\boldsymbol{v}$ ein beliebiger *isotroper* Vektor mit $\boldsymbol{v} \neq \boldsymbol{0}$. Wir betrachten $W := \langle \boldsymbol{v} \rangle^{\perp}$. Wegen (i) gilt $\dim W \geq 2$ und wegen $W \cap W^{\perp} = \langle \boldsymbol{v} \rangle^{\perp} \cap \langle \boldsymbol{v} \rangle = \langle \boldsymbol{v} \rangle$ besteht W nicht nur aus isotropen Vektoren, es gilt also

$$\boldsymbol{q}(\boldsymbol{v}, \boldsymbol{w}) = 0 \text{ mit einem } \textit{anisotropen } \boldsymbol{w}.$$

Für jedes α aus K ist dann auch $\alpha\boldsymbol{v} + \boldsymbol{w}$ ein anisotroper Vektor; es gilt

$$\boldsymbol{s}(\alpha\boldsymbol{v} + \boldsymbol{w}) - (\alpha\boldsymbol{v} + \boldsymbol{w}) = \alpha(\boldsymbol{s}\boldsymbol{v} - \boldsymbol{v}) + (\boldsymbol{s}\boldsymbol{w} - \boldsymbol{w}).$$

Berechnet man den Wert von $\boldsymbol{q}$ für den letzten Ausdruck, so erhält man unter Beachtung von (iii)

$$\alpha^2\,\boldsymbol{q}(\boldsymbol{s}\boldsymbol{v} - \boldsymbol{v}) + 2\alpha\boldsymbol{q}(\boldsymbol{s}\boldsymbol{v} - \boldsymbol{v}, \boldsymbol{s}\boldsymbol{w} - \boldsymbol{w}) = 0.$$

Betrachtet man dies für $\alpha = 1$ und $\alpha = -1$, so erhält man durch Addition $\boldsymbol{q}(\boldsymbol{s}\boldsymbol{v} - \boldsymbol{v}) = 0$, also die Behauptung.

(f) Es sei jetzt

$$W = \{\boldsymbol{s}\boldsymbol{x} - \boldsymbol{x} \,|\, \boldsymbol{x} \in V\}$$

das *Bild* von V unter der linearen Abbildung $\boldsymbol{s} - \mathrm{id}_V$. Wie wir in (e) gerade gesehen haben, besteht W nur aus isotropen Vektoren, ist also *total isotrop*: $\boldsymbol{q}_W = \boldsymbol{0}$. Wir behaupten, daß

$$\boldsymbol{s}\boldsymbol{u} = \boldsymbol{u} \quad \text{für alle } \boldsymbol{u} \text{ aus } U := W^{\perp} \tag{112}$$

gilt. In der Tat ist für jedes $\boldsymbol{u} \in W^{\perp}$ und alle $\boldsymbol{x} \in V$

$$\begin{aligned} 0 &= \boldsymbol{q}(\boldsymbol{s}\boldsymbol{x} - \boldsymbol{x}, \boldsymbol{s}\boldsymbol{u} - \boldsymbol{u}) = \boldsymbol{q}(\boldsymbol{s}\boldsymbol{x}, \boldsymbol{s}\boldsymbol{u}) - \boldsymbol{q}(\boldsymbol{x}, \boldsymbol{s}\boldsymbol{u}) - \boldsymbol{q}(\boldsymbol{s}\boldsymbol{x} - \boldsymbol{x}, \boldsymbol{u}) \\ &= \boldsymbol{q}(\boldsymbol{s}\boldsymbol{x}, \boldsymbol{s}\boldsymbol{u}) - \boldsymbol{q}(\boldsymbol{x}, \boldsymbol{s}\boldsymbol{u}) = \boldsymbol{q}(\boldsymbol{x}, \boldsymbol{u}) - \boldsymbol{q}(\boldsymbol{x}, \boldsymbol{s}\boldsymbol{u}) = \boldsymbol{q}(\boldsymbol{x}, \boldsymbol{u} - \boldsymbol{s}\boldsymbol{u}). \end{aligned}$$

Weil $\boldsymbol{q}$ nicht ausgeartet ist, folgt daraus $\boldsymbol{u} - \boldsymbol{s}\boldsymbol{u} = \boldsymbol{0}$, also (112).

Aufgrund von (112) enthält nun aber $U = W^{\perp}$ wegen (ii) nur isotrope Vektoren, ist also ebenfalls *total isotrop*. Nach §3, F5 gilt somit

$$2 \dim W \leq n, \quad 2 \dim W^{\perp} \leq n. \tag{113}$$

Da andererseits die Gleichung $\dim W + \dim W^{\perp} = n$ besteht, muß in (113) beidemal das Gleichheitszeichen gelten. Daher ist $(V, \boldsymbol{q})$ notwendig *hyperbolisch*, und $U = W^{\perp}$ ist ein maximaler, total isotroper Teilraum von V, vgl. §3, F5. Es sei dann

$$\boldsymbol{u}_1, \boldsymbol{v}_1, \boldsymbol{u}_2, \boldsymbol{v}_2, \ldots, \boldsymbol{u}_m, \boldsymbol{v}_m$$

eine *hyperbolische Basis* von V mit $\boldsymbol{u}_i \in U$ für alle $1 \leq i \leq m$. Es gilt

$$\boldsymbol{s}\boldsymbol{u}_i = \boldsymbol{u}_i, \quad \boldsymbol{s}\boldsymbol{v}_i = \boldsymbol{v}_i + \sum_{j=1}^{m} a_{ji}\boldsymbol{u}_j \tag{114}$$

für $1 \leq i \leq m$ mit gewissen a_{ji} aus K. Dabei ergibt sich die erste Relation unmittelbar aus (112) und die zweite wie folgt: Zunächst ist

$$\boldsymbol{s}\boldsymbol{v}_i = \sum_{j=1}^{m} a_{ji}\boldsymbol{u}_j + \sum_{j=1}^{m} b_{ji}\boldsymbol{v}_j \quad \text{mit gewissen } b_{ij} \in K. \tag{115}$$

Aus (115) folgt aber $b_{ki} = \boldsymbol{q}(\boldsymbol{s}\boldsymbol{v}_i, \boldsymbol{u}_k) = \boldsymbol{q}(\boldsymbol{s}\boldsymbol{v}_i, \boldsymbol{s}\boldsymbol{u}_k) = \boldsymbol{q}(\boldsymbol{v}_i, \boldsymbol{u}_k) = \delta_{ik}$, also die Behauptung. Die Koordinatenmatrix von $\boldsymbol{s}$ in bezug auf die Basis $\boldsymbol{u}_1, \ldots, \boldsymbol{u}_m, \boldsymbol{v}_1, \ldots, \boldsymbol{v}_m$ von V hat die Gestalt

$$\begin{pmatrix} \boldsymbol{E}_m & \boldsymbol{A} \\ \boldsymbol{0} & \boldsymbol{E}_m \end{pmatrix} \quad \text{mit } \boldsymbol{A} = (a_{ij});$$

diese Matrix hat offenbar die Determinante 1, also gilt notwendig

$$\det(\boldsymbol{s}) = 1.$$

Sei nun $\boldsymbol{s}_0$ eine beliebige Spiegelung an einer Hyperebene. Dann ist

$$\det(\boldsymbol{s}') = -1 \quad \text{für } \boldsymbol{s}' = \boldsymbol{s}_0\,\boldsymbol{s}. \tag{116}$$

Für $\boldsymbol{s}'$ gilt also die Behauptung des Satzes bereits, d.h. es ist

$$\boldsymbol{s}' = \boldsymbol{s}_1\,\boldsymbol{s}_2 \ldots \boldsymbol{s}_r \tag{117}$$

mit $r \le n$ Spiegelungen $\boldsymbol{s}_1, \ldots, \boldsymbol{s}_r$. Insgesamt ist daher auch

$$\boldsymbol{s} = \boldsymbol{s}_0\,\boldsymbol{s}_1 \ldots \boldsymbol{s}_r$$

Produkt von Spiegelungen. Wieso ist nun aber $r + 1 \le n$? Wir wissen zunächst nur $r \le n$; aus (116) und (117) folgt jedoch

$$1 - \det(\boldsymbol{s}') = (-1)^r,$$

also ist r *ungerade*. Aber $n = 2m$ ist *gerade*, und folglich ist notwendig $r < n$.

Bemerkung 1: Eine Isometrie $\boldsymbol{s}$ ist genau dann als Produkt

$$\boldsymbol{s} = \boldsymbol{s}_1\,\boldsymbol{s}_2 \ldots \boldsymbol{s}_r \quad \text{mit } r < n = \dim V \tag{118}$$

Spiegelungen $\boldsymbol{s}_1, \ldots, \boldsymbol{s}_r$ an Hyperebenen $H_1, \ldots, H_r$ von V darstellbar, wenn $\boldsymbol{s}$ einen von $\boldsymbol{0}$ verschiedenen *Fixvektor* besitzt. Aus der Dimensionsformel für Teilräume (vgl. Satz 10 in Kap. I) folgt nämlich per Induktion (nach r), daß

$$\dim(H_1 \cap H_2 \cap \cdots \cap H_r) \ge n - r$$

gilt (Beweis als *Übungsaufgabe* 8). Ist also $r < n$, so gibt es einen Vektor $\boldsymbol{v} \neq \boldsymbol{0}$, der in allen H_i liegt; $\boldsymbol{v}$ bleibt dann fest bei jedem $\boldsymbol{s}_i$, also auch bei $\boldsymbol{s}$. Die umgekehrte Implikation haben wir schon in Teil (a) des Beweises von Satz 4 gezeigt.

Bemerkung 2: Ist $n = \dim V$ *ungerade*, so besitzt jede Isometrie $\boldsymbol{s}$ von V mit

$$\det(\boldsymbol{s}) = 1, \quad \text{d.h. } \boldsymbol{s} \in \mathrm{SO}(V, \boldsymbol{q})$$

einen von $\boldsymbol{0}$ verschiedenen Fixvektor. Ist nämlich $\boldsymbol{s} = \boldsymbol{s}_1 \ldots \boldsymbol{s}_r$ Produkt von r Spiegelungen $\boldsymbol{s}_1, \ldots, \boldsymbol{s}_r$, so gilt $\det(\boldsymbol{s}) = (-1)^r$. Also folgt $r < n$, und somit gilt die Behauptung nach Bemerkung 1. Entsprechend: Ist n *gerade* und ist $\boldsymbol{s}$ eine Isometrie mit

$$\det(\boldsymbol{s}) = -1,$$

so hat $\boldsymbol{s}$ einen von $\boldsymbol{0}$ verschiedenen Fixvektor.

Bemerkung 3: Aus Bemerkung 1 ergibt sich, daß man bei Satz 4 i.a. nicht mit weniger als n Spiegelungen auskommt. Zum Beispiel ist $\boldsymbol{s}$ –

$-\mathrm{id}_V$ nicht Produkt von weniger als n Spiegelungen, denn $\boldsymbol{s}$ hat außer $\mathbf{0}$ keinen weiteren Fixvektor.

Bemerkung 4: Die Isometrie $\boldsymbol{s}$ sei nicht als Produkt von weniger als n Spiegelungen darstellbar. Ist dann $\boldsymbol{t}$ eine beliebige Spiegelung, so besitzt $\boldsymbol{s}$ die Darstellung

$$\boldsymbol{s} = \boldsymbol{t}\boldsymbol{t}_1 \dots \boldsymbol{t}_{n-1} \tag{119}$$

mit Spiegelungen $\boldsymbol{t}_1, \dots, \boldsymbol{t}_{n-1}$. Man betrachte nämlich die Isometrie $\boldsymbol{ts}$ und beachte $\det(\boldsymbol{ts}) = -\det(\boldsymbol{s})$; im Hinblick auf Bemerkung 2 ist dann $\boldsymbol{ts} = \boldsymbol{t}_1 \dots \boldsymbol{t}_r$ Produkt von $r < n$ Spiegelungen $\boldsymbol{t}_1, \dots, \boldsymbol{t}_r$, also gilt (119).

Bemerkung 5: Es sei $\boldsymbol{s}$ eine Isometrie, und der Teilraum

$$H = \{\boldsymbol{x} \in V \,|\, \boldsymbol{sx} = \boldsymbol{x}\} \text{ sei eine Hyperebene von } V. \tag{120}$$

Dann ist H *nicht ausgeartet* und folglich $\boldsymbol{s} = \boldsymbol{s}_H$ die Spiegelung an der Hyperebene H. Annahme: H sei ausgeartet. Dann gilt $H \cap H^\perp = H^\perp$, denn $H^\perp$ ist eindimensional. Es gibt nun einen Teilraum W mit

$$H = H^\perp \perp W,$$

vgl. Übungsaufgabe 7 in §3; W ist nicht ausgeartet und besitzt die Dimension $n - 2$. Betrachte jetzt den zweidimensionalen nicht ausgearteten Raum $W^\perp$. Wegen $W^\perp \supseteq H^\perp$ enthält $W^\perp$ einen isotropen Vektor $\boldsymbol{u} \neq \mathbf{0}$. Also ist $W^\perp$ eine hyperbolische Ebene, und es gibt genau einen Vektor $\boldsymbol{v}$ in $W^\perp$, so daß $\boldsymbol{u}, \boldsymbol{v}$ eine hyperbolische Basis von $W^\perp$ bildet. Aus $\boldsymbol{su} = \boldsymbol{u}$ folgt daher auch $\boldsymbol{sv} = \boldsymbol{v}$. Damit läßt $\boldsymbol{s}$ sowohl $W \subseteq H$ als auch $W^\perp$ fest. Also ist $\boldsymbol{s} = \mathrm{id}_V$ im Widerspruch zur Voraussetzung (120).

Bemerkung 6: Wir wollen einmal den Fall

$$\dim V = 2 \tag{121}$$

genauer betrachten. Für eine Isometrie $\boldsymbol{s} \neq \mathrm{id}_V$ sind dann gleichwertig:

(i) $\boldsymbol{s} \in \mathrm{SO}(V, \boldsymbol{q})$, d.h. $\det(\boldsymbol{s}) = 1$.
(ii) $\boldsymbol{s}$ ist Produkt von *zwei* Spiegelungen.
(iii) $\mathbf{0}$ ist der einzige Fixvektor von $\boldsymbol{s}$.

Wegen (iii) nennen wir die Elemente $\boldsymbol{s}$ aus $\mathrm{SO}(V, \boldsymbol{q})$ Drehungen (*um* $\mathbf{0}$). Sei $\boldsymbol{s} \in \mathrm{SO}(V, \boldsymbol{q})$, und sei $\boldsymbol{t}$ eine beliebige Spiegelung. Es gibt dann eine Spiegelung $\boldsymbol{t}_1$ mit $\boldsymbol{s} = \boldsymbol{tt}_1$, vgl. Bem. 4. Es gilt dann $\boldsymbol{tst}^{-1} = \boldsymbol{ttt}_1\boldsymbol{t}^{-1} = \boldsymbol{t}_1\boldsymbol{t}^{-1} = (\boldsymbol{tt}_1)^{-1}$, also

$$\boldsymbol{tst}^{-1} = \boldsymbol{s}^{-1}. \tag{122}$$

Ist $\boldsymbol{s}' = \boldsymbol{tt}_1'$ eine weitere Drehung, so gilt

$$\boldsymbol{s}'\boldsymbol{ss}'^{-1} = \boldsymbol{tt}_1'\boldsymbol{st}_1'^{-1}\boldsymbol{t}^{-1} = \boldsymbol{ts}^{-1}\boldsymbol{t}^{-1} = \boldsymbol{s}.$$

Also ist $\mathrm{SO}(V, \boldsymbol{q})$ im betrachteten Fall (121) eine *abelsche* Gruppe.

Für Spiegelungen s_H und $s_{H'}$ gelte

$$s_H s_{H'} = s_{H'} s_H. \tag{123}$$

Wendet man dies auf $x \in H'$ an, so folgt $s_H x = s_{H'}(s_H x)$, also gilt

$$s_H x \in H' \quad \text{für alle } x \in H'.$$

Nun ist aber H' eindimensional, also wird H' von s_H oder $-s_H$ elementweise festgelassen. Aus (123) folgt somit

$$s_H = s_{H'} \text{ oder } s_H = -s_{H'}. \tag{124}$$

Wir nehmen nun einmal an, auch $O(V, q)$ wäre eine abelsche Gruppe. Dann folgt aus der eben angestellten Betrachtung, daß es überhaupt nur zwei Spiegelungen gibt. V enthält folglich genau zwei anisotrope eindimensionale Teilräume; ist b_1, b_2 eine *Orthogonalbasis* für q, so sind dies also $\langle b_1 \rangle$ und $\langle b_2 \rangle$. Weil nun $b_1 + b_2 \neq 0$ ein *isotroper* Vektor ist, muß V eine *hyperbolische Ebene* sein. Eine solche besitzt aber genau zwei isotrope Teilräume der Dimension 1; somit hat V genau vier eindimensionale Teilräume. Dies aber bedeutet, daß der Grundkörper K genau *drei* Elemente besitzt.

Wir halten fest: $O(V, q)$ *ist nicht abelsch, es sei denn,* (V, q) *ist eine hyperbolische Ebene über einem Körper* K *mit drei Elementen.* Im Ausnahmefall besteht $O(V, q)$ aus genau *vier* Elementen, und für jedes $s \in O(V, q)$ ist $s^2 = \mathrm{id}_V$. Liegt der Ausnahmefall nicht vor, so erkennt man im Hinblick auf (122), daß es *Drehungen* s mit $s^2 \neq \mathrm{id}_V$ gibt.

Bemerkung 7: Wir wollen auch etwas zum Fall

$$\dim V = 3$$

sagen. Sei $s \in SO(V, q)$. Dann ist $s = t_1 t_2$ Produkt von zwei Spiegelungen. Sei $s \neq \mathrm{id}_V$. Nach Bem. 5 und Bem. 2 ist dann

$$A := \{x \in V \mid sx = x\}$$

ein *eindimensionaler* Teilraum von V. Wir nennen s daher eine *Drehung mit Drehachse* A. Alle Drehungen mit fester Drehachse (unter Einschluß von id_V) bilden eine *Untergruppe* von $SO(V, q)$; im Fall, daß A *anisotrop* ist, ist diese Untergruppe offenbar isomorph zu

$$SO(A^{\perp}, q_{A^{\perp}}),$$

ist also insbesondere eine *abelsche* Gruppe (vgl. Bem. 6).

§5 Quadratische Formen über $\mathbb{R}$

Wir betrachten jetzt quadratische Formen speziell über dem Körper

$$K = \mathbb{R}.$$

Es sei also V ein n-dimensionaler $\mathbb{R}$-Vektorraum, und q sei eine quadratische Form auf V. Wir setzen $\boldsymbol{q}$ gleich als *nicht ausgeartet* voraus. Wir wissen, daß eine *Orthogonalbasis* $\boldsymbol{b}_1, \ldots, \boldsymbol{b}_n$ für $\boldsymbol{q}$ existiert:

$$\boldsymbol{q}(\boldsymbol{b}_i, \boldsymbol{b}_j) = 0 \quad \text{für } i \neq j. \tag{125}$$

Nach Wahl der Orthogonalbasis $\boldsymbol{b}_1, \ldots, \boldsymbol{b}_n$ für $\boldsymbol{q}$ ist $\boldsymbol{q}$ dann durch die reellen Zahlen

$$a_i := \boldsymbol{q}(\boldsymbol{b}_i) \quad \text{für } 1 \leq i \leq n \tag{126}$$

festgelegt. Da q nicht ausgeartet ist, sind alle a_i verschieden von Null. Für jedes $i = 1, 2, \ldots, n$ ist nun entweder $a_i > 0$ oder $a_i < 0$. Indem wir gegebenenfalls umnumerieren, können wir o.E. annehmen, daß die r ersten a_i *positiv* und die $n - r$ restlichen a_i *negativ* sind. Dabei ist $0 \leq r \leq n$. Wir ersetzen nun die Elemente $\boldsymbol{b}_i$ durch

$$\boldsymbol{c}_i = \frac{1}{\sqrt{a_i}} \boldsymbol{b}_i \quad \text{für } 1 \leq i \leq r$$

bzw.

$$\boldsymbol{c}_i = \frac{1}{\sqrt{-a_i}} \boldsymbol{b}_i \quad \text{für } r < i \leq n$$

Dann ist auch $\boldsymbol{c}_1, \ldots, \boldsymbol{c}_n$ eine Orthogonalbasis für $\boldsymbol{q}$, und überdies ist jetzt

$$\boldsymbol{q}(\boldsymbol{c}_i) = 1 \quad \text{für } 1 \leq i \leq r, \quad \boldsymbol{q}(\boldsymbol{c}_i) = -1 \quad \text{für } r < i \leq n. \tag{127}$$

Dementsprechend gilt

$$\boldsymbol{q}\left(\sum_{i=1}^{n} x_i \boldsymbol{c}_i\right) = x_1^2 + \cdots + x_r^2 - x_{r+1}^2 - \cdots - x_n^2 \tag{128}$$

Anders ausgedrückt (vgl. §2) ist

$$\boldsymbol{q} \simeq [\underbrace{1, 1, \ldots, 1}_{r}, -1, -1, \ldots, -1] \tag{129}$$

mit den r ersten Diagonalkoeffizienten gleich 1 und den übrigen $n - r$ gleich -1. Für Matrizen formuliert: Jede invertierbare symmetrische $n \times n$-Matrix $\boldsymbol{A}$ über $\mathbb{R}$ ist *kongruent* zu einer Diagonalmatrix der Gestalt

$$\begin{pmatrix} 1 & & & & & \\ & \ddots & & & \mathbf{0} & \\ & & 1 & & & \\ & & & -1 & & \\ & \mathbf{0} & & & \ddots & \\ & & & & & -1 \end{pmatrix} = \begin{pmatrix} \boldsymbol{E}_r & \mathbf{0} \\ \mathbf{0} & -\boldsymbol{E}_{n-r} \end{pmatrix}, \tag{130}$$

d.h. es gibt eine invertierbare $n \times n$-Matrix $\boldsymbol{S}$ über $\mathbb{R}$ mit

$$ {}^t\boldsymbol{SAS} = \begin{pmatrix} \boldsymbol{E}_r & \boldsymbol{0} \\ \boldsymbol{0} & -\boldsymbol{E}_{n-r} \end{pmatrix} \tag{131} $$

Nun entsteht aber die Frage nach dem Charakter der Zahl r in (129) bzw. (131). Handelt es sich bei dieser um eine *Invariante* der quadratischen Form $\boldsymbol{q}$ oder kann für verschiedene Orthogonalbasen von $\boldsymbol{q}$ auch die Anzahl der jeweils auftretenden positiven Diagonalkoeffizienten voneinander verschieden sein? Die Antwort darauf gibt

Satz 5 ('Sylvester'scher Trägheitssatz'):
Die ganze Zahl $r \geq 0$ *in* (129) *ist eindeutig bestimmt. Matrizentheoretisch formuliert: Gilt für ganze Zahlen* $0 \leq r, r' \leq n$ *eine Gleichung der Gestalt*

$$ \begin{pmatrix} \boldsymbol{E}_{r'} & \boldsymbol{0} \\ \boldsymbol{0} & -\boldsymbol{E}_{n-r'} \end{pmatrix} = {}^t\boldsymbol{S} \begin{pmatrix} \boldsymbol{E}_r & \boldsymbol{0} \\ \boldsymbol{0} & -\boldsymbol{E}_{n-r} \end{pmatrix} \boldsymbol{S} $$

mit einer $n \times n$*-Matrix* $\boldsymbol{S}$ *über* $\mathbb{R}$*, so ist notwendig* $r' = r$.

Beweis: Es gelte

$$ [\underbrace{1, \ldots\ldots, 1}_{r'}, -1, \ldots, -1] \simeq [\underbrace{1, \ldots, 1}_{r}, -1, -1, \ldots, -1], $$

und o.E. sei $r' \geq r$. Wäre $r' > r$, so folgt aus dem *Witt'schen Kürzungssatz* (Satz 2, §2) die Äquivalenz

$$ [\underbrace{1, \ldots, 1}_{r'-r}, -1, \ldots, -1] \simeq [\underbrace{-1, -1, \ldots, -1}_{n-r}] \tag{132} $$

Dies aber ist ein Widerspruch, denn die rechts stehende quadratische Form stellt im Gegensatz zu der links stehenden nur reelle Zahlen ≤ 0 dar.

Bemerkung 1: Um noch einmal zusammenzufassen: Ist $\boldsymbol{q}$ eine nicht ausgeartete quadratische Form auf einem n-dimensionalen Vektorraum über dem Körper $\mathbb{R}$ der reellen Zahlen, so gilt

$$ \boldsymbol{q} \simeq [1, 1, \ldots, 1, -1, -1, \ldots, -1], \tag{133} $$

wobei die Vielfachheiten, mit denen 1 bzw. -1 auf der rechten Seite von (133) auftreten, eindeutig bestimmt sind.

Bemerkung 2: Legt man anstelle von $\mathbb{R}$ einen beliebigen *geordneten Körper* $(K, \leq)$ zugrunde, in dem jedes Element $a > 0$ aus K eine Quadratwurzel in K besitzt, so lassen sich die obigen Betrachtungen ohne weiteres auf diesen Fall übertragen. Dasselbe gilt auch für die weiteren Betrachtungen dieses Paragraphen; meistens ist dabei auch die Voraussetzung entbehrlich, daß jedes Element $a > 0$ in K ein Quadrat ist. Wir wollen dies hier nur erwähnen, ohne genau zu definieren, was ein *geordneter Körper* ist, doch versteht sich dieser Begriff sowieso fast von selbst.

Definition 6: Eine quadratische Form $\boldsymbol{q}$ auf einem beliebigen $\mathbb{R}$-Vektorraum V heißt *positiv semidefinit*, wenn

$$\boldsymbol{q}(\boldsymbol{x}) \geq 0 \quad \text{für alle } \boldsymbol{x} \text{ aus } V \tag{134}$$

gilt. Ist sogar die Bedingung

$$\boldsymbol{q}(\boldsymbol{x}) > 0 \quad \text{für alle } \boldsymbol{x} \neq \boldsymbol{0} \text{ aus } V \tag{135}$$

erfüllt, so heißt $\boldsymbol{q}$ *positiv definit*. Entsprechend sind die Begriffe *negativ semidefinit* und *negativ definit* erklärt.* Ist $\boldsymbol{q}$ weder positiv semidefinit, noch negativ semidefinit, so heißt $\boldsymbol{q}$ *indefinit*.

Bemerkung: Es sei $\boldsymbol{q}$ eine *positiv semidefinite* quadratische Form auf einem n-dimensionalen $\mathbb{R}$-Vektorraum V. Ist dann $\boldsymbol{b}_1, \ldots, \boldsymbol{b}_n$ eine beliebige Basis von V und ist $\boldsymbol{B}$ die Matrix von $\boldsymbol{q}$ in bezug auf $\boldsymbol{b}_1, \ldots, \boldsymbol{b}_n$, so gilt

$$\det(\boldsymbol{B}) \geq 0. \tag{136}$$

Ist nämlich $\boldsymbol{C}$ die Matrix von $\boldsymbol{q}$ in bezug auf irgendeine weitere Basis $\boldsymbol{c}_1, \ldots, \boldsymbol{c}_n$ von V, so gilt zunächst

$$\det(\boldsymbol{B}) = \alpha^2 \det(\boldsymbol{C}) \quad \text{mit einem } \alpha \in K^\times \tag{137}$$

(vgl. (92) in Kap. VI). Daher haben $\det(\boldsymbol{B})$ und $\det(\boldsymbol{C})$ jedenfalls das gleiche Vorzeichen. Wählt man nun $\boldsymbol{c}_1, \ldots, \boldsymbol{c}_n$ als Orthogonalbasis für $\boldsymbol{q}$, so ist wegen $a_i := \boldsymbol{q}(\boldsymbol{c}_i) \geq 0$ für alle i auch $\det(\boldsymbol{C}) = a_1 a_2 \ldots a_n \geq 0$. Somit gilt (136). Ist $\boldsymbol{q}$ positiv definit, so ist natürlich $\det(\boldsymbol{B}) > 0$.

F7 ('Cauchy-Schwarz'sche Ungleichung'):

Sei $\boldsymbol{q}$ eine quadratische Form auf einem beliebigen $\mathbb{R}$-Vektorraum V. Ist $\boldsymbol{q}$ positiv semidefinit, so gilt

$$\boldsymbol{q}(\boldsymbol{x}, \boldsymbol{y})^2 \leq \boldsymbol{q}(\boldsymbol{x})\, \boldsymbol{q}(\boldsymbol{y}) \quad \textit{für alle } \boldsymbol{x}, \boldsymbol{y} \in V. \tag{138}$$

Beweis: Wir können o.E. annehmen, daß

$$V = \langle \boldsymbol{x}, \boldsymbol{y} \rangle$$

---

* Beachte: q ist genau dann negativ semidefinit, wenn $-q$ positiv semidefinit ist.

ist, denn die Behauptung bezieht sich nur auf den von $\boldsymbol{x}$ und $\boldsymbol{y}$ erzeugten Vektorraum. Ist $\dim V \leq 1$, so gilt in (138) das Gleichheitszeichen. Sei also $\dim V = 2$. Dann ist $\boldsymbol{x}, \boldsymbol{y}$ eine Basis von V. Bezüglich dieser Basis ist dann

$$\boldsymbol{B} = \begin{pmatrix} \boldsymbol{q}(\boldsymbol{x}) & \boldsymbol{q}(\boldsymbol{x}, \boldsymbol{y}) \\ \boldsymbol{q}(\boldsymbol{x}, \boldsymbol{y}) & \boldsymbol{q}(\boldsymbol{y}) \end{pmatrix} \tag{139}$$

die Matrix von $\boldsymbol{q}$. Nach der vorangegangenen Bemerkung ist $\det(\boldsymbol{B}) \geq 0$. Nun ist aber $\det(\boldsymbol{B}) = \boldsymbol{q}(\boldsymbol{x})\,\boldsymbol{q}(\boldsymbol{y}) - \boldsymbol{q}(\boldsymbol{x}, \boldsymbol{y})^2$; also gilt (138).

Bemerkungen: (1) Ist $\boldsymbol{q}$ positiv definit, so gilt in (138) das Gleichheitszeichen genau dann, wenn $\boldsymbol{x}, \boldsymbol{y}$ linear abhängig sind. Dies geht aus dem obigen Beweis von F7 sofort hervor.

Als *Übungsaufgabe* 9 zeige man: Ist $\boldsymbol{q}$ eine beliebige quadratische Form auf einem $\mathbb{R}$-Vektorraum V, so gilt für $\boldsymbol{q}$ die *Cauchy-Schwarzsche Ungleichung* (138) genau dann, wenn $\boldsymbol{q}$ positiv oder negativ semidefinit ist.

(2) Aus F7 folgt sofort: Eine positiv semidefinite quadratische Form $\boldsymbol{q}$ ist nicht ausgeartet genau dann, wenn $\boldsymbol{q}$ positiv definit ist. Beweis als *Übungsaufgabe* 10.

(3) Angewandt auf die *Einheitsform* $\boldsymbol{q} = [1, \ldots, 1]$ auf $\mathbb{R}^n$ besagt (138), daß für beliebige reelle Zahlen $x_1, \ldots, x_n, y_1, \ldots, y_n$ die Ungleichung

$$\left(\sum_{i=1}^{n} x_i y_i\right)^2 \leq \left(\sum_{i=1}^{n} x_i^2\right)\left(\sum_{i=1}^{n} y_i^2\right) \tag{140}$$

besteht.*

(4) Ein weiterer klassischer Spezialfall von F7 ist der folgende: Es sei $V = C[0, 1]$ der $\mathbb{R}$-Vektorraum aller stetigen Funktionen $f\colon [0, 1] \to \mathbb{R}$. Wir definieren eine symmetrische Bilinearform $\boldsymbol{q}\colon C[0, 1] \times C[0, 1] \to \mathbb{R}$ durch

$$\boldsymbol{q}(f, g) = \int_0^1 f(x)\,g(x)\,dx. \tag{141}$$

Offenbar ist die quadratische Form $\boldsymbol{q}$ *positiv definit*. Nach F7 gilt daher

$$\left(\int_0^1 f(x)\,g(x)\,dx\right)^2 \leq \left(\int_0^1 f(x)^2\,dx\right)\cdot\left(\int_0^1 g(x)^2\,dx\right). \tag{142}$$

Man kann (142) als 'kontinuierliche Verallgemeinerung' von (140) ansehen. Legt man übrigens statt stetiger Funktionen allgemeinere

---

* Diese Ungleichung wird *Cauchy* zugeschrieben; die nachstehende Ungleichung (142) geht auf *Schwarz* zurück.

Funktionenklassen zugrunde, so ist die durch (141) definierte quadratische Form i.a. nicht mehr positiv definit, sondern nur noch *positiv semidefinit.* □

Eine quadratische Form auf einem n-dimensionalen $\mathbb{R}$-Vektorraum ist genau dann *positiv definit*, wenn

$$\boldsymbol{q} \simeq [1, 1, \ldots, 1]$$

gilt; entsprechend ist $\boldsymbol{q}$ genau dann *negativ definit*, wenn

$$\boldsymbol{q} \simeq [-1, -1, \ldots, -1]$$

gilt. Mit den in Def. 6 eingeführten Begriffen können wir den *Satz von Sylvester* somit auch wie folgt aussprechen:

Satz 5': *Jeder n-dimensionale nicht ausgeartete quadratische Raum* $(V, \boldsymbol{q})$ *über* $\mathbb{R}$ *besitzt eine orthogonale Zerlegung*

$$V = U_1 \perp U_2, \tag{143}$$

bei der $\boldsymbol{q}_{U_1}$ *positiv definit und* $\boldsymbol{q}_{U_2}$ *negativ definit ist, und hierdurch sind* U_1 *und* U_2 *bis auf Isometrie eindeutig bestimmt, d.h. die Zahlen*

$$r = \dim U_1, \quad s = \dim U_2 \tag{144}$$

hängen nur von $\boldsymbol{q}$ *(und von nichts sonst) ab. Ihre Differenz*

$$\operatorname{sgn}(\boldsymbol{q}) := r - s \tag{145}$$

heißt die Signatur von $\boldsymbol{q}$. *Die Zahl s wird auch der Trägheitsindex von* $\boldsymbol{q}$ *genannt.*

Bemerkung 1: Wir wollen diesen Satz hier auch ohne Verwendung des Witt'schen Kürzungssatzes beweisen: Sei U ein beliebiger Teilraum von V, für welchen $\boldsymbol{q}_U$ positiv definit ist; der Kürze halber nennen wir dann U einfach einen *positiv definiten Teilraum* von V. Sei jetzt U_1 ein *maximaler* positiv definiter Teilraum von V; ein solcher existiert, weil V endlich-dimensional ist. Es gilt

$$V = U_1 \perp U_1^\perp, \tag{146}$$

und aus der Maximalität von U_1 ergibt sich sofort, daß $U_1^\perp$ *negativ definit* sein muß. Für einen beliebigen positiv definiten Teilraum U von V gilt daher

$$U \cap U_1^\perp = 0. \tag{147}$$

Mit $r := \dim U_1$ folgt aus (147) und (146) aber

$$n \geq \dim U + \dim U_1^\perp = \dim U + (n - r),$$

also

$$\dim U \leq r. \tag{148}$$

Hieraus folgt, daß alle maximalen positiv definiten Teilräume von V die gleiche Dimension besitzen. Damit ist schon alles gezeigt, da positiv (bzw. negativ) definite Räume durch Angabe ihrer Dimension bis auf Isometrie bereits vollständig gekennzeichnet sind.

Bemerkung 2: Sei $\boldsymbol{q}$ eine nicht ausgeartete quadratische Form auf dem n-dimensionalen $\mathbb{R}$-Vektorraum V, und seien $r = r(\boldsymbol{q})$, $s = s(\boldsymbol{q})$ und $\operatorname{sgn}(\boldsymbol{q})$ die oben eingeführten Invarianten von $\boldsymbol{q}$. Es ist dann

$$m = \operatorname{Min}(r, s) \tag{149}$$

der (in §3, F5 eingeführte) *Index* von $\boldsymbol{q}$. Es ist

$$m > 0 \Leftrightarrow \boldsymbol{q} \textit{ indefinit.} \tag{150}$$

Für eine beliebige nicht ausgeartete quadratische Form $\boldsymbol{q}'$ auf einem n'-dimensionalen $\mathbb{R}$-Vektorraum V' gilt

$$\boldsymbol{q} \simeq \boldsymbol{q}' \Leftrightarrow n = n' \quad \text{und} \quad \operatorname{sgn}(\boldsymbol{q}) = \operatorname{sgn}(\boldsymbol{q}'). \tag{151}$$

Natürlich kann $\boldsymbol{q} \simeq \boldsymbol{q}'$ auch durch $n = n'$ und $r = r'$ bzw. $n = n'$ und $s = s'$ bzw. $r = r'$ und $s = s'$ gekennzeichnet werden. Übrigens gilt

$$\operatorname{sgn}(\boldsymbol{q}) = \operatorname{sgn}(\boldsymbol{q}')$$

genau dann, wenn $(V, \boldsymbol{q})$ und $(V', \boldsymbol{q}')$ *isomorphe anisotrope Kerne* besitzen (vgl. Bem. 2 zu F5, §3). □

Obwohl die folgende Definition nichts prinzipiell Neues bringt, sei sie dennoch der besonderen Aufmerksamkeit des Lesers empfohlen.

Definition 7 ('positiv definite symmetrische Matrix'):

Eine *symmetrische* $n \times n$*-Matrix* $\boldsymbol{A}$ *über* $\mathbb{R}$ heißt *positiv semidefinit* (bzw. positiv definit), wenn die von $\boldsymbol{A}$ vermittelte quadratische Form $\boldsymbol{q}_A$ positiv semidefinit (bzw. positiv definit) ist, wenn also

$$^t\boldsymbol{x}\boldsymbol{A}\boldsymbol{x} \geq 0 \quad \text{für alle } \boldsymbol{x} \text{ aus } \mathbb{R}^n \tag{152}$$

bzw.

$$^t\boldsymbol{x}\boldsymbol{A}\boldsymbol{x} > 0 \quad \text{für alle } \boldsymbol{x} \neq \boldsymbol{0} \text{ aus } \mathbb{R}^n \tag{153}$$

gilt.

Entsprechend sind die Begriffe negativ semidefinit, negativ definit und indefinit für symmetrische Matrizen über $\mathbb{R}$ definiert.

Bemerkung 1: Sei $\boldsymbol{A} = (a_{ij})$ eine *symmetrische* Matrix aus $M_n(\mathbb{R})$. Dann ist $\boldsymbol{A}$ genau dann positiv semidefinit, wenn für alle reellen Zahlen $x_1, \ldots, x_n$

$$\sum_{i,j=1}^{n} a_{ij} x_i x_j \geq 0 \tag{154}$$

gilt. $\boldsymbol{A}$ ist genau dann positiv definit, wenn stets

$$\sum_{i,j=1}^{n} a_{ij} x_i x_j > 0 \tag{155}$$

gilt, vorausgesetzt, nicht alle $x_1, \ldots, x_n$ sind gleich Null. Natürlich gilt:

$$\boldsymbol{A} \text{ negativ definit} \Leftrightarrow -\boldsymbol{A} \text{ positiv definit.} \tag{156}$$

Entsprechend ist $\boldsymbol{A}$ genau dann negativ semidefinit, wenn die Matrix $-\boldsymbol{A}$ positiv semidefinit ist.

Ist $\boldsymbol{A}$ positiv definit (bzw. positiv semidefinit), so ist

$$\det \boldsymbol{A} > 0 \quad (\text{bzw. } \det \boldsymbol{A} \geq 0). \tag{157}$$

Die Umkehrung gilt natürlich nicht, wie man z.B. an der (negativ definiten) 2×2-Matrix

$$\begin{pmatrix} -2 & 1 \\ 1 & -1 \end{pmatrix} \tag{158}$$

der Determinante 1 erkennen kann, oder auch an der (indefiniten) 3×3-Matrix

$$\begin{pmatrix} 1 & 0 & 0 \\ 0 & -1 & 0 \\ 0 & 0 & -1 \end{pmatrix}. \tag{159}$$

Sind allerdings außer $\det(\boldsymbol{A})$ noch gewisse *Unterdeterminanten* der symmetrischen Matrix $\boldsymbol{A}$ positiv, so ist $\boldsymbol{A}$ positiv definit. Ein solches Determinantenkriterium werden wir in F8 formulieren.

**Bemerkung* 2: Sei $f\colon U \to \mathbb{R}$ eine auf der offenen Menge U des $\mathbb{R}^n$ definierte, zweimal (total-) differenzierbare Funktion. Für festes $\boldsymbol{a} \in U$ betrachten wir dann die symmetrische Matrix

$$\boldsymbol{A} := \left(\frac{\partial^2 f}{\partial x_i \, \partial x_j} (\boldsymbol{a}) \right)_{i,j} {}^{\dagger}$$

Es sei $f'(\boldsymbol{a}) = \boldsymbol{0}$. Ist dann $\boldsymbol{A}$ *positiv definit*, so besitzt f an der Stelle $\boldsymbol{a}$ ein *lokales Minimum*; ist $\boldsymbol{A}$ *negativ definit*, liegt in $\boldsymbol{a}$ ein *lokales Maximum* von f vor. Ist $\boldsymbol{A}$ hingegen *indefinit*, so besitzt f an der Stelle $\boldsymbol{a}$ kein lokales Extremum. Nur wenn $\boldsymbol{A}$ positiv oder negativ semidefinit ist, reicht dies zur Entscheidung, ob in $\boldsymbol{a}$ ein lokales Extremum von f vorliegt, nicht aus. □

---

† A ist die Strukturmatrix von $f''(a)$, aufgefaßt als quadratische Form auf $\mathbb{R}^n$, bezüglich der kanonischen Basis von $\mathbb{R}^n$.

F8 ('Determinantenkriterium für positive Definitheit'‡):

Es sei q eine quadratische Form auf dem n-dimensionalen Vektorraum V, und sei $A = (a_{ij})$ die Matrix von q bezüglich einer beliebigen Basis $b_1, \ldots, b_n$ von V. Gilt dann

$$\begin{vmatrix} a_{11} & \ldots & a_{1k} \\ a_{21} & \ldots & a_{2k} \\ \vdots & & \vdots \\ a_{k1} & \ldots & a_{kk} \end{vmatrix} > 0 \quad \text{für alle } 1 \leq k \leq n, \tag{160}$$

so ist q positiv definit.

Ist umgekehrt q als positiv definit vorausgesetzt, so sind überhaupt sämtliche Hauptunterdeterminanten von A positiv, d.h.

$$\det(A_{S,S}) > 0 \quad \text{für alle } S \in \binom{N}{k} \text{ und alle } 1 \leq k \leq n. \tag{161}$$

Beweis: Sei $S = \{i_1, i_2, \ldots, i_k\}$ eine beliebige k-elementige Teilmenge von $N = \{1, 2, \ldots, n\}$. Dann ist

$$\boldsymbol{A}_{S,S}$$

die Matrix der Einschränkung $\boldsymbol{q}_W$ von $\boldsymbol{q}$ auf den von $b_{i_1}, \ldots, b_{i_k}$ erzeugten Teilraum W von V. Ist also $\boldsymbol{q}$ *positiv definit*, so auch $\boldsymbol{q}_W$, und daher gilt notwendig

$$\det(\boldsymbol{A}_{S,S}) > 0,$$

vgl. die Bem. zu Def. 6.

Wir setzen nun die Gültigkeit von (160) voraus* und wollen zeigen, daß $\boldsymbol{q}$ positiv definit ist. Wir führen den Beweis durch Induktion nach n. Für $n = 1$ ist die Behauptung sicherlich richtig; sei also $n > 1$.

Ist

$$W = \langle b_1, \ldots, b_{n-1} \rangle$$

der von $b_1, \ldots, b_{n-1}$ erzeugte Teilraum, so folgt aus den ersten $n - 1$ Ungleichungen von (160) mittels Induktionsannahme sofort, daß $\boldsymbol{q}_W$ positiv definit ist. Insbesondere ist W nicht ausgeartet, und daher gilt

$$V = W \perp \langle \boldsymbol{c} \rangle$$

‡ Dieses Kriterium ist schon verschiedenen Mathematikern zugeschrieben worden, so z.B. auch *Sylvester* und *Kronecker*, es geht aber wohl auf *C. G. J. Jacobi* (1804–1851) zurück.

* d.h. (161) möge wenigstens für alle Teilmengen S der Gestalt $S = \{1, 2, \ldots, k\}$ mit $1 \leq k \leq n$ gelten.

mit eindimensionalem $W^\perp = \langle \boldsymbol{c} \rangle$. Es bleibt

$$\boldsymbol{q}(\boldsymbol{c}) > 0 \tag{162}$$

zu zeigen. Hierzu wählen wir uns eine Orthonormalbasis $\boldsymbol{c}_1, \ldots, \boldsymbol{c}_{n-1}$ von W; dann ist $\boldsymbol{c}_1, \ldots, \boldsymbol{c}_{n-1}, \boldsymbol{c}$ eine Orthogonalbasis von V, und die Matrix $\boldsymbol{C}$ von $\boldsymbol{q}$ in bezug auf diese Basis hat die Gestalt

$$\boldsymbol{C} = \begin{pmatrix} 1 & & & & \\ & 1 & & 0 & \\ & & \ddots & & \\ & 0 & & 1 & \\ & & & & a \end{pmatrix} \quad \text{mit } a := \boldsymbol{q}(\boldsymbol{c})$$

Nun unterscheiden sich aber $a = \det(\boldsymbol{C})$ und $\det(\boldsymbol{A})$ nur um ein Quadrat aus $\mathbb{R}$ als Faktor, und nach Voraussetzung (160) gilt $\det(\boldsymbol{A}) > 0$. Also folgt $a > 0$ und somit gilt (162).

Bemerkung 1: Unter Beachtung von (156) erkennt man aus F8 sofort: Die gegebene quadratische Form $\boldsymbol{q}$ ist genau dann *negativ definit*, wenn

$$(-1)^k \begin{vmatrix} a_{11} & \ldots & a_{1k} \\ a_{21} & \ldots & a_{2k} \\ \vdots & & \vdots \\ a_{k1} & \ldots & a_{kk} \end{vmatrix} > 0 \quad \text{für alle } 1 \leq k \leq n \tag{163}$$

gilt.

Bemerkung 2: Man könnte vielleicht denken, daß sich positiv semidefinite Formen in ganz analoger Weise charakterisieren lassen, indem man in (160) einfach >0 durch ≥ 0 ersetzt. Dies ist aber nicht der Fall, denn beispielsweise erfüllt die Matrix

$$\boldsymbol{A} = \begin{pmatrix} a_{11} & a_{12} \\ a_{21} & a_{22} \end{pmatrix} = \begin{pmatrix} 0 & 0 \\ 0 & -1 \end{pmatrix}$$

trivialerweise die Bedingungen $|a_{11}| \geq 0$, $|\boldsymbol{A}| \geq 0$, aber $\boldsymbol{A}$ ist nicht positiv semidefinit. Um noch ein anderes Gegenbeispiel zu geben, betrachte man die 3×3-Matrix $\boldsymbol{A} = (a_{ij})$, gegeben durch

$$\boldsymbol{A} = \begin{pmatrix} 1 & 0 & 1 \\ 0 & 0 & 0 \\ 1 & 0 & 0 \end{pmatrix}$$

Es gilt

$$|a_{11}| > 0, \quad \begin{vmatrix} a_{11} & a_{12} \\ a_{21} & a_{22} \end{vmatrix} \geq 0, \quad |\boldsymbol{A}| \geq 0,$$

aber $\boldsymbol{A}$ ist sogar *indefinit*. Mit den Bezeichnungen von F8 gilt aber:

Genau dann ist $\boldsymbol{q}$ positiv semidefinit, wenn sämtliche Hauptunterdeterminanten von $\boldsymbol{A}$ nicht negativ sind.

Zur Begründung ist dem Autor kein anderer Beweis eingefallen, als der folgende: Zunächst benötigen wir eine allgemeine Vorbemerkung: Ist $\boldsymbol{A}$ eine beliebige $n \times n$-Matrix über einem Körper K, so hat man die Polynomidentität

$$\det(\boldsymbol{A} + X\boldsymbol{E}) = t_n + t_{n-1}X + \cdots + t_1 X^{n-1} + X^n, \tag{164}$$

wobei t_k die Summe aller Hauptunterdeterminanten k-ter Ordnung von $\boldsymbol{A}$ bezeichne, also

$$t_k = \sum_{Z \in \binom{N}{k}} \det(\boldsymbol{A}_{Z,Z}) \quad \text{für } 1 \leq k \leq n. \tag{165}$$

Dies ergibt sich sofort aus (65) und (67) von F8 in Kap. V. Sei jetzt wieder $K = \mathbb{R}$, und seien alle Hauptunterdeterminanten von $\boldsymbol{A}$ nicht negativ. Dann folgt aus (164) in Verbindung mit (165), daß für jede reelle Zahl

$$\alpha > 0$$

die Ungleichung

$$\det(\boldsymbol{A} + \alpha\boldsymbol{E}) \geq \alpha^n > 0$$

erfüllt ist. Wendet man dies auch auf die *Teilmatrizen*

$$\begin{pmatrix} a_{11} \dots a_{1k} \\ \vdots \quad\quad \vdots \\ a_{k1} \dots a_{kk} \end{pmatrix}$$

von $\boldsymbol{A}$ an, so erhält man die Ungleichungen

$$\begin{vmatrix} a_{11} + \alpha & a_{12} & \dots & a_{1k} \\ a_{21} & a_{22} + \alpha & \dots & a_{2k} \\ \vdots & & \ddots & \vdots \\ a_{k1} & \dots & \dots & a_{kk} + \alpha \end{vmatrix} > 0 \quad \text{für alle } 1 \leq k \leq n,$$

und dies gilt für beliebiges $\alpha > 0$ aus $\mathbb{R}$. Aus F8 ergibt sich daher, daß die Matrix $\boldsymbol{A} + \alpha\boldsymbol{E}$ für jedes $\alpha > 0$ *positiv definit* ist. Für ein beliebiges $\boldsymbol{x} \neq 0$ aus $\mathbb{R}^n$ gilt daher

$$0 < {}^t\boldsymbol{x}(\boldsymbol{A} + \alpha\boldsymbol{E})\,\boldsymbol{x} = {}^t\boldsymbol{x}\boldsymbol{A}\boldsymbol{x} + \alpha\,{}^t\boldsymbol{x}\boldsymbol{x}. \tag{166}$$

Da aber $\alpha > 0$ beliebig klein gewählt werden kann, folgt aus (166), daß nicht ${}^t\boldsymbol{x}\boldsymbol{A}\boldsymbol{x} < 0$ gelten kann. Also ist stets

$${}^t\boldsymbol{x}\boldsymbol{A}\boldsymbol{x} \geq 0$$

und somit $\boldsymbol{A}$ *positiv semidefinit*.

Bemerkung 3: So schön das in F8 ausgesprochene Determinantenkriterium nebst seiner in der letzten Bemerkung formulierten Ergänzung auch ist, zur praktischen Entscheidung, ob eine vorgegebene symmetrische $n \times n$-Matrix $\boldsymbol{A}$ positiv definit ist, ziehen wir besser gleich das *Gauß'sche Verfahren* heran, vgl. Bem. 4 zu Satz 1 in §2. Wie dort ausgeführt, transformieren wir die vorgelegte symmetrische Matrix $\boldsymbol{A}$ über $\mathbb{R}$ in eine Matrix der Gestalt

$$\begin{pmatrix} a_1 & & & \\ & a_2 & & \mathbf{0} \\ & & \ddots & \\ & \mathbf{0} & & a_n \end{pmatrix}.$$

Wegen

$$\boldsymbol{q}_A \simeq [a_1, \ldots, a_n]$$

läßt sich dann alles an den a_i ablesen. Insbesondere gilt

$$\boldsymbol{A} \text{ positiv definit} \Leftrightarrow a_i > 0 \quad \text{für alle } 1 \leq i \leq n$$

sowie

$$\boldsymbol{A} \text{ positiv semidefinit} \Leftrightarrow a_i \geq 0 \quad \text{für alle } 1 \leq i \leq n. \quad \square$$

Wir wollen folgende Verallgemeinerung von F8 erwähnen:

F9 ('Determinantenbeschreibung der Signatur einer quadratischen Form'):

Es sei $\boldsymbol{q}$ eine quadratische Form auf dem n-dimensionalen $\mathbb{R}$-Vektorraum V, und sei $\boldsymbol{A} = (a_{ij})$ die Matrix von $\boldsymbol{q}$ bezüglich einer beliebigen Basis von V. Wir setzen voraus, daß die Bedingungen

$$d_k := \begin{vmatrix} a_{11} \ldots a_{1k} \\ \vdots \quad\quad \vdots \\ a_{k1} \ldots a_{kk} \end{vmatrix} \neq 0 \quad \textit{für alle } 1 \leq k \leq n \tag{167}$$

erfüllt sind. Bezeichnet man dann mit $v = v(1, d_1, d_2, \ldots, d_n)$ die Anzahl der Vorzeichenwechsel in der Folge $1, d_1, d_2, \ldots, d_n$, so ist $s(\boldsymbol{q}) = v$ der Trägheitsindex von $\boldsymbol{q}$ und somit

$$\operatorname{sgn}(\boldsymbol{q}) = n - 2v \tag{168}$$

die Signatur von $\boldsymbol{q}$.

Beweis: Man kann genauso vorgehen wie beim Beweis von F8, und wir dürfen daher die Durchführung des Beweises dem Leser als *Übungsaufgabe* 11 überlassen. $\square$

Ist $\boldsymbol{q}$ eine positiv definite quadratische Form auf dem n-dimensionalen $\mathbb{R}$-Vektorraum, so existiert stets eine *Orthonormalbasis* für $\boldsymbol{q}$, d.h. ein System $\boldsymbol{c}_1, \boldsymbol{c}_2, \ldots, \boldsymbol{c}_n$ von Vektoren aus V mit

$$\boldsymbol{q}(\boldsymbol{c}_i, \boldsymbol{c}_j) = \delta_{ij} \quad \text{für alle } 1 \le i, j \le n.^* \tag{169}$$

Wir wollen nun ein bestimmtes Rechenverfahren angeben, mit dem man aus einer beliebigen Basis $\boldsymbol{b}_1, \ldots, \boldsymbol{b}_n$ von V eine Orthonormalbasis von V konstruieren kann:

Schmidt'sches Orthogonalisierungsverfahren

Es sei $\boldsymbol{q}$ eine quadratische Form (symmetrische Bilinearform) auf einem beliebigen $\mathbb{R}$-Vektorraum V. Wir setzen voraus, daß

$$\boldsymbol{q} \textit{ positiv definit} \tag{170}$$

ist. (Man nennt dann $\boldsymbol{q}$ auch ein *Skalarprodukt* auf V.)

Es sei nun $\boldsymbol{b}_1, \boldsymbol{b}_2, \ldots, \boldsymbol{b}_n$ ein vorgelegtes System von Vektoren aus V mit

$$\mathrm{Rang}(\boldsymbol{b}_1, \boldsymbol{b}_2, \ldots, \boldsymbol{b}_n) = n. \tag{171}$$

Schrittweise soll aus den $\boldsymbol{b}_i$ ein *Orthonormalsystem* $\boldsymbol{c}_1, \boldsymbol{c}_2, \ldots, \boldsymbol{c}_n$ von $(V, \boldsymbol{q})$ berechnet werden. Dabei heißt $\boldsymbol{c}_1, \boldsymbol{c}_2, \ldots, \boldsymbol{c}_n$ ein *Orthonormalsystem* von $(V, \boldsymbol{q})$, wenn gilt:

$$\boldsymbol{q}(\boldsymbol{c}_i, \boldsymbol{c}_j) = \delta_{ij} \quad \text{für alle } 1 \le i, j \le n, \tag{172}$$

Wir gehen nun so vor, daß wir uns aus $\boldsymbol{b}_1, \ldots, \boldsymbol{b}_n$ zunächst nur ein *Orthogonalsystem* konstruieren, d.h. ein System $\boldsymbol{b}'_1, \ldots, \boldsymbol{b}'_n$ mit

$$\boldsymbol{q}(\boldsymbol{b}'_i, \boldsymbol{b}'_j) = 0 \quad \text{für alle } i \neq j \text{ mit } 1 \le i, j \le n. \tag{173}$$

Indem wir noch normieren, d.h. anstelle der $\boldsymbol{b}'_i$ die Vektoren

$$\boldsymbol{c}_i = \frac{\boldsymbol{b}'_i}{\sqrt{\boldsymbol{q}(\boldsymbol{b}'_i)}} \quad \text{für } 1 \le i \le n \tag{174}$$

betrachten, erhalten wir das *Orthonormalsystem* $\boldsymbol{c}_1, \ldots, \boldsymbol{c}_n$.

Im ersten Schritt setzen wir einfach

$$\boldsymbol{b}'_1 = \boldsymbol{b}_1.$$

Haben wir $\boldsymbol{b}'_1, \ldots, \boldsymbol{b}'_m$ schon bestimmt, so daß

$$\boldsymbol{q}(\boldsymbol{b}'_i, \boldsymbol{b}'_j) = 0 \quad \text{für alle } i \neq j \text{ mit } 1 \le i, j \le m \tag{175}$$

erfüllt ist und außerdem

$$\mathrm{Lin}\{\boldsymbol{b}'_1, \ldots, \boldsymbol{b}'_m\} = \mathrm{Lin}\{\boldsymbol{b}_1, \ldots, \boldsymbol{b}_m\} \tag{176}$$

gilt, so machen wir für $\boldsymbol{b}'_{m+1}$ den Ansatz

---

* Gilt (169), so ist $\boldsymbol{c}_1, \ldots, \boldsymbol{c}_n$ automatisch eine *Basis* des n-dimensionalen Vektorraumes V.

$$\boldsymbol{b}'_{m+1} = x_1 \boldsymbol{b}'_1 + \cdots + x_m \boldsymbol{b}'_m + \boldsymbol{b}_{m+1} \tag{177}$$

mit noch verfügbaren Koeffizienten $x_1, \ldots, x_m$ aus K. Hinreichend und notwendig für

$$\boldsymbol{q}(\boldsymbol{b}'_{m+1}, \boldsymbol{b}'_j) = 0 \quad \text{für alle } 1 \leq j \leq m \tag{178}$$

ist dann wegen (175) das Bestehen der Gleichungen

$$x_j \, \boldsymbol{q}(\boldsymbol{b}'_j, \boldsymbol{b}'_j) + \boldsymbol{q}(\boldsymbol{b}_{m+1}, \boldsymbol{b}'_j) = 0 \quad \text{für } 1 \leq j \leq m. \tag{179}$$

Setzt man also für die x_j in (177) die Werte

$$x_j = -\frac{\boldsymbol{q}(\boldsymbol{b}_{m+1}, \boldsymbol{b}'_j)}{\boldsymbol{q}(\boldsymbol{b}'_j)}$$

ein, so ist $\boldsymbol{b}'_1, \ldots, \boldsymbol{b}'_m, \boldsymbol{b}'_{m+1}$ ein Orthogonalsystem, und außerdem gilt $\mathrm{Lin}\{\boldsymbol{b}'_1, \ldots, \boldsymbol{b}'_{m+1}\} = \mathrm{Lin}\{\boldsymbol{b}_1, \ldots, \boldsymbol{b}_{m+1}\}$. Mit $m+1$ anstelle von m sind somit die Eigenschaften (175) und (176) auch für das System $\boldsymbol{b}'_1, \ldots, \boldsymbol{b}'_{m+1}$ erfüllt.

Nach dem n-ten Schritt – und anschließender Normierung gemäß (174) – gelangt man so zu einem Orthonormalsystem $\boldsymbol{c}_1, \ldots, \boldsymbol{c}_n$. Da für alle m mit $1 \leq m \leq n$ die Beziehungen (176) gelten, lassen sich die $\boldsymbol{c}_i$ wie folgt durch die $\boldsymbol{b}_i$ ausdrücken:

$$\begin{array}{l} \boldsymbol{c}_1 = c_{11} \boldsymbol{b}_1 \\ \boldsymbol{c}_2 = c_{12} \boldsymbol{b}_1 + c_{22} \boldsymbol{b}_2 \\ \vdots \qquad\qquad\qquad \ddots \\ \boldsymbol{c}_n = c_{1n} \boldsymbol{b}_1 + c_{2n} \boldsymbol{b}_2 + \ldots c_{nn} \boldsymbol{b}_n \end{array}, \tag{180}$$

wobei die Koeffizienten c_{ij} aus $\mathbb{R}$ durch das oben geschilderte Verfahren schrittweise berechnet werden können.

Sei V jetzt n-dimensional. Dann geht die *Orthonormalbasis* $\boldsymbol{c}_1, \ldots, \boldsymbol{c}_n$ aus der *Basis* $\boldsymbol{b}_1, \ldots, \boldsymbol{b}_n$ von V nach (180) durch eine Transformation mittels der *Dreiecksmatrix*

$$\boldsymbol{C} = \begin{pmatrix} c_{11} & c_{12} & \cdots & \\ & c_{22} & \cdots & \\ & \boldsymbol{0} & \ddots & \\ & & & c_{nn} \end{pmatrix} \tag{181}$$

hervor. Bezeichnen wir mit $\boldsymbol{A}$ die Strukturmatrix von $\boldsymbol{q}$ in bezug auf die Basis $\boldsymbol{b}_1, \ldots, \boldsymbol{b}_n$ von V, so gilt

$${}^t\boldsymbol{C}\boldsymbol{A}\boldsymbol{C} = \boldsymbol{E}_n \tag{182}$$

mit der oberen Dreiecksmatrix $\boldsymbol{C}$ in (181). Setzt man daher

$$B = C^{-1} = \begin{pmatrix} c_{11}^{-1} & & & \\ & c_{22}^{-1} & & * \\ & & \ddots & \\ & \mathbf{0} & & c_{nn}^{-1} \end{pmatrix},$$

wobei durch $*$ gewisse Koeffizienten angedeutet werden, welche man aus den c_{ij} in (179) berechnen könnte, so erhält man aus (182) die Darstellung

$$A = {}^t\!BB$$

mit der oberen Dreiecksmatrix B. Wir wollen insbesondere festhalten:

F10: *Jede positiv definite Matrix $A \in M_n(\mathbb{R})$ ist in der Gestalt*

$$A = {}^t\!BB \tag{183}$$

mit einer oberen Dreiecksmatrix $B \in M_n(\mathbb{R})$ darstellbar. Ist T eine beliebige invertierbare Matrix über $\mathbb{R}$, so ist die Matrix

$$A := {}^t TT \tag{184}$$

positiv definit.

Beweis: Es ist nur noch der zweite Teil von F10 zu zeigen. Zunächst ist ${}^tA = {}^t({}^tTT) = {}^tT\,{}^{tt}T = {}^tTT = A$, also ist A *symmetrisch.* Für jeden Vektor $x \neq 0$ aus K^n gilt ferner

$${}^t x A x = {}^t x\,{}^t T T x = {}^t(Tx)(Tx) > 0,$$

also ist A in der Tat *positiv definit.*

Bemerkung 1: Natürlich besitzt jede positiv definite Matrix A auch eine Darstellung der Gestalt (183) mit einer *unteren Dreiecksmatrix.* (Hierzu hat man das Orthogonalisierungsverfahren nur auf die Basis $b_n, b_{n-1}, \ldots, b_1$ anzuwenden; erhält man dabei die Orthonormalbasis $c_1, \ldots, c_n$, so ist die Übergangsmatrix von $b_1, \ldots, b_n$ zu der Orthonormalbasis $c_n, c_{n-1}, \ldots, c_1$ eine untere Dreiecksmatrix.)

Bemerkung 2: Aus F10 folgert man leicht, daß für eine beliebige *positiv definite* Matrix $A = (a_{ij})$ stets die Ungleichung

$$0 < \det(A) \leq a_{11} a_{22} \ldots a_{nn} \tag{185}$$

besteht, wobei $\det(A) = a_{11} a_{22} \ldots a_{nn}$ nur dann gelten kann, wenn A eine Diagonalmatrix ist (*Beweis als Übungsaufgabe* 12).

Es sei $T \in \mathrm{GL}(n, \mathbb{R})$ eine beliebige *invertierbare* $n \times n$-Matrix über $\mathbb{R}$. Wenden wir dann das *Schmidt'sche Orthogonalisierungsverfahren* auf die Spalten

$$b_i := Te_i, \quad i = 1, 2, \ldots, n \tag{186}$$

von $\boldsymbol{T}$ an, so erhalten wir eine *Orthonormalbasis* $\boldsymbol{c}_1, \ldots, \boldsymbol{c}_n$ von $\mathbb{R}^n$, welche aus $\boldsymbol{b}_1, \ldots, \boldsymbol{b}_n$ durch eine obere Dreiecksmatrix $\boldsymbol{C} = (c_{ij})$ als Übergangsmatrix hervorgeht, vgl. (180) und (181). Wie aus dem Verfahren ersichtlich, sind dabei die Diagonalkoeffizienten von $\boldsymbol{C}$ sämtlich positiv:

$$c_{ii} > 0, \quad i = 1, 2, \ldots, n \tag{187}$$

Die Matrix $\boldsymbol{S} \in \mathrm{GL}(n, \mathbb{R})$ mit den Spalten

$$\boldsymbol{c}_i = \boldsymbol{S}\boldsymbol{e}_i, \quad i = 1, 2, \ldots, n \tag{188}$$

ist *orthogonal* (vgl. Bem. 1 zu Def. 5 in §4). Aus (186) und (188) folgt nach Definition von $\boldsymbol{C}$ dann $\boldsymbol{S} = \boldsymbol{T}\boldsymbol{C}$ (vgl. (145), Kap. III); somit ist

$$\boldsymbol{T}^{-1} = \boldsymbol{C}\boldsymbol{S}^{-1} \tag{189}$$

stets als Produkt einer oberen Dreiecksmatrix $\boldsymbol{C}$ mit positiven Diagonalkoeffizienten und einer orthogonalen Matrix $\boldsymbol{S}^{-1}$ darstellbar. Im Hinblick auf das eindeutig bestimmte Vorgehen beim Schmidt'schen Orthogonalisierungsprozeß kann $\boldsymbol{T}^{-1}$ nur e i n e solche Darstellung besitzen. Indem wir die Diagonalkoeffizienten von $\boldsymbol{C}$ in (189) noch herausziehen, erhalten wir

F11 ('Iwasawa-Zerlegung'):
Jedes $\boldsymbol{T} \in \mathrm{GL}(n, \mathbb{R})$ besitzt eine eindeutige Darstellung der Gestalt

$$\boldsymbol{T} = \boldsymbol{D}\boldsymbol{N}\boldsymbol{S} \tag{190}$$

mit einer Diagonalmatrix $\boldsymbol{D}$, welche nur positive Diagonalkoeffizienten besitzt, einer oberen Dreiecksmatrix $\boldsymbol{N}$ mit lauter Einsen auf der Hauptdiagonalen, und einer orthogonalen Matrix $\boldsymbol{S}$.

Bemerkung: Die Eindeutigkeit einer Zerlegung (190) mit den genannten Eigenschaften läßt sich auch durch direkte Verifikation leicht bestätigen (*Übungsaufgabe* 13). Im übrigen besitzt $\boldsymbol{T}$ auch eine eindeutige Darstellung der Gestalt

$$\boldsymbol{T} = \boldsymbol{D}_1 \boldsymbol{N}' \boldsymbol{S}_1, \tag{191}$$

in der $\boldsymbol{N}'$ jetzt eine *untere* Dreiecksmatrix mit lauter Einsen auf der Hauptdiagonalen ist (während $\boldsymbol{D}_1$ und $\boldsymbol{S}_2$ vom gleichen Typ wie oben $\boldsymbol{D}$ und $\boldsymbol{S}$ sind). Zum Beweis hat man F11 nur auf ${}^t(\boldsymbol{T}^{-1})$ anzuwenden. Anwendung von (190) bzw. (191) auf ${}^t\boldsymbol{T}$ liefert entsprechende Zerlegungen der Gestalt

$$\boldsymbol{T} = \boldsymbol{S}_2 \boldsymbol{N}_2 \boldsymbol{D}_2 \text{ bzw. } \boldsymbol{T} = \boldsymbol{S}_3 \boldsymbol{N}_2' \boldsymbol{D}_3. \tag{192}$$

Die *Iwasawa-Zerlegung* einer invertierbaren Matrix über $\mathbb{R}$ ist von erheblicher Bedeutung für *Arithmetik* und *Analysis*, doch ist hier nicht der Platz, darauf näher einzugehen.

Kapitel VIII

Euklidische und unitäre Räume

§1 Der Begriff eines euklidischen Vektorraumes

Definition 1 ('Euklidischer Vektorraum'):
Unter einem *euklidischen Vektorraum* verstehen wir ein Paar (V, q), bestehend aus einem $\mathbb{R}$-Vektorraum V und einer *positiv definiten quadratischen Form* q auf V. □

Sei (V, q) ein euklidischer Vektorraum. In diesem Kapitel untersuchen wir Endomorphismen von V hinsichtlich bestimmter Eigenschaften in bezug auf q. Ein natürliches Interesse haben wir zum Beispiel an den *Isometrien* von (V, q). Alle Betrachtungen in einem euklidischen Vektorraum beziehen sich auf eine fest vorgegebene positiv definite quadratische Form q. Im folgenden heben wir den Bezug auf q oft nicht mehr hervor, sprechen also einfach von dem *euklidischen Vektorraum* V, von einer *Orthonormalbasis von* V etc.

Da q festbleibt, bezeichnen wir die symmetrische Bilinearform q auch mit

$$\langle\,,\,\rangle\colon V \times V \to \mathbb{R}. \tag{1}$$

Eine positiv definite symmetrische Bilinearform auf einem $\mathbb{R}$-Vektorraum V nennt man auch ein *Skalarprodukt* auf V. Ein *Skalarprodukt* $\langle\,,\,\rangle$ auf V ist demnach durch die folgenden Eigenschaften gekennzeichnet:

(i) $\langle \boldsymbol{x} + \boldsymbol{x}', \boldsymbol{y}\rangle = \langle \boldsymbol{x}, \boldsymbol{y}\rangle + \langle \boldsymbol{x}', \boldsymbol{y}\rangle$
(ii) $\langle a\boldsymbol{x}, \boldsymbol{y}\rangle = a\langle \boldsymbol{x}, \boldsymbol{y}\rangle$
(iii) $\langle \boldsymbol{x}, \boldsymbol{y}\rangle = \langle \boldsymbol{y}, \boldsymbol{x}\rangle$
(iv) $\langle \boldsymbol{x}, \boldsymbol{x}\rangle > 0$ für alle $\boldsymbol{x} \neq \boldsymbol{0}$ aus V

Bemerkung 1: In der Literatur wird von einem euklidischen Vektorraum oft noch verlangt, daß er *endlich-dimensional* sei; wir haben in Def. 1 auf diese Voraussetzung verzichtet, doch werden wir – was weitergehende Resultate angeht – nur endlich-dimensionale euklidische Vektorräume betrachten.

Bemerkung 2: Ist von $\mathbb{R}^n$ als *euklidischem Vektorraum* die Rede, so ist damit stets $\mathbb{R}^n$, versehen mit der Einheitsform als Skalarprodukt auf $\mathbb{R}^n$ gemeint; es wird dann also immer

$$\langle \boldsymbol{x}, \boldsymbol{y}\rangle = \sum_{i=1}^{n} x_i y_i \quad \text{für alle } \boldsymbol{x}, \boldsymbol{y} \in \mathbb{R}^n \tag{2}$$

vorausgesetzt.

Im übrigen: *Ist V ein beliebiger n-dimensionaler euklidischer Vektorraum, so ist V* – als quadratischer Raum (V,q) – *zu dem euklidischen Vektorraum $\mathbb{R}^n$* isomorph. Denn V besitzt stets eine Orthonormalbasis.

F1 ('Euklidische Norm'):
Sei V ein euklidischer Vektorraum mit Skalarprodukt $q = \langle , \rangle$. Setzt man dann

$$\|\boldsymbol{x}\| = \sqrt{q(\boldsymbol{x})} = \sqrt{\langle \boldsymbol{x}, \boldsymbol{x} \rangle} \quad \text{für jedes } \boldsymbol{x} \in V, \tag{3}$$

so erhält man eine Norm auf V, d.h. eine Abbildung $\| \ \|: V \to \mathbb{R}$ mit den folgenden Eigenschaften:

(i) $\|\boldsymbol{x}\| > 0$ *für alle* $\boldsymbol{x} \neq \boldsymbol{0}$ *aus* V
(ii) $\|a\boldsymbol{x}\| = |a| \|\boldsymbol{x}\|$ *für alle* $\boldsymbol{x} \in V$ *und alle* $a \in \mathbb{R}$
(iii) $\|\boldsymbol{x} + \boldsymbol{y}\| \leq \|\boldsymbol{x}\| + \|\boldsymbol{y}\|$ *für alle* $\boldsymbol{x}, \boldsymbol{y} \in V$

Die durch (3) *definierte Abbildung heißt euklidische Norm auf V.*

Beweis: Ist a eine beliebige reelle Zahl ≥ 0, so ist mit $\sqrt{a}$ stets diejenige reelle Zahl b gemeint, für die $b^2 = a$ und $b \geq 0$ gilt. Mit $|a|$ bezeichnen wir den *Absolutbetrag* einer beliebigen reellen Zahl a, also $|a| = \sqrt{a^2}$. Die Behauptungen (i) und (ii) von F1 sind klar. Zum Beweis von (iii) ziehen wir die *Cauchy–Schwarz'sche Ungleichung* in der Gestalt

$$|\langle \boldsymbol{x}, \boldsymbol{y} \rangle| \leq \|\boldsymbol{x}\| \|\boldsymbol{y}\| \tag{4}$$

heran, vgl. (138) in Kap. VII. Unter Verwendung von (4) ergibt sich dann

$$\begin{aligned}\|\boldsymbol{x} + \boldsymbol{y}\|^2 &= \langle \boldsymbol{x} + \boldsymbol{y}, \boldsymbol{x} + \boldsymbol{y} \rangle = \langle \boldsymbol{x}, \boldsymbol{x} \rangle + 2\langle \boldsymbol{x}, \boldsymbol{y} \rangle + \langle \boldsymbol{y}, \boldsymbol{y} \rangle \\ &= \|\boldsymbol{x}\|^2 + 2\langle \boldsymbol{x}, \boldsymbol{y} \rangle + \|\boldsymbol{y}\|^2 \leq \|\boldsymbol{x}\|^2 + 2\|\boldsymbol{x}\|\|\boldsymbol{y}\| + \|\boldsymbol{y}\|^2 \\ &= (\|\boldsymbol{x}\| + \|\boldsymbol{y}\|)^2,\end{aligned}$$

also in der Tat $\|\boldsymbol{x} + \boldsymbol{y}\| \leq \|\boldsymbol{x}\| + \|\boldsymbol{y}\|$.

Bemerkungen: (1) Für $\boldsymbol{x} \in V$ bezeichnet man $\|\boldsymbol{x}\|$ auch als die *Länge* von $\boldsymbol{x}$. Aus (ii) folgt $\|\boldsymbol{0}\| = 0$.

(2) Wie aus der ersten Zeile der obigen Rechnung unmittelbar hervorgeht, gilt

$$\|\boldsymbol{x} + \boldsymbol{y}\|^2 = \|\boldsymbol{x}\|^2 + \|\boldsymbol{y}\|^2 \Leftrightarrow \boldsymbol{x} \text{ orthogonal zu } \boldsymbol{y}. \tag{5}$$

Diese Aussage ist eine algebraische Fassung des bekannten *Satzes von Pythagoras.* Mit Bedacht drücken wir uns hier wenig bestimmt aus; um nämlich (5) einfach als *Satz des Pythagoras* bezeichnen zu dürfen, müßte zuvor begründet werden, daß die hier zugrundegelegte Orthogonalitätsrelation zwischen Vektoren (des $\mathbb{R}^n$) dem elementargeometrischen Begriff der Orthogonalität wirklich entspricht, und dies liefe leicht auf einen Zirkelschluß hinaus. Daher kann man auch den obigen 'Einzeilenbeweis' nicht einfach als Beweis des *Satzes von Pythagoras* ansehen.

(3) Im Falle des euklidischen Vektorraumes $\mathbb{R}^n$ ist

$$\|\boldsymbol{x}\| = \left(\sum_{i=1}^{n} x_i^2\right)^{1/2}. \tag{6}$$

(4) In einem euklidischen Vektorraum V definiert man durch

$$d(\boldsymbol{x}, \boldsymbol{y}) := \|\boldsymbol{x} - \boldsymbol{y}\| \tag{7}$$

den Abstand zweier Punkte $\boldsymbol{x}$ und $\boldsymbol{y}$ aus V. Die Abstandsfunktion

$$d: V \times V \to \mathbb{R}$$

hat die Eigenschaften

(i) $d(\boldsymbol{x}, \boldsymbol{y}) \geq 0$ für alle $\boldsymbol{x}, \boldsymbol{y} \in V$
(ii) $d(\boldsymbol{x}, \boldsymbol{y}) = 0 \Leftrightarrow \boldsymbol{x} = \boldsymbol{y}$
(iii) $d(\boldsymbol{x}, \boldsymbol{y}) = d(\boldsymbol{y}, \boldsymbol{x})$ für alle $\boldsymbol{x}, \boldsymbol{y} \in V$ ('*Symmetrie*')
(iv) $d(\boldsymbol{x}, \boldsymbol{y}) \leq d(\boldsymbol{x}, \boldsymbol{z}) + d(\boldsymbol{z}, \boldsymbol{y})$ für alle $\boldsymbol{x}, \boldsymbol{y}, \boldsymbol{z} \in V$ ('*Dreiecksungleichung*')

Damit ist (V, d) ein *metrischer Raum*, und man hat einen *Konvergenzbegriff* in V: Man sagt, eine Folge $(\boldsymbol{x}_n)$ von Elementen $\boldsymbol{x}_n$ aus V *konvergiert gegen* $\boldsymbol{a} \in V$, wenn $d(\boldsymbol{x}_n, \boldsymbol{a})$ in $\mathbb{R}$ gegen 0 konvergiert.

(5) Ein Vektor $\boldsymbol{u}$ aus V heißt ein *Einheitsvektor*, wenn $\boldsymbol{u}$ die Länge 1 besitzt, d.h.

$$\|\boldsymbol{u}\| = 1$$

gilt. Zum Beispiel ist jeder Vektor einer Orthonormalbasis von V ein Einheitsvektor (und im endlich-dimensionalen Fall kann umgekehrt jeder Einheitsvektor zu einer Orthonormalbasis von V ergänzt werden). Für einen beliebigen Vektor $\boldsymbol{x} \neq \boldsymbol{0}$ ist

$$\boldsymbol{u} := \frac{\boldsymbol{x}}{\|\boldsymbol{x}\|} = \|\boldsymbol{x}\|^{-1} \boldsymbol{x} \tag{8}$$

ein Einheitsvektor von V, und zwar sind $\boldsymbol{u}$ und $-\boldsymbol{u}$ die einzigen Einheitsvektoren in dem eindimensionalen von $\boldsymbol{x}$ erzeugten Teilraum von V. Die Gesamtheit

$$S^{n-1} = \{x \in \mathbb{R}^n \mid \|\boldsymbol{x}\| = 1\} \tag{9}$$

aller Einheitsvektoren des $\mathbb{R}^n$ heißt die $(n-1)$-*Sphäre*. Man spricht auch von der '*Oberfläche*' der n-*dimensionalen Kugel*

$$B^n = \{\boldsymbol{x} \in \mathbb{R}^n \mid \|\boldsymbol{x}\| \leq 1\}. \tag{10}$$

(6) In F1 (iii) gilt genau dann das Gleichheitszeichen, wenn x, y linear abhängig sind. Denn genau in diesem Fall steht auch in der *Cauchy–Schwarz'schen Ungleichung* das Gleichheitszeichen.

Bemerkung (7): Seien x, y zwei beliebige von Null verschiedene Vektoren eines euklidischen Vektorraumes V. Wir definieren

$$\cos(x, y) := \frac{\langle x, y \rangle}{\|x\| \|y\|}. \tag{11}$$

Dann gelten:

(i) $-1 \leq \cos(x, y) \leq 1$
(ii) $\langle x, y \rangle = \|x\| \|y\| \cos(x, y)$
(iii) $\|x + y\|^2 = \|x\|^2 + \|y\|^2 + 2\|x\| \|y\| \cos(x, y)$
(iv) Es gibt genau eine reelle Zahl α mit $0 \leq \alpha \leq \pi$, so daß

$$\cos(x, y) = \cos \alpha \tag{12}$$

gilt. Dabei folgt (i) aus der *Cauchy–Schwarz'schen Ungleichung*, vgl. (4); (ii) und (iii) ergeben sich direkt aus der Definition (11). Bei (iv) benutzen wir die wohlbekannte Tatsache aus der *Analysis*, daß die Funktion cos jeden Wert zwischen -1 und 1 im Intervall $[0, \pi]$ genau einmal annimmt.

Sei $V = \mathbb{R}^2$. Dann steht die obige Definition im Einklang mit der anschaulichen Geometrie; man setze hierzu zunächst

$$x' = \frac{\langle x, y \rangle}{\|x\|^2} x.$$

Dann gilt $\langle x', x' - y \rangle = 0$; d.h. $x' - y$ ist *orthogonal* zu x':

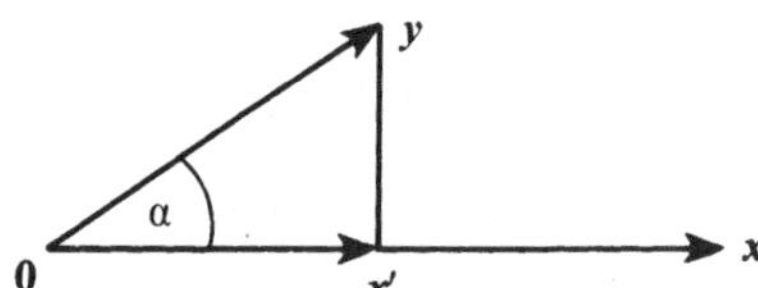

Man hat dann

$$\textit{Ankathete}:\textit{Hypotenuse} = \frac{\|x'\|}{\|y\|} = \frac{|\langle x, y \rangle|}{\|x\| \|y\|} = |\cos(x, y)|$$

§2 Der Spektralsatz für euklidische Vektorräume: Hauptachsentransformation

Es sei V ein n-dimensionaler *euklidischer* Vektorraum mit zugehörigem *Skalarprodukt*

$$\langle , \rangle : V \times V \to \mathbb{R}.$$

Ist dann γ eine beliebige *symmetrische Bilinearform* auf V, so existiert (nach F7 in Kap. VI, §3) eine eindeutig bestimmte lineare Abbildung $\boldsymbol{f}$: $V \to V$ mit

$$\gamma(\boldsymbol{x}, \boldsymbol{y}) = \langle \boldsymbol{f}\boldsymbol{x}, \boldsymbol{y} \rangle \quad \text{für alle } \boldsymbol{x}, \boldsymbol{y} \in V. \tag{13}$$

Weil γ und $\langle , \rangle$ *symmetrisch* sind, gilt

$$\langle \boldsymbol{f}\boldsymbol{x}, \boldsymbol{y} \rangle = \langle \boldsymbol{x}, \boldsymbol{f}\boldsymbol{y} \rangle \quad \text{für alle } \boldsymbol{x}, \boldsymbol{y} \in V. \tag{14}$$

Also ist $\boldsymbol{f}$ gleich seiner *Adjungierten* $\boldsymbol{f}^\wedge$ bezüglich $\langle , \rangle$:

$$\boldsymbol{f}^\wedge = \boldsymbol{f}. \tag{15}$$

Ist umgekehrt $\boldsymbol{f}$ ein Endomorphismus von V, welcher *selbstadjungiert* (bezüglich $\langle , \rangle$) ist, d.h. für den (14) gilt, so ist die durch (13) definierte *Bilinearform* γ auf V notwendig *symmetrisch*. In der Tat gilt dann nämlich

$$\gamma(\boldsymbol{x}, \boldsymbol{y}) = \langle \boldsymbol{f}\boldsymbol{x}, \boldsymbol{y} \rangle = \langle \boldsymbol{x}, \boldsymbol{f}\boldsymbol{y} \rangle = \langle \boldsymbol{f}\boldsymbol{y}, \boldsymbol{x} \rangle = \gamma(\boldsymbol{y}, \boldsymbol{x})$$

für alle $\boldsymbol{x}, \boldsymbol{y}$ aus V.

Symmetrische Bilinearformen auf dem euklidischen Vektorraum V entsprechen so umkehrbar eindeutig den selbstadjungierten Endomorphismen des Vektorraumes V. Was deren Untersuchung angeht, so stellen wir zunächst nur fest:

F2: *Es sei V ein n-dimensionaler euklidischer Vektorraum, und* $\boldsymbol{b}_1, \ldots, \boldsymbol{b}_n$ *sei eine Orthonormalbasis von V. Für einen beliebigen Endomorphismus des Vektorraumes V sind dann äquivalent:*

(i) $\boldsymbol{f}$ *ist selbstadjungiert.*
(ii) *Die Koordinatenmatrix* $\boldsymbol{A}$ *von* $\boldsymbol{f}$ *in bezug auf die Orthonormalbasis* $\boldsymbol{b}_1, \ldots, \boldsymbol{b}_n$ *ist symmetrisch, d.h. es gilt* ${}^t\boldsymbol{A} = \boldsymbol{A}$.

Wie wir nun darlegen wollen, hat man für *selbstadjungierte Endomorphismen* eines n-dimensionalen euklidischen Vektorraumes bzw. für *symmetrische Matrizen* (als den selbstadjungierten Endomorphismen des euklidischen Vektorraumes $\mathbb{R}^n$) eine sehr befriedigende Beschreibung. Diese beruht auf der folgenden Tatsache:

F3: *Jede symmetrische* $n \times n$*-Matrix* $\boldsymbol{A}$ *über* $\mathbb{R}$ *besitzt einen Eigenwert in* $\mathbb{R}$.

Beweis: Hierfür geben wir an dieser Stelle einen Beweis, der zwar Methoden der *Analysis* benutzt, dafür aber auch noch zusätzliche *geometrische* Einsichten vermittelt. Wir betrachten die Funktion

$$\boldsymbol{x} \mapsto {}^t\boldsymbol{x}\boldsymbol{A}\boldsymbol{x} = \sum_{i,j} a_{ij} x_i x_j, \tag{16}$$

also die *von A vermittelte quadratische Form* q_A auf $\mathbb{R}^n$. Wegen

$$q_A(\boldsymbol{x}) = \|\boldsymbol{x}\|^2 q_A\left(\frac{\boldsymbol{x}}{\|\boldsymbol{x}\|}\right) \quad \text{für alle } \boldsymbol{x} \neq \boldsymbol{0} \text{ aus } \mathbb{R}^n$$

ist q_A bereits durch seine *Einschränkung*

$$g : S \to \mathbb{R}$$
$$\boldsymbol{u} \mapsto q_A(\boldsymbol{u})$$

auf $S = \{\boldsymbol{u} \in \mathbb{R}^n \mid \|\boldsymbol{u}\| = 1\}$ eindeutig festgelegt. Als *stetige* Funktion auf der *kompakten* Menge S besitzt g ein *Minimum*, d.h. es gibt ein

$$\boldsymbol{v} = \begin{pmatrix} v_1 \\ \vdots \\ v_n \end{pmatrix} \in S$$

mit

$$g(\boldsymbol{u}) \geq g(\boldsymbol{v}) \quad \text{für alle } \boldsymbol{u} \in S. \tag{17}$$

Um *Differentialrechnung* anwenden zu können, betrachten wir statt g die auf der *offenen* Menge $\mathbb{R}^n \setminus \{\boldsymbol{0}\}$ durch

$$f(\boldsymbol{x}) = q_A\left(\frac{\boldsymbol{x}}{\|\boldsymbol{x}\|}\right) \tag{18}$$

definierte Funktion f. Wegen (17) besitzt f in $\boldsymbol{v}$ ein *Minimum*, also gilt

$$\frac{\partial f}{\partial x_k}(\boldsymbol{v}) = 0 \quad \text{für alle } 1 \leq k \leq n. \tag{19}$$

Nach (18) ist

$$q_A(\boldsymbol{x}) = \|\boldsymbol{x}\|^2 f(\boldsymbol{x}) = (x_1^2 + \cdots + x_n^2) f(\boldsymbol{x}).$$

Bildet man hier die *partielle Ableitung* nach jedem x_k *im Punkte* v, so erhält man unter Beachtung von (19) sofort

$$2 \sum_j a_{kj} v_j = 2 v_k f(\boldsymbol{v}) \quad \text{für } 1 \leq k \leq n.$$

Somit gilt

$$A\boldsymbol{v} = f(\boldsymbol{v})\,\boldsymbol{v}, \tag{20}$$

d.h. $\boldsymbol{v}$ ist ein *Eigenvektor* von A, und zwar zum *Eigenwert*

$$\lambda := f(\boldsymbol{v}) = {}^t\boldsymbol{v}A\boldsymbol{v}. \tag{21}$$

Damit ist F3 bewiesen und darüber hinaus gezeigt, daß der *kleinste Wert* λ, den die von A vermittelte quadratische Form (16) auf S annimmt, ein *Eigenwert* von A ist; wird dieser Wert in dem Punkt v von S angenommen, so ist v ein *Eigenvektor* zum Eigenwert λ von A. Ferner gilt: Ist $\lambda' \in \mathbb{R}$ ein weiterer Eigenwert von A, so gilt notwendig

$$\lambda' \geq \lambda, \tag{22}$$

denn ist $w \in S$ ein Eigenvektor zu dem Eigenwert λ' von A, so ist $\lambda \leq {}^t wAw = {}^t w(\lambda' w) = \lambda'({}^t ww) = \lambda'$.

Satz 1 ('Spektralsatz für euklidische Vektorräume'):

Es sei V ein n-dimensionaler Vektorraum über $\mathbb{R}$ und q sei eine positiv definite quadratische Form auf V. Dann gelten:

(i) *Ist f ein in bezug auf q selbstadjungierter Endomorphismus von V, so gibt es eine Orthonormalbasis für q, die aus lauter Eigenvektoren von f besteht.*

(ii) *Ist γ eine beliebige quadratische Form (symmetrische Bilinearform) auf V, so besitzt V eine Basis, welche zugleich Orthonormalbasis für q und Orthogonalbasis für γ ist.*

Für Matrizen formuliert:

(iii) *Ist A eine beliebige symmetrische $n \times n$-Matrix über $\mathbb{R}$, so existiert eine orthogonale $n \times n$-Matrix S, so daß ${}^tSAS$ eine Diagonalmatrix über $\mathbb{R}$ ist:*

$$ {}^tSAS = \begin{pmatrix} \lambda_1 & & & \\ & \lambda_2 & & \mathbf{0} \\ & & \ddots & \\ & \mathbf{0} & & \lambda_n \end{pmatrix}, \quad \lambda_i \in \mathbb{R}. \tag{23}$$

Hierbei sind $\lambda_1, \ldots, \lambda_n$ die Eigenwerte von A.

Beweis: (i) Es sei $c_1, \ldots, c_n$ zunächst eine beliebige *Orthonormalbasis* für q, und f besitze bezüglich dieser Basis von V die Koordinatenmatrix A. Weil f *selbstadjungiert* ist, gilt ${}^tA = A$, d.h. A ist *symmetrisch*. Aufgrund von F3 gibt es daher eine Zahl λ aus $\mathbb{R}$ und einen Vektor $v \neq \mathbf{0}$ aus V mit

$$fv = \lambda v. \tag{24}$$

Wir können o.E.

$$q(v) = 1 \tag{25}$$

voraussetzen. Wir betrachten nun das *orthogonale Komplement*

$$W = \langle v \rangle^{\perp} \tag{26}$$

von $\langle \boldsymbol{v} \rangle$ in V (bezüglich q) und behaupten, daß

$$\boldsymbol{f}(W) \subseteq W \tag{27}$$

gilt. Sei $\boldsymbol{w}$ aus W, d.h. gelte $q(\boldsymbol{v}, \boldsymbol{w}) = 0$. Dann ist auch

$$q(\boldsymbol{v}, \boldsymbol{f}\boldsymbol{w}) = q(\boldsymbol{f}\boldsymbol{v}, \boldsymbol{w}) = q(\lambda \boldsymbol{v}, \boldsymbol{w}) = \lambda q(\boldsymbol{v}, \boldsymbol{w}) = 0,$$

also liegt auch $\boldsymbol{f}\boldsymbol{w}$ in W.

Wir betrachten nun den $(n-1)$-dimensionalen $\mathbb{R}$-Vektorraum W zusammen mit der *Einschränkung* q_W als positiv definiter quadratischer Form auf W. Wegen (27) vermittelt $\boldsymbol{f}$ per Einschränkung einen *Endomorphismus* $\boldsymbol{f}_W$: $W \to W$ von W, und dieser ist offenbar *selbstadjungiert bzgl.* q_W. Per Induktion können wir nun annehmen, daß (W, q_W) bereits eine Orthonormalbasis $\boldsymbol{v}_2, \ldots, \boldsymbol{v}_n$ besitzt, die nur aus Eigenvektoren von $\boldsymbol{f}_W$ besteht. Mit

$$\boldsymbol{v}_1 := \boldsymbol{v}$$

ist dann aber $\boldsymbol{v}_1, \boldsymbol{v}_2, \ldots, \boldsymbol{v}_n$ eine Orthonormalbasis für q, und alle $\boldsymbol{v}_i$ sind Eigenvektoren von $\boldsymbol{f}$.

(ii) Wie wir schon in der Vorrede gesehen haben, gilt

$$\gamma(\boldsymbol{x}, \boldsymbol{y}) = q(\boldsymbol{f}\boldsymbol{x}, \boldsymbol{y}) \quad \text{für alle } \boldsymbol{x}, \boldsymbol{y} \in V$$

mit einem (bzgl. q) *selbstadjungierten* Endomorphismus $\boldsymbol{f}$ von V. Nach (i) existiert eine Orthonormalbasis $\boldsymbol{v}_1, \ldots, \boldsymbol{v}_n$ von (V, q), so daß

$$\boldsymbol{f}\boldsymbol{v}_i = \lambda_i \boldsymbol{v}_i \quad \text{für alle } 1 \leq i \leq n \tag{28}$$

mit gewissen λ_i aus $\mathbb{R}$ gilt. Es ist dann

$$\gamma(\boldsymbol{v}_i, \boldsymbol{v}_j) = q(\boldsymbol{f}\boldsymbol{v}_i, \boldsymbol{v}_j) = \lambda_i q(\boldsymbol{v}_i, \boldsymbol{v}_j) = 0 \quad \text{für } i \neq j,$$

also ist $\boldsymbol{v}_1, \ldots, \boldsymbol{v}_n$ gleichzeitig eine *Orthogonalbasis* für γ.

(iii) Wir wenden (ii) auf $V = \mathbb{R}^n$, $q = [1, \ldots, 1]$ und

$$\gamma \colon \boldsymbol{x} \mapsto {}^t\boldsymbol{x}\boldsymbol{A}\boldsymbol{x}$$

an und erhalten eine Orthonormalbasis $\boldsymbol{v}_1, \ldots, \boldsymbol{v}_n$ für q, bezüglich welcher die Strukturmatrix der Bilinearform γ die Diagonalgestalt

$$\begin{pmatrix} \lambda_1 & & & \\ & \lambda_2 & & \boldsymbol{O} \\ & \boldsymbol{O} & \ddots & \\ & & & \lambda_n \end{pmatrix} \quad \text{mit } \lambda_i = \gamma(\boldsymbol{v}_i, \boldsymbol{v}_i) \tag{29}$$

besitzt. Ist also $\boldsymbol{S} \in \mathrm{GL}(n, \mathbb{R})$ durch

$$\boldsymbol{S}\boldsymbol{e}_i = \boldsymbol{v}_i \quad \text{für } 1 \leq i \leq n \tag{30}$$

definiert, wobei $\boldsymbol{e}_1, \ldots, \boldsymbol{e}_n$ die *kanonische Basis* von $\mathbb{R}^n$ bezeichnet, so gilt zwischen den Strukturmatrizen $\boldsymbol{A}$ und (29) von γ bezüglich der Basen $\boldsymbol{e}_1, \ldots, \boldsymbol{e}_n$ und $\boldsymbol{v}_1, \ldots, \boldsymbol{v}_n$ die Gleichung (23). Das kanonische Skalarprodukt q von $\mathbb{R}^n$ hat bezüglich der Orthonormalbasen $\boldsymbol{e}_1, \ldots, \boldsymbol{e}_n$ und $\boldsymbol{v}_1 = \boldsymbol{S}\boldsymbol{e}_1, \ldots, \boldsymbol{v}_n = \boldsymbol{S}\boldsymbol{e}_n$ beidemale die $n \times n$-Einheitsmatrix $\boldsymbol{E}$ als Strukturmatrix, folglich gilt ${}^t\boldsymbol{S}\boldsymbol{E}\boldsymbol{S} = \boldsymbol{E}$, also

$${}^t\boldsymbol{S}\boldsymbol{S} = \boldsymbol{E},$$

und daher ist $\boldsymbol{S}$ wie verlangt eine *orthogonale* Matrix. Für eine orthogonale Matrix $\boldsymbol{S}$ gilt ${}^t\boldsymbol{S} = \boldsymbol{S}^{-1}$, deshalb sind die $\lambda_1, \ldots, \lambda_n$ in (23) notwendig die *Eigenwerte* von $\boldsymbol{A}$. □

Bemerkung 1: Aus Satz 1 folgt insbesondere, daß jeder selbstadjungierte Endomorphismus f eines n-dimensionalen euklidischen Vektorraumes V *diagonalisierbar* ist. Nach (i) existiert sogar eine *Orthonormalbasis* von V, bezüglich welcher die Koordinatenmatrix von f Diagonalgestalt besitzt.

Im übrigen gilt die folgende Umkehrung von (i): *Ist f ein Endomorphismus eines euklidischen Vektorraumes V und gibt es eine Orthonormalbasis $\boldsymbol{v}_1, \ldots, \boldsymbol{v}_n$ von V, die nur aus Eigenvektoren von f besteht, so ist f selbstadjungiert.* Denn die Koordinatenmatrix von f bezüglich der Basis $\boldsymbol{v}_1, \ldots, \boldsymbol{v}_n$ ist als Diagonalmatrix sicher *symmetrisch*, so daß sich die Behauptung sofort aus F2 ergibt.

Bemerkung 2: Sei V ein n-dimensionaler $\mathbb{R}$-Vektorraum. Zu jeder quadratischen Form γ auf V läßt sich eine Orthogonalbasis finden, und zu jeder positiv definiten quadratischen Form q auf V gibt es eine Orthonormalbasis. Der *Spektralsatz* in seiner Version (ii) besagt darüber hinaus, daß man zu γ und q eine Basis von V finden kann, die sowohl eine Orthogonalbasis für γ als gleichzeitig auch eine Orthonormalbasis für q darstellt. Man spricht daher auch von '*simultaner Orthogonalisierung* (*Diagonalisierung*) von q und γ'.

Bemerkung 3: Der durch den *Spektralsatz* ausgedrückte Sachverhalt wird auch mit dem Schlagwort '*Hauptachsentransformation*' belegt.

Zur Erklärung dieser Redeweise sei hier wenigstens folgendes ausgeführt: Wir betrachten eine beliebige *quadratische Gleichung*

$$\sum_{i,j=1}^{n} a_{ij} X_i X_j + 2 \sum_{i=1}^{n} b_i X_i + a = 0 \tag{31}$$

in n Unbestimmten über dem Körper $\mathbb{R}$, wobei von der Matrix $\boldsymbol{A} = (a_{ij})$, die wir o.E. gleich als *symmetrisch* voraussetzen, sonst nur $\boldsymbol{A} \neq \boldsymbol{0}$ verlangt wird. Die Gesamtheit F aller Lösungen $\boldsymbol{x}$ von (31) in $\mathbb{C}^n$ nennt man eine *Hyperfläche vom Grade* 2 oder kurz: eine *Quadrik*. Da (31) keine Lösung in $\mathbb{R}^n$ zu haben braucht, sind wir zu $\mathbb{C}^n$ übergegangen, denn dort gibt es immer hinreichend viele Lösungen von (31). Die sämtlichen Koeffizienten a_{ij}, b_i, a jedoch sind als *reelle*

Zahlen vorausgesetzt, weswegen man F auch eine *über* $\mathbb{R}$ *definierte Hyperfläche* nennt. Mit $F(\mathbb{R})$ bezeichnen wir die Lösungen $\boldsymbol{x}$ von (31) mit $\boldsymbol{x} \in \mathbb{R}^n$; solche $\boldsymbol{x}$ heißen auch *reelle Punkte* von F. Wir sind an einer geeigneten geometrischen Beschreibung von $F(\mathbb{R})$ interessiert. Dabei wollen wir uns zunächst auf den Fall beschränken, daß (31) die Gestalt

$$\sum_{i,j=1}^{n} a_{ij} X_i X_j + a = 0 \tag{32}$$

besitzt. Dann besteht $F(\mathbb{R})$ aus allen $\boldsymbol{x} \in \mathbb{R}^n$ mit

$$\sum_{i,j=1}^{n} a_{ij} x_i x_j + a = 0, \tag{33}$$

wobei $x_1, \ldots, x_n$ die Koordinaten von $\boldsymbol{x}$ in bezug auf die kanonische Basis $\boldsymbol{e}_1, \ldots, \boldsymbol{e}_n$ bezeichnen. Nun gibt es nach Satz 1 aber auch eine *Orthonormalbasis* $\boldsymbol{v}_1, \ldots, \boldsymbol{v}_n$ von $\mathbb{R}^n$ der Art, daß ein

$$\boldsymbol{x} = \sum_{i=1}^{n} x_i' \boldsymbol{v}_i \in \mathbb{R}^n$$

genau dann zu $F(\mathbb{R})$ gehört, wenn

$$\sum_{i=1}^{n} \lambda_i x_i'^2 + a = 0 \tag{34}$$

gilt; dabei sind $\lambda_1, \ldots, \lambda_n$ die Eigenwerte von $\boldsymbol{A}$. Durch Einführung der Koordinaten $x_1', \ldots, x_n'$ von $\boldsymbol{x}$ bezüglich der neuen orthonormierten Basis $\boldsymbol{v}_1, \ldots, \boldsymbol{v}_n$ des $\mathbb{R}^n$ geht somit (33) in die einfache kanonische Form (34) über. Man nennt

$$\sum_{i=1}^{n} \lambda_i X_i^2 + a = 0 \tag{35}$$

die *Normalform der Gleichung* (32). Das System $\langle \boldsymbol{v}_1 \rangle, \ldots, \langle \boldsymbol{v}_n \rangle$ der eindimensionalen Teilräume $\langle \boldsymbol{v}_i \rangle$ von V heißt *ein System von Hauptachsen für* F. Sind die Eigenwerte $\lambda_1, \ldots, \lambda_n$ von $\boldsymbol{A}$ *paarweise verschieden*, so sind die $\langle \boldsymbol{v}_1 \rangle, \ldots, \langle \boldsymbol{v}_n \rangle$ als die zugehörigen *Eigenräume* von $\boldsymbol{A}$ (bis auf die Reihenfolge) eindeutig bestimmt; man nennt dann $\langle \boldsymbol{v}_1 \rangle, \ldots, \langle \boldsymbol{v}_n \rangle$ *die Hauptachsen* der durch (32) über $\mathbb{R}$ definierten Quadrik F. Im speziellen Fall eines *Kreises*

$$x_1^2 + x_2^2 - 1 = 0$$

zum Beispiel aber bestimmt jedes Paar $\boldsymbol{v}_1, \boldsymbol{v}_2$ von zueinander orthogonalen Einheitsvektoren *ein System von Hauptachsen*.

Wir wollen jetzt noch etwas über eine quadratische Gleichung der allgemeinen Gestalt (31) sagen. Nach orthogonaler Koordinatentransformation können wir gleich annehmen, daß sie in der Form

$$\sum_{i=1}^{r} \lambda_i X_i^2 + 2 \sum_{i=1}^{n} b_i X_i + a = 0 \tag{36}$$

vorliegt; dabei haben wir die Eigenwerte $\lambda_1, \ldots, \lambda_n$ von $\boldsymbol{A}$ gleich so geordnet, daß $\lambda_i \neq 0$ für $1 \leq i \leq r$ und $\lambda_i = 0$ für $r + 1 \leq i \leq n$ gilt mit $r = \text{Rang}\, \boldsymbol{A}$. Indem wir die Transformation

$$X_i' = X_i + \lambda_i^{-1} b_i \quad \text{für } 1 \leq i \leq r, \qquad X_i' = X_i \quad \text{für } r < i \leq n \tag{37}$$

vornehmen, gelangen wir von (36) zu

$$\sum_{i=1}^{r} \lambda_i X_i'^2 + 2 \sum_{i=r+1}^{n} b_i X_i' + a' = 0. \tag{38}$$

Ist $r = n$ oder sind $b_{r+1} = \cdots = b_n = 0$, so hat (38) die Form (35). Sei also $r < n$ und seien nicht alle b_i in (38) gleich 0. Bei jeder Transformation der Gestalt

$$X_i = X_i' \quad \text{für } 1 \leq i \leq r \tag{39}$$

$$X_n = \sum_{i=r+1}^{n} c^{-1} b_i X_i' + \tfrac{1}{2} a' c^{-1} \quad \text{mit } c = \left(\sum_{i=r+1}^{n} b_i^2 \right)^{1/2} \tag{40}$$

$$X_i = \sum_{k=r+1}^{n} u_{ik} X_k' \quad \text{für } r + 1 \leq i \leq n - 1 \tag{41}$$

geht dann (38) über in

$$\sum_{i=1}^{r} \lambda_i X_i^2 + 2cX_n = 0. \tag{42}$$

Von dem additiven Glied in (40) abgesehen, können wir durch geeignete Wahl der u_{ik} in (41) erreichen, daß der Übergang von den X_i' zu den X_i durch eine *orthogonale Matrix* bewirkt wird. Hierzu haben wir lediglich den Einheitsvektor mit den Koordinaten

$$0, \ldots, 0, c^{-1} b_{r+1}, \ldots, c^{-1} b_n$$

durch $n - r - 1$ Vektoren mit Koordinaten der Gestalt

$$0, \ldots, 0, u_{i,r+1}, \ldots, u_{i,n}$$

zu einem *orthonormierten System* zu ergänzen. Durch *orthogonale Transformationen* sowie *Translationen* können wir also die allgemeine quadratische Gleichung (31) entweder in die Gestalt

$$\sum_{i=1}^{r} \lambda_i X_i^2 + a = 0 \quad \text{mit } 0 < r \leq n, \text{ alle } \lambda_i \neq 0 \tag{43}$$

oder in die Gestalt

$$\sum_{i=1}^{r} \lambda_i X_i^2 + 2cX_n = 0 \quad \text{mit } 0 < r < n, \text{ alle } \lambda_i \neq 0, c \neq 0 \tag{44}$$

überführen. Wir schreiben (43) auch in der Form

$$\sum_{i=1}^{r} \varepsilon_i \frac{X_i^2}{a_i^2} = 1 \quad \text{bzw.} \quad \sum_{i=1}^{r} \varepsilon_i \frac{X_i^2}{a_i^2} = 0 \quad \text{mit } \varepsilon_i = \pm 1, \tag{45}$$

wobei die ε_i, a_i durch

$$a_i^2 = -\varepsilon_i \lambda_i^{-1} a \quad \text{bzw.} \quad a_i^2 = \varepsilon_i \lambda_i^{-1}$$

definiert sind, je nachdem $a \neq 0$ oder $a = 0$ in (43) ist. In der Gleichung (44) können wir o.E.

$$c < 0 \quad \text{und} \quad \lambda_1 = 1$$

annehmen. Im Falle $n = 2$ wollen wir einmal sämtliche Typen von Quadriken aufzählen

Für $r = 2$ sind dies:

(i) $\dfrac{X_1^2}{a_1^2} + \dfrac{X_2^2}{a_2^2} = 1$ (*Ellipse*)

(ii) $\dfrac{X_1^2}{a_1^2} - \dfrac{X_2^2}{a_2^2} = 1$ (*Hyperbel*)

(iii) $\dfrac{X_1^2}{a_1^2} + \dfrac{X_2^2}{a_2^2} + 1 = 0$ (*nullteilige Kurve zweiten Grades*)

(iv) $\dfrac{X_1^2}{a_1^2} + \dfrac{X_2^2}{a_2^2} = 0$ (*Paar sich schneidender nichtreeller Geraden*)

(v) $\dfrac{X_1^2}{a_1^2} - \dfrac{X_2^2}{a_2^2} = 0$ (*Paar sich schneidender reeller Geraden*)

Für $r = 1$ kommen dann noch die folgenden Typen hinzu:

(vi) $X_1^2 = 2pX_2, \quad p > 0$ (*Parabel*)

(vii) $X_1^2 = a_1^2$ (*Paar paralleler reeller Geraden*)

(viii) $X_1^2 = -a_1^2$ (*Paar paralleler nichtreeller Geraden*)

(ix) $X_1^2 = 0$ (*Doppelgerade*)

Für $n = 3$ findet der Leser vielleicht selbst Gefallen daran, sämtliche sich so ergebenden Typen von Quadriken aufzuzählen (*Übungsaufgabe* 1); es sind 17 Typen.

Bemerkung 3: Ist die Matrix $\boldsymbol{A} \in M_n(\mathbb{R})$ *symmetrisch*, so existiert eine *invertierbare* Matrix $\boldsymbol{S} \in M_n(\mathbb{R})$, so daß

$${}^t\boldsymbol{SAS} = \begin{pmatrix} \lambda_1 & & \boldsymbol{O} \\ & \ddots & \\ \boldsymbol{O} & & \lambda_n \end{pmatrix} \tag{46}$$

eine Diagonalmatrix ist. Dies folgt einfach daraus, daß eine symmetrische Bilinearform auf einem beliebigen Vektorraum stets eine Orthogonalbasis besitzt. Der *Spektralsatz* in seiner Fassung (iii) besagt darüber hinaus, daß man sogar eine *orthogonale* Matrix $\boldsymbol{S}$ mit der Eigenschaft (46) finden kann. (Nur dann auch darf man aus (46) schließen, daß es sich bei $\lambda_1, \ldots, \lambda_n$ um die *Eigenwerte* von $\boldsymbol{A}$ handelt.)

Übungsaufgabe 2: Es gibt sogar stets eine orthogonale Matrix $\boldsymbol{S}$ *mit* $\det(\boldsymbol{S}) = 1$, so daß (46) gilt. □

Symmetrische Matrizen aus $M_n(K)$ spielen in der Theorie der quadratischen Formen über einem Körper K eine natürliche Rolle, da gerade sie als Strukturmatrizen quadratischer Formen auftreten. Daß die diesbezügliche Untersuchung symmetrischer Matrizen im Falle $K = \mathbb{R}$ aber auch Aufschluß über symmetrische Matrizen hinsichtlich ihrer Klassifikation als Endomorphismen des $\mathbb{R}^n$ ergibt, ist überraschend und verdient, ausdrücklich festgehalten zu werden:

F4: *Jede symmetrische $n \times n$-Matrix $\boldsymbol{A}$ über $\mathbb{R}$ ist konjugiert zu einer Diagonalmatrix, d.h. es gibt eine invertierbare $n \times n$-Matrix $\boldsymbol{S}$ über $\mathbb{R}$, so daß*

$$\boldsymbol{S}^{-1}\boldsymbol{A}\boldsymbol{S} = \begin{pmatrix} \lambda_1 & & \boldsymbol{O} \\ & \ddots & \\ \boldsymbol{O} & & \lambda_n \end{pmatrix} \tag{47}$$

mit reellen Zahlen $\lambda_1, \ldots, \lambda_n$ gilt. Mit anderen Worten: *Jede symmetrische $n \times n$-Matrix über $\mathbb{R}$ ist diagonalisierbar.*

Beweis: Aufgrund des *Spektralsatzes* in seiner Fassung (iii) existiert eine orthogonale $n \times n$-Matrix $\boldsymbol{S}$ über $\mathbb{R}$, so daß ${}^t\boldsymbol{S}\boldsymbol{A}\boldsymbol{S}$ eine Diagonalmatrix ist. Weil $\boldsymbol{S}$ aber *orthogonal* ist, gilt ${}^t\boldsymbol{S} = \boldsymbol{S}^{-1}$, und folglich ist $\boldsymbol{S}^{-1}\boldsymbol{A}\boldsymbol{S} = {}^t\boldsymbol{S}\boldsymbol{A}\boldsymbol{S}$ eine Diagonalmatrix. Damit ist F4 bewiesen. Gilt (47) mit irgendeinem $\boldsymbol{S} \in \mathrm{GL}(n, \mathbb{R})$, so hat das *charakteristische Polynom* χ_A von $\boldsymbol{A}$ die Gestalt

$$\chi_A(X) = \prod_{i=1}^{n} (X - \lambda_i),$$

und daher sind $\lambda_1, \ldots, \lambda_n$ die sämtlichen Eigenwerte von $\boldsymbol{A}$. Natürlich brauchen die λ_i nicht paarweise verschieden zu sein. □

F5: *Zwei symmetrische Matrizen $\boldsymbol{A}, \boldsymbol{B} \in M_n(\mathbb{R})$ sind genau dann ähnlich (konjugiert) in $M_n(\mathbb{R})$, wenn $\boldsymbol{A}, \boldsymbol{B}$ orthogonal-ähnlich sind, d.h.*

$$\boldsymbol{B} = \boldsymbol{S}^{-1}\boldsymbol{A}\boldsymbol{S} \quad \textit{mit einem } \boldsymbol{S} \in \mathrm{O}(n, \mathbb{R}) \tag{48}$$

gilt.

Beweis: Ist $\boldsymbol{B}$ konjugiert zu $\boldsymbol{A}$, so gilt zunächst nur

$$\boldsymbol{B} = \boldsymbol{T}^{-1}\boldsymbol{A}\boldsymbol{T} \quad \text{mit einem } \boldsymbol{T} \in \mathrm{GL}(n, \mathbb{R}). \tag{49}$$

Aufgrund des *Spektralsatzes* ist $\boldsymbol{A}$ nun orthogonal-ähnlich zu einer Diagonalmatrix $\boldsymbol{D}$, und $\boldsymbol{B}$ ist orthogonal-ähnlich zu einer Diagonalmatrix $\boldsymbol{D}'$; demnach genügt es, die Behauptung für *Diagonalmatrizen* $\boldsymbol{A}$, $\boldsymbol{B}$ zu zeigen. Dann ist sie aber klar: Aus (49) folgt nämlich, daß $\boldsymbol{A}$ und $\boldsymbol{B}$ das gleiche charakteristische Polynom besitzen, also geht die Diagonalmatrix $\boldsymbol{B}$ lediglich durch eine Permutation der Diagonalglieder aus der Diagonalmatrix $\boldsymbol{A}$ hervor, ist also sicherlich orthogonal-ähnlich zu $\boldsymbol{A}$. □

Definition 2 ('Spektrum'):
Sei f ein Endomorphismus eines n-dimensionalen Vektorraumes V über einem Körper K. Mit

$$\mathrm{Spec}(f)$$

bezeichnet man die Menge aller Eigenwerte von f in K. Insbesondere ist $\mathrm{Spec}(\boldsymbol{A})$ für jede Matrix $\boldsymbol{A}$ aus $M_n(K) = \mathrm{End}(K^n)$ definiert. Man nennt $\mathrm{Spec}(f)$ das *Spektrum von f*. Es besteht aus allen Nullstellen des charakteristischen Polynoms χ_f von f in K. Ist K ein Teilkörper eines größeren Körpers E, so kann χ_f in E mehr Nullstellen als in K besitzen; da man eine Matrix $\boldsymbol{A} \in M_n(K)$ auch als Element von $M_n(E)$ auffassen kann, empfiehlt es sich manchmal, die Bezeichnung

$$\mathrm{Spec}_K(\boldsymbol{A}) \quad \text{bzw.} \quad \mathrm{Spec}_E(\boldsymbol{A})$$

zu verwenden.

F6: *Sei* $\boldsymbol{A}$ *eine symmetrische* $n \times n$*-Matrix über* $\mathbb{R}$. *Dann gilt:*

$$\boldsymbol{A} \textit{ positiv definit} \Leftrightarrow \lambda > 0 \quad \textit{für alle } \lambda \in \mathrm{Spec}(\boldsymbol{A}) \tag{50}$$

$$\boldsymbol{A} \textit{ positiv semidefinit} \Leftrightarrow \lambda \geq 0 \quad \textit{für alle } \lambda \in \mathrm{Spec}(\boldsymbol{A}) \tag{51}$$

Beweis: Nach dem *Spektralsatz* gibt es eine *orthogonale* Matrix $\boldsymbol{S}$, so daß (46) gilt. Gilt (46) mit einer beliebigen *invertierbaren* Matrix $\boldsymbol{S}$, so ist die von $\boldsymbol{A}$ vermittelte Form äquivalent zur Form

$$q(\boldsymbol{x}) = \lambda_1 x_1^2 + \lambda_2 x_2^2 + \cdots + \lambda_n x_n^2,$$

und diese ist offenbar genau dann *positiv definit* (bzw. *positiv semidefinit*), wenn alle $\lambda_i > 0$ (bzw. alle $\lambda_i \geq 0$) sind. Weil $\boldsymbol{S}$ aber *orthogonal* ist, gilt $\mathrm{Spec}(\boldsymbol{A}) = \{\lambda_1, \ldots, \lambda_n\}$ und somit die Behauptung. □

Man zeigt leicht, daß man F6 in der folgenden Weise verallgemeinern kann:

F7: *Sei A eine beliebige symmetrische $n \times n$-Matrix über $\mathbb{R}$, und sei*

$$\lambda_1 = \min\{\lambda | \lambda \in \operatorname{Spec}(A)\}, \quad \lambda_n = \max\{\lambda | \lambda \in \operatorname{Spec}(A)\} \tag{52}$$

gesetzt. Dann gilt

$$\lambda_1 \leq \frac{\langle Ax, x\rangle}{\langle x, x\rangle} \leq \lambda_n \quad \textit{für alle } x \neq 0 \textit{ aus } \mathbb{R}^n, \tag{53}$$

und dabei wird die untere Schranke λ_1 von jedem Eigenvektor zum Eigenwert λ_1 und die obere Schranke von jedem Eigenvektor zum Eigenwert λ_n angenommen.

Beweis: Aufgrund des *Spektralsatzes* ist nur zu zeigen, daß für alle reellen Zahlen $t_1, \ldots, t_n$ die Ungleichung

$$\lambda_1\left(\sum_{i=1}^{n} t_i^2\right) \leq \sum_{i=1}^{n} \lambda_i t_i^2 \leq \lambda_n\left(\sum_{i=1}^{n} t_i^2\right)$$

besteht, was aber trivialerweise der Fall ist. (Natürlich folgt F7 auch aus den Betrachtungen am Ende des Beweises von F3.) □

Wir wollen dem *Spektralsatz* jetzt noch eine andere Fassung geben, welche auf den ersten Blick zwar etwas abstrakt erscheint, aber sehr wirksam ist und im übrigen die Bezeichnung 'Spektralsatz' eigentlich erst rechtfertigt.

Satz 1' ('Spektralsatz für euklidische Vektorräume'):
Es sei V ein euklidischer Vektorraum der Dimension n, und A sei ein selbstadjungierter Endomorphismus von V. Wir betrachten den Algebrenhomomorphismus

$$\mathbb{R}[X] \to \operatorname{Abb}(\operatorname{Spec}(A), \mathbb{R}), \tag{54}$$

welcher jedem Polynom $p(X) \in \mathbb{R}[X]$ die Funktion

$$\lambda \mapsto p(\lambda)$$

von $\operatorname{Spec}(A)$ *nach $\mathbb{R}$ zuordnet. Dann ist der von* (54) *vermittelte Algebrenhomomorphismus*

$$G: \mathbb{R}[A] \to \operatorname{Abb}(\operatorname{Spec}(A), \mathbb{R}) \tag{55}$$

ein Isomorphismus.

Beweis: (i) Zunächst wollen wir begründen, warum (54) wirklich einen Algebrenhomomorphismus von $\mathbb{R}[A]$ in die Funktionenalgebra $\operatorname{Abb}(\operatorname{Spec}(A), \mathbb{R})$ vermittelt. Hierfür muß gezeigt werden: Ist p ein Polynom mit $p(A) = 0$, so verschwindet p auf $\operatorname{Spec}(A)$. Sei also λ ein beliebiger Eigenwert von $\boldsymbol{A}$, und sei $\boldsymbol{x}$ ein zugehöriger Eigenvektor von $\boldsymbol{A}$; dann gilt

$$p(\boldsymbol{A})\,\boldsymbol{x} = p(\lambda)\,\boldsymbol{x},$$

also zieht $p(\boldsymbol{A}) = \boldsymbol{0}$ wegen $\boldsymbol{x} \neq \boldsymbol{0}$ in der Tat $p(\lambda) = 0$ nach sich.

(ii) Wir zeigen, daß G *injektiv* ist. Sei also $p(X)$ ein Polynom mit

$$p(\lambda) = 0 \quad \text{für alle } \lambda \in \operatorname{Spec}(\boldsymbol{A}). \tag{56}$$

Hieraus muß $p(\boldsymbol{A}) = \boldsymbol{0}$ gefolgert werden. Da V nach Satz 1 eine Basis besitzt, die nur aus Eigenvektoren von $\boldsymbol{A}$ besteht, genügt es zu zeigen, daß $p(\boldsymbol{A})$ angewandt auf einen beliebigen *Eigenvektor* $\boldsymbol{x}$ von $\boldsymbol{A}$ Null ergibt. Sei $\boldsymbol{x}$ Eigenvektor von $\boldsymbol{A}$ zum Eigenwert λ; wegen (56) gilt dann in der Tat $p(\boldsymbol{A})\,\boldsymbol{x} = p(\lambda)\,\boldsymbol{x} = \boldsymbol{0}$.

(iii) Habe $\operatorname{Spec}(\boldsymbol{A})$ genau s verschiedene Elemente. Man überlegt sich dann leicht, daß sowohl $\mathbb{R}[\boldsymbol{A}]$ als auch $\operatorname{Abb}(\operatorname{Spec}(\boldsymbol{A}), \mathbb{R})$ als $\mathbb{R}$-*Vektorräume* die Dimension s besitzen. Aus der *Injektivität* von G folgt also auch die *Surjektivität* von G. Daß G *surjektiv* ist, kann man direkter auch folgendermaßen begründen: $\operatorname{Spec}(\boldsymbol{A})$ bestehe aus den s verschiedenen Zahlen $\lambda_1, \ldots, \lambda_s$. Dann ist zu zeigen, daß es zu einem beliebigen System $\alpha_1, \ldots, \alpha_s$ reeller Zahlen ein *Polynom* p mit

$$p(\lambda_i) = \alpha_i \quad \text{für } 1 \le i \le s$$

gibt. Dies ist aber sicherlich richtig (*Interpolation durch Polynome*, vgl. die folgende Feststellung).

F8: *Es sei K ein Körper, und $\lambda_1, \ldots, \lambda_s$ seien $s \ge 1$ verschiedene Zahlen aus K. Zu einem beliebigen System $\alpha_1, \ldots, \alpha_s$ von Zahlen aus K gibt es dann genau ein Polynom p mit* $\operatorname{grad}(p) \le s-1$, *für welches*

$$p(\lambda_i) = \alpha_i \quad \textit{für } 1 \le i \le s \tag{57}$$

gilt.

Beweis: (i) Habe auch das Polynom q die geforderten Eigenschaften. Dann besitzt das Polynom $p - q$ mindestens s verschiedene Nullstellen, hat aber andererseits höchstens den Grad $s - 1$. Es folgt $p - q = 0$, also $p = q$ (vgl. Kap. V, §1).

(ii) Wir betrachten die Polynome

$$l_i(X) = \frac{\prod\limits_{j \neq i} (X - \lambda_j)}{\prod\limits_{j \neq i} (\lambda_i - \lambda_j)} \quad \text{für } 1 \le i \le s. \tag{58}$$

Sie sind vom Grad $s - 1$ und besitzen die folgende Eigenschaft

$$l_i(\lambda_k) = \delta_{ik} \quad \text{für } 1 \le i, k \le n, \tag{59}$$

wobei δ_{ik} das *Kroneckersymbol* bezeichnet. Daher hat das Polynom

$$p(X) = \alpha_1 l_1(X) + \alpha_2 l_2(X) + \cdots + \alpha_s l_s(X) \tag{60}$$

die verlangten Eigenschaften (57) und grad $p \le s - 1$. Man nennt die l_i die *Lagrange'schen Interpolationspolynome* (zu $\lambda_1, \ldots, \lambda_s$). □

Bemerkung: Sei V ein euklidischer Vektorraum endlicher Dimension. Für jeden Teilraum U hat man dann die orthogonale Zerlegung

$$V = U \perp U^{\perp}.$$

Es sei dann

$$\boldsymbol{p}_U : V \to V$$

die Abbildung, die jedem $\boldsymbol{v} = \boldsymbol{u} + \boldsymbol{w}$ mit $\boldsymbol{u} \in U$, $\boldsymbol{w} \in U^{\perp}$ das eindeutig bestimmte Element $\boldsymbol{u}$ zuordnet. Offenbar ist $\boldsymbol{p}_U$ ein Endomorphismus des Vektorraumes V; er heißt die *Orthogonalprojektion von V auf U*. Es gelten offenbar folgende formale Gesetzmäßigkeiten:

$$\text{Bild}_{\boldsymbol{p}_U} = U, \quad \text{Kern}_{\boldsymbol{p}_U} = U^{\perp}$$

$$\boldsymbol{p}_U^2 = \boldsymbol{p}_U, \quad \boldsymbol{p}_U + \boldsymbol{p}_{U^{\perp}} = \text{id}_V, \quad \boldsymbol{p}_U \boldsymbol{p}_{U^{\perp}} = \boldsymbol{0} = \boldsymbol{p}_{U^{\perp}} \boldsymbol{p}_U$$

$$U = \{\boldsymbol{v} \in V \mid \boldsymbol{p}_U(\boldsymbol{v}) = \boldsymbol{v}\} = \text{Kern}(\text{id}_V - \boldsymbol{p}_U)$$

$$\langle \boldsymbol{x}, \boldsymbol{p}_U \boldsymbol{y} \rangle = \langle \boldsymbol{p}_U \boldsymbol{x}, \boldsymbol{y} \rangle \quad \text{für alle } \boldsymbol{x}, \boldsymbol{y} \in V, \text{ d.h. } p_U \text{ ist } \textit{selbstadjungiert}$$

Ist umgekehrt $\boldsymbol{p}$ ein Endomorphismus von V mit den Eigenschaften

$$\boldsymbol{p}^2 = \boldsymbol{p}, \quad \boldsymbol{p} \text{ ist } \textit{selbstadjungiert}, \tag{61}$$

so ist $\boldsymbol{p}$ notwendig die Orthogonalprojektion von V auf $\boldsymbol{p}(V)$; Beweis als *Übungsaufgabe* 3. Mit dem eingeführten Begriff formulieren wir noch die folgende

Version des Spektralsatzes:

Es sei V ein euklidischer Vektorraum der Dimension n, und $\boldsymbol{A}$ sei ein selbstadjungierter Endomorphismus von V. Für jedes $\lambda \in \text{Spec}(\boldsymbol{A})$ sei $\boldsymbol{p}_\lambda$ die Orthogonalprojektion von V auf den zu λ gehörigen Eigenraum von $\boldsymbol{A}$. Dann gilt

$$\boldsymbol{A} = \sum_{\lambda} \lambda \boldsymbol{p}_\lambda, \tag{62}$$

wobei sich die Summation über alle λ aus Spec($\boldsymbol{A}$) erstreckt. Hat Spec($\boldsymbol{A}$) die s verschiedenen Elemente $\lambda_1, \ldots, \lambda_s$ und sind $l_1, \ldots, l_s$ die zugehörigen *Lagrange'schen Interpolationspolynome*, so gilt

$$\boldsymbol{p}_{\lambda_i} = l_i(\boldsymbol{A}) \quad \text{für alle } i,$$

und die '*Spektralzerlegung*' (62) von $\boldsymbol{A}$ entspricht der Polynomidentität

$$X = \sum_i \lambda_i l_i(X). \tag{63}$$

Beweis als *Übungsaufgabe* 4.

Wie mit Satz 1′ operiert werden kann, mag der Beweis der folgenden Feststellung demonstrieren.

F9 ('Quadratwurzel aus einer positiv definiten Matrix'):
Sei $\boldsymbol{A}$ eine positiv semidefinite Matrix aus $M_n(\mathbb{R})$. Dann gibt es genau eine Matrix $\boldsymbol{B}$ aus $M_n(\mathbb{R})$ mit

$$\boldsymbol{B}^2 = \boldsymbol{A} \text{ und } \boldsymbol{B} \text{ positiv semidefinit.} \tag{64}$$

Die durch (64) *eindeutig bestimmte Matrix $\boldsymbol{B}$ wird mit*

$$\sqrt{\boldsymbol{A}}$$

bezeichnet und die positiv semidefinite Quadratwurzel von A genannt. Sie ist in der Gestalt $\sqrt{\boldsymbol{A}} = q(\boldsymbol{A})$ mit einem Polynom $q \in \mathbb{R}[X]$ vom Grade $<n$ darstellbar.*

Beweis: Da $\boldsymbol{A}$ als *positiv semidefinit* vorausgesetzt ist, gilt $\lambda \geq 0$ für alle $\lambda \in \operatorname{Spec}(\boldsymbol{A})$, vgl. F6. Es sei nun $q \in \mathbb{R}[X]$ ein Polynom von einem Grade $<n$ mit

$$q(\lambda) = \sqrt{\lambda} \quad \text{für alle } \lambda \in \operatorname{Spec}(\boldsymbol{A}). \tag{65}$$

Wir setzen dann

$$\boldsymbol{A}^{\frac{1}{2}} := q(\boldsymbol{A}). \tag{66}$$

Dann gilt $G((\boldsymbol{A}^{\frac{1}{2}})^2) = G(\boldsymbol{A}^{\frac{1}{2}})\, G(\boldsymbol{A}^{\frac{1}{2}}) = \mathrm{id}_{\operatorname{Spec}(\boldsymbol{A})} = G(\boldsymbol{A})$, also folgt

$$(\boldsymbol{A}^{\frac{1}{2}})^2 = \boldsymbol{A}.$$

Für eine beliebige diagonalisierbare Matrix $\boldsymbol{A}$ und jedes Polynom $q(X)$ gilt

$$\operatorname{Spec}(q(\boldsymbol{A})) = q(\operatorname{Spec}(\boldsymbol{A})), \tag{67}$$

also hat $\boldsymbol{A}^{\frac{1}{2}}$ nach (63) nur Eigenwerte ≥ 0 und ist somit *positiv semidefinit*.

Sei jetzt $\boldsymbol{B}$ eine beliebige *positiv semidefinite* Matrix mit $\boldsymbol{B}^2 = \boldsymbol{A}$. Es gibt eine Basis $\boldsymbol{v}_1, \ldots, \boldsymbol{v}_n$ von $\mathbb{R}^n$, so daß

$$\boldsymbol{B}\boldsymbol{v}_i = \lambda_i \boldsymbol{v}_i \quad \text{mit } \lambda_i \in \mathbb{R}$$

---

* Die Forderung, daß $\boldsymbol{B}$ in (64) positiv semidefinit sein soll, ist wesentlich, da die Matrixgleichung $X^2 = \boldsymbol{A}$ viele Lösungen haben kann.

gilt. Wegen $A = B^2$ folgt dann zunächst $Av_i = \lambda_i^2 v_i$, also gilt für die durch (63) definierte Matrix $A^{\frac{1}{2}}$

$$A^{\frac{1}{2}} v_i = q(A)\, v_i = q(\lambda_i^2)\, v_i = \sqrt{\lambda_i^2}\, v_i = \lambda_i v_i = Bv_i,$$

wobei wir benutzt haben, daß alle $\lambda_i \geq 0$ sind, da B als *positiv semidefinit* vorausgesetzt ist. Aus $A^{\frac{1}{2}} v_i = Bv_i$ für alle i aber folgt $A^{\frac{1}{2}} = B$. □

Aus der eben bewiesenen Feststellung können wir den folgenden, auch geometrisch interessanten Sachverhalt ableiten.

F10 ('Polarzerlegung'):
Jedes T aus GL(n, $\mathbb{R}$) *besitzt eine eindeutige Produktzerlegung der Gestalt*

$$T = PU \tag{68}$$

mit einer positiv definiten Matrix P und einer orthogonalen Matrix U.

Beweis: Liegt eine solche Zerlegung bereits vor, so gilt $T^tT = PU^tU^tP = P^2$, also ist

$$P = \sqrt{T^tT} \tag{69}$$

als die positiv definite Quadratwurzel der positiv definiten Matrix ${}^tTT$ eindeutig bestimmt. Wegen

$$U = P^{-1}\,T \tag{70}$$

ist dann auch U eindeutig festgelegt. Um die Existenz einer Zerlegung der geforderten Art zu zeigen, haben wir keine andere Wahl, als P durch (69) und U dann durch (70) zu definieren. Es ist dann nur noch zu zeigen, daß das so definierte U *orthogonal* ist:

$$U^tU = P^{-1}\,T^tTP^{-1} = P^{-1}\,P^2\,P^{-1} = E.$$

Bemerkung 1: Natürlich besitzt jedes $T \in \mathrm{GL}(n, \mathbb{R})$ auch eine eindeutige Darstellung der Gestalt

$$T = U_1\,P_1 \tag{71}$$

mit positiv definitem P_1 und orthogonalem U_1. Zum Beweis hat man F10 nur auf die Matrix ${}^tT$ anzuwenden.

Bemerkung 2: Eine beliebige (nicht als invertierbar vorausgesetzte) Matrix $T \in M_n(\mathbb{R})$ besitzt eine Zerlegung

$$T = PU \tag{72}$$

mit orthogonalem U und positiv semidefinitem P, doch die Zerlegung ist i.a. nicht mehr eindeutig. Beweis als *Übungsaufgabe* 5.

Bemerkung 3: Sei $P \in M_n(\mathbb{R})$ positiv definit. Nach dem *Spektralsatz* bewirkt dann die lineare Abbildung P: $\mathbb{R}^n \to \mathbb{R}^n$ eine Streckung des Raumes längs n paarweise zueinander orthogonalen Koordinatenrichtungen mit positiven

Streckungsfaktoren $\lambda_1, \ldots, \lambda_n$; wir sprechen kurz von einer *Dilatation* des $\mathbb{R}^n$. Nach F10 setzt sich die durch ein beliebiges $\boldsymbol{T} \in \mathrm{GL}(n, \mathbb{R})$ bewirkte Abbildung des $\mathbb{R}^n$ stets aus einer (eindeutig bestimmten) *Isometrie* von $\mathbb{R}^n$ und einer nachfolgenden (eindeutig bestimmten) *Dilatation* des $\mathbb{R}^n$ zusammen. □

Bemerkung 4: Wir verallgemeinern den Begriff einer positiv definiten Matrix: Sei V ein euklidischer Vektorraum mit Skalarprodukt $\langle , \rangle$, und $\boldsymbol{f} \in \mathrm{End}(V)$ sei *selbstadjungiert*. Dann heißt $\boldsymbol{f}$ *positiv semidefinit*, wenn

$$\langle \boldsymbol{f}\boldsymbol{x}, \boldsymbol{x} \rangle \geq 0 \quad \text{für alle } \boldsymbol{x} \text{ aus } V \tag{73}$$

gilt. Ist sogar

$$\langle \boldsymbol{f}\boldsymbol{x}, \boldsymbol{x} \rangle > 0 \quad \text{für alle } \boldsymbol{x} \neq \boldsymbol{0} \text{ aus } V, \tag{74}$$

so heißt $\boldsymbol{f}$ *positiv definit*. Für eine *symmetrische Matrix* $\boldsymbol{A} \in M_n(\mathbb{R})$ stehen diese Begriffe wegen

$$\langle \boldsymbol{A}\boldsymbol{x}, \boldsymbol{y} \rangle = {}^t(\boldsymbol{A}\boldsymbol{x})\boldsymbol{y} = {}^t\boldsymbol{x}\boldsymbol{A}\boldsymbol{y} \tag{75}$$

im Einklang mit Def. 7 von Kap. VII, §5. Ist V n-dimensional, so ist ein $\boldsymbol{f} \in \mathrm{End}(V)$ genau dann positiv semidefinit, wenn die Koordinatenmatrix $\boldsymbol{A}$ von $\boldsymbol{f}$ in bezug auf eine *Orthonormalbasis* positiv semidefinit ist. Infolgedessen lassen sich die vorangegangenen Feststellungen F9 und F10 ohne weiteres von Matrizen auf Endomorphismen übertragen: Ist V ein *n-dimensionaler euklidischer Vektorraum*, so gelten also:

(i) *Ist $\boldsymbol{f} \in \mathrm{End}(V)$ positiv semidefinit, so gibt es genau ein positiv semidefinites $\boldsymbol{g} \in \mathrm{End}(V)$ mit $\boldsymbol{f} = \boldsymbol{g}^2$. Mann nennt $\boldsymbol{g}$ die positiv semidefinite Quadratwurzel von $\boldsymbol{f}$ und verwendet für sie die Bezeichnung $\boldsymbol{g} = \sqrt{\boldsymbol{f}}$.*

(ii) *Ein beliebiges $\boldsymbol{f} \in \mathrm{GL}(V)$ besitzt eindeutige Produktzerlegungen der Gestalt*

$$\boldsymbol{f} = \boldsymbol{p}\boldsymbol{u} \quad \text{bzw.} \quad \boldsymbol{f} = \boldsymbol{u}_1\boldsymbol{p}_1 \tag{76}$$

mit positiv definiten $\boldsymbol{p}$ bzw. $\boldsymbol{p}_1$ aus $\mathrm{GL}(V)$ und Isometrien $\boldsymbol{u}$ bzw. $\boldsymbol{u}_1$ von V. □

Am Schluß dieses Paragraphen wollen wir noch auf ein *Rechenverfahren zur näherungsweisen Berechnung der Eigenwerte symmetrischer Matrizen über* $\mathbb{R}$ hinweisen, nämlich das sogenannte *Jacobi-Verfahren*. Mit diesem wird eine symmetrische Matrix $\boldsymbol{A} \in M_n(\mathbb{R})$ durch bestimmte orthogonale Transformationen schrittweise in angenäherte Diagonalgestalt überführt; auf diese Weise erhält man gleichzeitig *Näherungen* für orthogonale Matrizen $\boldsymbol{S}$ mit (23) und damit auch für die Eigenvektoren von $\boldsymbol{A}$. Im übrigen liefert das Jacobische Verfahren in theoretischer Hinsicht eine weitere Begründung für die Gültigkeit des *Spektralsatzes*.

Das Jacobische Verfahren beruht darauf, daß man im Falle einer beliebigen *symmetrischen* 2×2-Matrix

$$\boldsymbol{A} = \begin{pmatrix} a_{11} & a_{12} \\ a_{12} & a_{22} \end{pmatrix} \tag{77}$$

über $\mathbb{R}$ die '*Hauptachsentransformation*' von $\boldsymbol{A}$ einfach mittels expliziter Rechnung leicht durchführen kann. Wir nehmen dabei gleich

$$a_{12} \neq 0 \tag{78}$$

an, da sonst schon Diagonalgestalt vorliegt. Das charakteristische Polynom von $\boldsymbol{A}$ lautet

$$\begin{aligned}\chi_A(X) &= \begin{vmatrix} X - a_{11} & -a_{12} \\ -a_{12} & X - a_{22} \end{vmatrix} \\ &= X^2 - (a_{11} + a_{22})X + (a_{11}a_{22} - a_{12}^2).\end{aligned} \tag{79}$$

Es folgt

$$\chi_A(X) = \left(X - \frac{a_{11} + a_{22}}{2}\right)^2 - \frac{(a_{11} - a_{22})^2 + 4a_{12}^2}{4},$$

und somit besitzt χ_A die Nullstellen

$$\lambda = \frac{a_{11} + a_{22}}{2} \pm \tfrac{1}{2}\sqrt{(a_{11} - a_{22})^2 + 4a_{12}^2} \tag{80}$$

in $\mathbb{R}$. Wegen (78) handelt es sich dabei um zwei verschiedene Nullstellen λ_1 und λ_2. Für unsere späteren Betrachtungen denken wir sie uns so numeriert, daß die Ungleichungen

$$|a_{11} - \lambda_1| \leq |a_{12}|, \quad |a_{22} - \lambda_2| \leq |a_{12}| \tag{81}$$

erfüllt sind. Dies ist immer möglich, denn wegen $\lambda_1 + \lambda_2 = a_{11} + a_{22}$ gilt einerseits

$$|a_{11} - \lambda_1| = |a_{22} - \lambda_2|,$$

und andererseits besteht für $\lambda = \lambda_1, \lambda_2$ wegen (79) die Gleichung

$$|a_{11} - \lambda|\,|a_{22} - \lambda| = |a_{12}|^2.$$

Zu den Eigenwerten $\lambda_1 \neq \lambda_2$ von $\boldsymbol{A}$ berechne man jetzt zugehörige Eigenvektoren $\boldsymbol{v}_1$ bzw. $\boldsymbol{v}_2$; man erhält $\boldsymbol{v}_i$ jeweils als eine nichttriviale Lösung des homogenen linearen Gleichungssystems mit der Koeffizientenmatrix $\boldsymbol{A} - \lambda_i \boldsymbol{E}$. Wegen

$$\lambda_1\langle \boldsymbol{v}_1, \boldsymbol{v}_2\rangle = \langle \boldsymbol{A}\boldsymbol{v}_1, \boldsymbol{v}_2\rangle = \langle \boldsymbol{v}_1, \boldsymbol{A}\boldsymbol{v}_2\rangle = \lambda_2\langle \boldsymbol{v}_1, \boldsymbol{v}_2\rangle$$

und $\lambda_1 \neq \lambda_2$ ist von vornherein klar, daß $\boldsymbol{v}_1$ und $\boldsymbol{v}_2$ zueinander *orthogonal* sein müssen. Indem wir jetzt noch normieren, dürfen wir gleich $\|\boldsymbol{v}_1\| = \|\boldsymbol{v}_2\| = 1$ annehmen und haben mit $\boldsymbol{v}_1, \boldsymbol{v}_2$ daher eine Orthonormalbasis von $\mathbb{R}^2$ berechnet, die aus Eigenvektoren von $\boldsymbol{A}$ besteht. Die Matrix $\boldsymbol{T}$ mit den Spalten $\boldsymbol{v}_1, \boldsymbol{v}_2$ ist dann eine *orthogonale* 2×2-Matrix mit

$$^tTAT = \begin{pmatrix} \lambda_1 & 0 \\ 0 & \lambda_2 \end{pmatrix}. \tag{82}$$

Sei jetzt

$$A = (a_{ij}) \in M_n(\mathbb{R}), \quad a_{ij} = a_{ji} \tag{83}$$

eine *symmetrische Matrix* beliebiger Ordnung n. Im Falle $n = 2$ läßt sich die Hauptachsentransformation von A nach dem oben Gesagten durch einfache Rechnung ganz explizit durchführen. Die Idee von *Jacobi* besteht nun darin, dies im Fall einer symmetrischen Matrix A beliebiger Ordnung n auf die 2×2-Teilmatrizen

$$\begin{pmatrix} a_{kk} & a_{kl} \\ a_{kl} & a_{ll} \end{pmatrix} \tag{84}$$

von A anzuwenden. Wir beschreiben nun das

Jacobi-Verfahren zur näherungsweisen Hauptachsentransformation symmetrischer Matrizen

Unter allen Koeffizienten außerhalb der Hauptdiagonalen der vorgelegten Matrix (83) habe a_{kl} maximalen Absolutbetrag, es gelte also

$$|a_{ij}| \leq |a_{kl}| \quad \text{für alle } i \neq j. \tag{85}$$

Wie eingangs geschildert, führen wir nun Hauptachsentransformation der symmetrischen 2×2-Matrix (84) durch, berechnen also die Eigenwerte λ_1, λ_2 dieser Matrix sowie eine *orthogonale* 2×2-Matrix

$$T = \begin{pmatrix} t_{kk} & t_{kl} \\ t_{lk} & t_{ll} \end{pmatrix}$$

mit

$$^tT \begin{pmatrix} a_{kk} & a_{kl} \\ a_{kl} & a_{ll} \end{pmatrix} T = \begin{pmatrix} \lambda_1 & 0 \\ 0 & \lambda_2 \end{pmatrix} \tag{86}$$

Dabei können und wollen wir die λ_i so numerieren, daß entsprechend zu (81) die Ungleichungen

$$|a_{kk} - \lambda_1| \leq |a_{kl}|, \quad |a_{ll} - \lambda_2| \leq |a_{kl}| \tag{87}$$

erfüllt sind. Die Ausgangsmatrix A wird nun mittels der *orthogonalen* $n \times n$-Matrix

$$\tilde{T} = \begin{pmatrix} 1 & & & & & & & & \\ & \ddots & & & & & & & \\ & & 1 & & & & & & \\ & & & t_{kk} & \cdots & \cdots & \cdots & t_{kl} & \\ & & & \vdots & 1 & & & \vdots & \\ & & & \vdots & & \ddots & & \vdots & \\ & & & \vdots & & & 1 & \vdots & \\ & & & t_{lk} & \cdots & \cdots & \cdots & t_{ll} & \\ & & & & & & & & \ddots & \\ & & & & & & & & & 1 \end{pmatrix} \tag{88}$$

– bis auf die Elemente t_{kl} und t_{lk} seien hier alle Elemente außerhalb der Hauptdiagonalen gleich Null – in die symmetrische Matrix

$$\tilde{A} := {}^t\tilde{T}A\tilde{T} = \begin{pmatrix} \ddots & \vdots & & \vdots & \\ \cdots & \lambda_1 & \cdots & 0 & \cdots \\ & \vdots & \ddots & \vdots & \\ \cdots & 0 & \cdots & \lambda_2 & \cdots \\ & \vdots & & \vdots & \ddots \end{pmatrix} \tag{89}$$

transformiert, welche sich von A höchstens in der k-ten und l-ten Zeile bzw. Spalte unterscheidet. Durch fortgesetzte Anwendung dieses Verfahrens erhält man so rekursiv eine Folge von *symmetrischen* Matrizen

$$A^{(m)} = (a_{ij}^{(m)}) \quad \text{für } m = 0, 1, 2, \ldots \text{ mit } A^{(0)} = A,$$

wobei $A^{(m+1)}$ aus $A^{(m)}$ jeweils durch eine Transformation der Art

$$A^{(m+1)} = {}^tT^{(m)} A^{(m)} T^{(m)} \tag{90}$$

mit einer bestimmten orthogonalen Matrix $T^{(m)}$ der Gestalt (88) hervorgeht. Damit ist das *Jacobi-Verfahren* beschrieben; daß man mit ihm immer zum gewünschten Erfolg gelangt, besagt die folgende Feststellung:

F11 ('Konvergenz des Jacobi-Verfahrens'):
Es sei A eine beliebige symmetrische $n \times n$-Matrix über K. Ist dann

$$(A^{(m)})_{m \geq 0} \text{ mit } A^{(0)} = A \tag{91}$$

eine Folge symmetrischer Matrizen $A^{(m)}$, die rekursiv gemäß dem Jacobi-Verfahren auseinander hervorgehen, so konvergiert diese Folge gegen eine Diagonalmatrix, d.h. es gilt

$$\lim_{m\to\infty} A^{(m)} = \begin{pmatrix} \lambda_1 & & O \\ & \ddots & \\ O & & \lambda_n \end{pmatrix}, \tag{92}$$

und die $\lambda_1, \ldots, \lambda_n$ *sind dabei notwendig die Eigenwerte von* A.

Beweis: (i) Zur bequemen Beschreibung der Konvergenz in $M_n(\mathbb{R})$ bedienen wir uns der *euklidischen Norm auf* $M_n(\mathbb{R})$; für eine beliebige Matrix $A = (a_{ij})$ aus $M_n(\mathbb{R})$ wird also

$$\|A\|^2 = \sum_{i,j} |a_{ij}|^2 \tag{93}$$

gesetzt. (Identifiziert man $M_n(\mathbb{R})$ mit $\mathbb{R}^{n^2}$, so ist $\| \ \|$ wirklich nichts anderes als die *euklidische Norm* des euklidischen Vektorraumes $\mathbb{R}^{n^2}$.) Wie man sofort nachrechnet (*Übungsaufgabe* 6), gilt

$$\|A\|^2 = \mathrm{Spur}\,({}^t\!AA). \tag{94}$$

Hieraus erkennt man sofort: Ist $T \in M_n(\mathbb{R})$ eine *orthogonale* Matrix, so gilt stets

$$\|TA\| = \|A\| = \|AT\|, \tag{95}$$

denn $\|AT\|^2 = \mathrm{Spur}({}^tT\,{}^t\!AAT) = \mathrm{Spur}(T\,{}^tT\,{}^t\!AA) = \mathrm{Spur}({}^t\!AA) = \mathrm{Spur}({}^t\!A\,{}^tTTA) = \|TA\|^2$. – Zum Beweis von F11 führen wir noch die folgende Bezeichnung ein: Für $A = (a_{ij})$ aus $M_n(\mathbb{R})$ sei

$$\|A\|_0^2 = \|A\|^2 - \sum_i |a_{ii}|^2 \tag{96}$$

die Summe der Quadrate aller Koeffizienten außerhalb der Hauptdiagonalen von A.

(ii) Wir untersuchen, was bei einem einzelnen Schritt des *Jacobi-Verfahrens* hinsichtlich $\| \ \|_0$ passiert. Dabei werde die Matrix A aus (83) wie oben beschrieben in die Matrix $\tilde{A}$ aus (89) transformiert. Aufgrund von (95) gilt dabei zunächst

$$\|\tilde{A}\|^2 = \|A\|^2 \text{ sowie } \lambda_1^2 + \lambda_2^2 = a_{kk}^2 + a_{ll}^2 + 2a_{kl}^2, \tag{97}$$

vgl. (89) und (86). Hieraus folgt im Hinblick auf (89) sofort

$$\|\tilde{A}\|_0^2 = \|A\|_0^2 - 2a_{kl}^2; \tag{98}$$

die 'Koeffizienten außerhalb der Hauptdiagonalen werden also insgesamt kleiner'. (Die Nullen allerdings, die sich in (89) eingestellt haben, werden beim nächsten Schritt möglicherweise wieder beseitigt.) Um aus (98) eine brauchbare Abschätzung zu erhalten, ziehen wir (85) heran; danach ist $\|A\|_0^2 \leq (n^2 - n)\, a_{kl}^2$, so daß man aus (98) die Ungleichung

$$\|\tilde{A}\|_0^2 \leq \|A\|_0^2 - \frac{2\|A\|_0^2}{n^2-n} = \frac{n^2-n-2}{n^2-n}\|A\|_0^2$$

erhält; also gilt

$$\|\tilde{A}\|_0^2 \leq c\|A\|_0^2 \quad \text{mit } 0 < c < 1. \tag{99}$$

(iii) Angewandt auf die gegebene Folge von Matrizen

$$A^{(m)} = (a_{ij}^{(m)}),$$

liefert (99) für jedes m die Abschätzung $\|A^{(m+1)}\|_0^2 \leq c\|A^{(m)}\|_0^2$, also

$$\|A^{(m)}\|_0^2 \leq c^m \|A\|_0^2. \tag{100}$$

Für jedes Paar (i, j) mit $i \neq j$ ist also $(a_{ij}^{(m)})_m$ eine *Nullfolge*. Zum Beweis von (92) sind also noch die Diagonalfolgen

$$(a_{ii}^{(m)})_m$$

als *konvergent* zu erweisen. Hierfür genügt es zu zeigen, daß stets

$$\|a_{ii}^{(m+1)} - a_{ii}^{(m)}\| \leq q^m \|A\|_0 \tag{101}$$

gilt, wobei $q = \sqrt{c}$ mit dem c in (99) gesetzt ist. Nun geht $A^{(m+1)}$ aus $A^{(m)}$ – wie oben $\tilde{A}$ aus A – durch Transformation mit einer orthogonalen Matrix der Gestalt (88) hervor, vgl. (89). Für $i \neq k, l$ ist $a_{ii}^{(m+1)} = a_{ii}^{(m)}$ und folglich (101) trivialerweise erfüllt. Sei also $i = k$ oder $i = l$; dann gilt nach (87) wenigstens die Ungleichung

$$|a_{ii}^{(m)} - a_{ii}^{(m+1)}| \leq |a_{kl}^{(m)}|. \tag{102}$$

Nun ist sicherlich $|a_{kl}^{(m)}| \leq \|A^{(m)}\|_0$; nach (100) aber gilt $\|A^{(m)}\|_0 \leq \sqrt{c^m}\|A\|_0$, so daß sich aus (102) die Behauptung (101) ergibt.

(iv) Es bleibt zu zeigen, daß es sich bei den reellen Zahlen $\lambda_1, \ldots, \lambda_n$ in (92) wirklich um die Eigenwerte von A handelt. Aus (90) folgt, daß jede Matrix $A^{(m)}$ der gegebenen Folge (91) aus der Matrix A durch eine Transformation

$$A^{(m)} = {}^t S^{(m)} A S^{(m)} \tag{103}$$

mit der *orthogonalen* Matrix $S^{(m)} = T^{(1)} T^{(2)} \ldots T^{(m)}$ hervorgeht. Daher stimmt das charakteristische Polynom von jedem $A^{(m)}$ mit dem charakteristischen Polynom χ_A von A überein. Konvergiert also die Folge der $A^{(m)}$ gegen die Matrix B, so ist notwendig auch $\chi_B = \chi_A$. Im Hinblick auf (92) gilt somit

$$\chi_A(X) = \prod_{i=1}^{n} (X - \lambda_i),$$

und also sind $\lambda_1, \ldots, \lambda_n$ die *Eigenwerte* von A. Damit ist F11 bewiesen.

Wir wollen noch bemerken: Ist m so groß, daß $\boldsymbol{A}^{(m)}$ mit gewünschter Genauigkeit einer Diagonalmatrix gleicht, so stellen die Diagonalkoeffizienten $a_{11}^{(m)}, a_{22}^{(m)}, \ldots, a_{nn}^{(m)}$ mit entsprechender Genauigkeit *Näherungen* für die Eigenwerte $\lambda_1, \ldots, \lambda_n$ von $\boldsymbol{A}$ dar; vgl. (102); im Hinblick auf (103) führt dann $\boldsymbol{S}^{(m)}$ eine angenäherte Hauptachsentransformation von $\boldsymbol{A}$ durch, und wir können die Spalten von $\boldsymbol{S}^{(m)}$ als ein *Orthonormalsystem von 'angenäherten Eigenvektoren von* $\boldsymbol{A}$' ansehen. (Beachte aber: Die Folge der $\boldsymbol{S}^{(m)}$ braucht nicht zu konvergieren; sie besitzt jedoch aufgrund des bekannten *Satzes von Bolzano-Weierstraß* stets konvergente Teilfolgen.)

§3 Hermite'sche Formen und der Begriff eines unitären Vektorraumes

Wir haben gesehen, daß die schöne, im vorigen Paragraphen dargelegte Theorie der selbstadjungierten Endomorphismen eines n-dimensionalen euklidischen Vektorraumes auf der Feststellung F1 beruhte, nach welcher jede symmetrische $n \times n$-Matrix $\boldsymbol{A}$ über $\mathbb{R}$ einen Eigenwert in $\mathbb{R}$ besitzt. Wir haben dies mit Hilfsmitteln der *Analysis* bewiesen, mit sehr einfachen zwar, doch ist es natürlich, auch nach *algebraischen* Begründungen dieser grundlegenden Tatsache zu fragen. Vor allem, da es naheliegt, folgendermaßen vorzugehen: Eine reelle $n \times n$-Matrix $\boldsymbol{A}$ über $\mathbb{R}$ kann man auch als Element aus $M_n(\mathbb{C})$ auffassen; da $\mathbb{C}$ *algebraisch abgeschlossen* ist, besitzt dann $\boldsymbol{A}$ jedenfalls Eigenwerte λ in $\mathbb{C}$. Insbesondere gilt das im Falle einer *symmetrischen* Matrix $\boldsymbol{A}$ über $\mathbb{R}$, und es muß dann die *Symmetrie* von $\boldsymbol{A}$ dafür verantwortlich sein, daß sich die Eigenwerte λ von $\boldsymbol{A}$ als *reell* erweisen. Es ist also naheliegend, vom reellen Vektorraum $\mathbb{R}^n$ zum komplexen Vektorraum

$$\mathbb{C}^n$$

überzugehen, und zu versuchen, das *kanonische Skalarprodukt* $\langle , \rangle$ auf $\mathbb{R}^n$ in geeigneter Weise zu einem Skalarprodukt auf $\mathbb{C}^n$ zu erweitern. Als erste Möglichkeit bietet sich hier die *Einheitsform* $q = [1, \ldots, 1]$ auf dem $\mathbb{C}$-Vektorraum $\mathbb{C}^n$ an, welche jedem Paar von Vektoren

$$\boldsymbol{x} = \begin{pmatrix} x_1 \\ \vdots \\ x_n \end{pmatrix}, \quad \boldsymbol{y} \in \begin{pmatrix} y_1 \\ \vdots \\ y_n \end{pmatrix} \text{aus } \mathbb{C}^n \tag{104}$$

die komplexe Zahl

$$q(\boldsymbol{x}, \boldsymbol{y}) = \sum_{i=1}^{n} x_i y_i$$

zuordnet. Aber q besitzt nicht-triviale *isotrope Vektoren*, d.h. es gibt

Vektoren $\boldsymbol{x} \neq \boldsymbol{0}$ mit $q(\boldsymbol{x}) = q(\boldsymbol{x}, \boldsymbol{x}) = 0$; hat $\boldsymbol{x}$ zum Beispiel die Koeffizienten $x_1 = 1, x_2 = i, x_3 = \cdots = x_n = 0$, so ist

$$q(\boldsymbol{x}, \boldsymbol{x}) = 1^2 + i^2 + 0^2 + \cdots + 0^2 = 0.$$

Mit isotropen Vektoren jedoch können wir geometrisch wenig anfangen, also müssen wir uns nach einer anderen Möglichkeit für ein Skalarprodukt auf $\mathbb{C}^n$ umsehen. Hierzu erinnern wir uns daran, daß für jede komplexe Zahl $x \neq 0$ das Produkt $x\bar{x}$ von x mit der *konjugiert komplexen* Zahl $\bar{x}$ von x stets eine *reelle Zahl* >0 ist. Für $x = a + bi$ mit $a, b \in \mathbb{R}$ ist nämlich

$$\bar{x} = a - bi \tag{105}$$

und daher

$$|x|^2 = x\bar{x} = (a + bi)(a - bi) = a^2 + b^2 \geq 0, \tag{106}$$

wobei das Gleichheitszeichen nur im Falle $x = 0$ steht. Wir definieren deshalb

$$\langle , \rangle : \mathbb{C}^n \times \mathbb{C}^n \to \mathbb{C} \tag{107}$$

für Vektoren aus $\mathbb{C}^n$; indem wir den $\boldsymbol{x}, \boldsymbol{y}$ aus (104) die komplexe Zahl

$$\langle \boldsymbol{x}, \boldsymbol{y} \rangle = \sum_{i=1}^{n} x_i \bar{y}_i \tag{108}$$

zuordnen. Für jedes x aus $\mathbb{C}^n$ ist dann

$$\langle \boldsymbol{x}, \boldsymbol{x} \rangle = \sum_{i=1}^{n} x_i \bar{x}_i = \sum_{i=1}^{n} |x_i|^2 \tag{109}$$

eine *reelle Zahl* ≥ 0, und das Gleichheitszeichen gilt nur im Falle $\boldsymbol{x} = \boldsymbol{0}$, also hat man

$$\langle \boldsymbol{x}, \boldsymbol{x} \rangle > 0 \quad \text{für jedes } \boldsymbol{x} \neq \boldsymbol{0} \text{ aus } \mathbb{C}^n. \tag{110}$$

Allerdings ist die Abbildung (107) keine Bilinearform, denn für beliebige $\boldsymbol{x}, \boldsymbol{y}$ aus $\mathbb{C}^n$ sowie beliebiges c aus $\mathbb{C}$ gilt

$$\langle \boldsymbol{x}, c\boldsymbol{y} \rangle = \bar{c} \langle \boldsymbol{x}, \boldsymbol{y} \rangle. \tag{111}$$

Alle übrigen Eigenschaften einer Bilinearform sind aber erfüllt. Überdies hat $\langle , \rangle$ doch eine gewisse Symmetrieeigenschaft, für alle $\boldsymbol{x}, \boldsymbol{y}$ aus $\mathbb{C}^n$ gilt nämlich

$$\langle \boldsymbol{y}, \boldsymbol{x} \rangle = \overline{\langle \boldsymbol{x}, \boldsymbol{y} \rangle}, \tag{112}$$

was man sofort nachrechnet.

Die vorangegangenen Betrachtungen veranlassen uns zu der folgenden

Definition 3 ('Sesquilinearform', 'hermitesche Form'):
Es sei V ein Vektorraum über dem Körper $\mathbb{C}$ der komplexen Zahlen.
(i) Eine Abbildung

$$\beta: V \times V \to \mathbb{C}$$

heißt eine *Sesquilinearform*, falls sie die folgenden Eigenschaften besitzt:

(1) β ist *linear in der ersten Variablen*, d.h.

$$\beta(\boldsymbol{x} + \boldsymbol{x}', \boldsymbol{y}) = \beta(\boldsymbol{x}, \boldsymbol{y}) + \beta(\boldsymbol{x}', \boldsymbol{y})$$

$$\beta(c\boldsymbol{x}, \boldsymbol{y}) = c\beta(\boldsymbol{x}, \boldsymbol{y})$$

(2) β ist '*semilinear*' *in der zweiten Variablen*, d.h.

$$\beta(\boldsymbol{x}, \boldsymbol{y} + \boldsymbol{y}') = \beta(\boldsymbol{x}, \boldsymbol{y}) + \beta(\boldsymbol{x}, \boldsymbol{y}')$$

$$\beta(\boldsymbol{x}, c\boldsymbol{y}) = \bar{c}\beta(\boldsymbol{x}, \boldsymbol{y})$$

(ii) Eine Sesquilinearform h heißt *hermite'sch** (oder auch *konjugiert-symmetrisch*), wenn stets

$$h(\boldsymbol{y}, \boldsymbol{x}) = \overline{h(\boldsymbol{x}, \boldsymbol{y})} \tag{113}$$

gilt. (Beachte, daß dann $h(\boldsymbol{x}, \boldsymbol{x})$ immer *reell* sein muß.)
(iii) Eine hermite'sche Form h auf V heißt *positiv definit*, wenn

$$h(\boldsymbol{x}, \boldsymbol{x}) > 0 \quad \text{für alle } \boldsymbol{x} \neq \boldsymbol{0} \tag{114}$$

gilt. (Die Begriffe *positiv semidefinit*, *negativ definit* bzw. *negativ semidefinit* sind ebenfalls ganz analog wie für quadratische Formen über $\mathbb{R}$ definiert.)

Bemerkung 1: Ist V ein beliebiger $\mathbb{C}$-Vektorraum, so bezeichnen wir mit

$$V^*$$

den folgendermaßen definierten $\mathbb{C}$-Vektorraum: Die Elemente von V^* sind genau die Elemente von V, und die Addition ist in V^* genau wie in V erklärt. Die Skalarmultiplikation für V^* hingegen sei durch

$$(c, \boldsymbol{x}) \mapsto \bar{c}\boldsymbol{x}$$

erklärt; hierbei ist rechts das skalare Produkt in V gemeint. Eine *Sesquilinearform auf* V ist dann nichts anderes als eine *Bilinearform*

$$\beta: V \times V^* \to \mathbb{C}.$$

---

* Nach dem französischen Mathematiker *C. Hermite* (1822–1901); die Bezeichnung *Sesquilinearform* ist von lat. *sesqui-* abgeleitet, was soviel wie *anderthalbfach* bedeutet.

So gesehen stellen also Sesquilinearformen nur einen besonderen Typus beliebiger Bilinearformen dar, und wir können daher gegebenenfalls auf unsere früheren Betrachtungen aus §3, Kap. VI zurückgreifen.

Bemerkung 2: Die durch (108) definierte Abbildung (107) ist eine *positiv definite hermite'sche Form* auf dem $\mathbb{C}$-Vektorraum $\mathbb{C}^n$.

Bemerkung 3: Eine *positiv definite hermite'sche Form* auf einem $\mathbb{C}$-Vektorraum V heißt auch ein *Skalarprodukt* auf V. Ein *Skalarprodukt*

$$\langle , \rangle : V \times V \to \mathbb{C}$$

auf einem $\mathbb{C}$-Vektorraum V ist demnach durch die folgenden Eigenschaften gekennzeichnet:

(i) $\langle \boldsymbol{x} + \boldsymbol{x}', \boldsymbol{y} \rangle = \langle \boldsymbol{x}, \boldsymbol{y} \rangle + \langle \boldsymbol{x}', \boldsymbol{y} \rangle$

(ii) $\langle c\boldsymbol{x}, \boldsymbol{y} \rangle = c\langle \boldsymbol{x}, \boldsymbol{y} \rangle$

(iii) $\langle \boldsymbol{x}, \boldsymbol{y} \rangle = \overline{\langle \boldsymbol{y}, \boldsymbol{x} \rangle}$

(iv) $\langle \boldsymbol{x}, \boldsymbol{x} \rangle > 0$ für $\boldsymbol{x} \neq \boldsymbol{0}$

Das durch (108) definierte Skalarprodukt auf $\mathbb{C}^n$ heißt das *kanonische Skalarprodukt auf* $\mathbb{C}^n$.

Bemerkung 4: Erfüllt eine *Sesquilinearform* β auf V die Bedingung

$$\beta(\boldsymbol{x}, \boldsymbol{x}) \in \mathbb{R} \quad \text{für alle } \boldsymbol{x} \in V, \tag{115}$$

so ist β *hermite'sch*. Betrachten wir nämlich die Sesquilinearform β^* auf V, definiert durch

$$\beta^*(\boldsymbol{x}, \boldsymbol{y}) = \overline{\beta(\boldsymbol{y}, \boldsymbol{x})},$$

so ist zu zeigen, daß die Sesquilinearform $\gamma := \beta - \beta^*$ verschwindet. Wegen (115) hat γ die Eigenschaft

$$\gamma(\boldsymbol{x}, \boldsymbol{x}) = 0 \quad \text{für alle } \boldsymbol{x} \in V. \tag{116}$$

Wir behaupten nun, daß jede Sesquilinearform γ, die der Bedingung (116) genügt, notwendig gleich Null ist. In der Tat gilt für beliebige $\boldsymbol{x}$, $\boldsymbol{y}$ aus V und beliebiges a aus $\mathbb{C}$ aufgrund der Voraussetzung die Gleichung

$$0 = \gamma(a\boldsymbol{x} + \boldsymbol{y}, a\boldsymbol{x} + \boldsymbol{y}) = a\gamma(\boldsymbol{x}, \boldsymbol{y}) + \bar{a}\gamma(\boldsymbol{y}, \boldsymbol{x}).$$

Mit $a = 1$ bzw. $a = i$ erhält man daraus

$$\gamma(\boldsymbol{x}, \boldsymbol{y}) + \gamma(\boldsymbol{y}, \boldsymbol{x}) = 0 \text{ bzw. } i\gamma(\boldsymbol{x}, \boldsymbol{y}) - i\gamma(\boldsymbol{y}, \boldsymbol{x}) = 0.$$

Dividiert man die zweite Gleichung durch i und addiert sie zur ersten, so folgt $2\gamma(\boldsymbol{x}, \boldsymbol{y}) = 0$, also die Behauptung $\gamma = 0$. □

Analog wie in Def. 1 für den reellen Fall definieren wir jetzt auch für den komplexen Fall:

Definition 4 ('Unitärer Vektorraum'):

Unter einem *unitären Vektorraum* verstehen wir ein Paar (V, h), bestehend aus einem $\mathbb{C}$-Vektorraum V und einer *positiv definiten hermite'schen Form h* auf V. □

Alle Betrachtungen in einem unitären Vektorraum beziehen sich auf eine fest vorgegebene positiv definite hermite'sche Form h des zugrundeliegenden $\mathbb{C}$-Vektorraumes V. Wenn keine Mißverständnisse zu befürchten sind, schreiben wir oft auch $\langle \boldsymbol{x}, \boldsymbol{y} \rangle$ anstelle von $h(\boldsymbol{x}, \boldsymbol{y})$ – genau wie im Falle eines euklidischen Vektorraumes.

Nun haben *hermite'sche Formen* auf $\mathbb{C}$-Vektorräumen meist ganz entsprechende Eigenschaften wie *quadratische Formen* auf Vektorräumen über $\mathbb{R}$, und die Theorie der unitären Vektorräume ist in vieler Hinsicht ganz analog zur Theorie der euklidischen Vektorräume. Dies wollen wir nun nicht alles im einzelnen darlegen, es würde den Leser nur ermüden; auch versteht sich vieles beinah von selbst, und schließlich dürfen wir aufgrund von Bem. 1 zu Def. 3 auch oft auf §3 von Kap. VI verweisen. Bei der nachfolgenden Übertragung der Grundbegriffe von quadratischen Formen auf hermite'sche Formen wollen wir uns also kurzfassen. Ist h eine hermite'sche Form auf dem $\mathbb{C}$-Vektorraum V, so wird die *Orthogonalitätsrelation* bzgl. h für Vektoren $\boldsymbol{x}$, $\boldsymbol{y}$ aus V genau wie im Falle symmetrischer Bilinearformen definiert:

$$\boldsymbol{x} \textit{ orthogonal zu } \boldsymbol{y} \Leftrightarrow h(\boldsymbol{x}, \boldsymbol{y}) = 0.$$

Wegen (113) handelt es sich dabei wirklich um eine *symmetrische* Relation: Aus $h(\boldsymbol{x}, \boldsymbol{y}) = 0$ folgt $h(\boldsymbol{y}, \boldsymbol{x}) = 0$. Für eine Teilmenge U von V ist das *orthogonale Komplement* $U^{\perp}$ von U bzgl. q durch

$$U^{\perp} = \{\boldsymbol{y} \in V \,|\, q(\boldsymbol{y}, \boldsymbol{x}) = 0 \text{ für alle } \boldsymbol{x} \in U\} \tag{117}$$

definiert. Was die Eigenschaften orthogonaler Komplemente betrifft, so dürfen wir (wegen Bem. 1 zu Def. 3) auf Kap. VI, §3 verweisen, vgl. besonders F10 und F11. Insbesondere gilt: Ist U ein Teilraum von V und h *nicht-ausgeartet*, so gilt:

$$\dim U + \dim U^{\perp} = \dim V, \tag{118}$$

vorausgesetzt, V ist endlich-dimensional. Ist h positiv definit, so gilt über (118) hinaus stets

$$V = U \oplus U^{\perp}, \tag{119}$$

denn wegen $h(x, x) > 0$ für $\boldsymbol{x} \neq \boldsymbol{0}$ ist jeder Teilraum U von (V, h) *nicht ausgeartet*. Wir schreiben dann auch

$$V = U \perp U^{\perp}. \tag{120}$$

Analog wie im Falle quadratischer Formen beweist man, daß jede hermite'sche Form h auf einem n-dimensionalen $\mathbb{C}$-Vektorraum eine *Orthogonalbasis* besitzt; ist h positiv definit, so existiert stets eine *Orthonormalbasis* von h. Dies ergibt sich von neuem auch aus der Charakterisierung (i) einer Orthonormalbasis in der nachfolgenden Feststellung

F12: *Es sei $(V, \langle\ \rangle)$ ein beliebiger unitärer oder euklidischer Vektorraum. Für ein beliebiges Orthonormalsystem $v_1, \ldots, v_n$ von V gelten dann*

$$\sum_{i=1}^{n} |\langle x, v_i\rangle|^2 \leq \|x\|^2 \tag{121}$$

$$x - \sum_{i=1}^{n} (x, v_i)\, v_i \text{ ist orthogonal zu } \operatorname{Lin}\{v_1, \ldots, v_n\} \tag{122}$$

$$\text{Aus } x = \sum_{i=1}^{n} x_i v_i \text{ folgt } x_i = \langle x, v_i\rangle \text{ für } 1 \leq i \leq n \tag{123}$$

Hierbei ist x ein beliebiger Vektor von V. Aus (123) folgt insbesondere, daß ein Orthonormalsystem $v_1, \ldots, v_n$ stets linear unabhängig ist.

Ferner sind für jedes Orthonormalsystem $v_1, \ldots, v_n$ von V die folgenden Aussagen ä q u i v a l e n t:

(i) *$v_1, \ldots, v_n$ ist ein maximales Orthonormalsystem in V.*
(ii) *$v_1, \ldots, v_n$ ist eine Orthonormalbasis von V.*
(iii) *Aus $\langle x, v_i\rangle = 0$ für $1 \leq i \leq n$ folgt $x = \mathbf{0}$.*
(iv) *Jedes x aus V besitzt die Darstellung*

$$x = \sum_{i=1}^{n} \langle x, v_i\rangle\, v_i. \tag{124}$$

(v) *Für jedes x aus V gilt die Gleichung*

$$\|x\|^2 = \sum_{i=1}^{n} |\langle x, v_i\rangle|^2. \tag{125}$$

Beweis: Gleichgültig ob V nun euklidisch oder unitär ist, stets ist die 'Länge' (die 'Norm', der 'Betrag') eines Vektors x aus V durch

$$\|x\| = \sqrt{\langle x, x\rangle} \tag{126}$$

definiert. Wegen

$$\langle v_i, v_j\rangle = \delta_{ij} \quad \text{für } 1 \leq i, j \leq n \tag{127}$$

gilt zunächst

$$\left\langle x - \sum_i \langle x, v_i\rangle\, v_i, v_j \right\rangle = \langle x, v_j\rangle - \langle x, v_j\rangle = 0,$$

also (122). Unter Benutzung von (122) ist dann

$$\left\langle \boldsymbol{x} - \sum_i \langle \boldsymbol{x}, \boldsymbol{v}_i \rangle \boldsymbol{v}_i, \boldsymbol{x} - \sum_i \langle \boldsymbol{x}, \boldsymbol{v}_i \rangle \boldsymbol{v}_i \right\rangle = \left\langle \boldsymbol{x} - \sum_i \langle \boldsymbol{x}, \boldsymbol{v}_i \rangle \boldsymbol{v}_i, \boldsymbol{x} \right\rangle$$

$$= \langle \boldsymbol{x}, \boldsymbol{x} \rangle - \sum_i \langle \boldsymbol{x}, \boldsymbol{v}_i \rangle \langle \boldsymbol{v}_i, \boldsymbol{x} \rangle = \|\boldsymbol{x}\|^2 - \sum_i |\langle \boldsymbol{x}, \boldsymbol{v}_i \rangle|^2. \tag{128}$$

Hieraus folgt (121), denn für jedes $\boldsymbol{x}'$ aus V ist $\langle \boldsymbol{x}', \boldsymbol{x}' \rangle \geq 0$. Wegen (127) hat man

$$\left\langle \sum_i x_i \boldsymbol{v}_i, \boldsymbol{v}_j \right\rangle = x_j,$$

also gilt auch (123).

(i) $\Rightarrow$ (iii): Gelte $\langle \boldsymbol{x}, \boldsymbol{v}_i \rangle = 0$ für $1 \leq i \leq$ n, sei aber $\boldsymbol{x} \neq \boldsymbol{0}$. Setzt man dann $\boldsymbol{v}_{n+1} = \|\boldsymbol{x}\|^{-1} \boldsymbol{x}$, so ist auch $\boldsymbol{v}_1, \ldots, \boldsymbol{v}_n, \boldsymbol{v}_{n+1}$ ein Orthonormalsystem im Widerspruch zu (i).

(iii) $\Rightarrow$ (ii): Wäre $\mathrm{Lin}\{\boldsymbol{v}_1, \ldots, \boldsymbol{v}_n\} \neq V$, so wäre für ein $\boldsymbol{x} \in V$ der Vektor

$$\boldsymbol{x} - \sum_{i=1}^{n} \langle \boldsymbol{x}, \boldsymbol{v}_i \rangle \boldsymbol{v}_i \neq \boldsymbol{0};$$

nach (122) ist jeder solche Vektor aber orthogonal zu allen $\boldsymbol{v}_i$. Widerspruch zu (iii).

(ii) $\Rightarrow$ (iv): Klar wegen (123).

(iv) $\Rightarrow$ (v): Klar nach (128).

(v) $\Rightarrow$ (i): Wäre auch $\boldsymbol{v}_1, \ldots, \boldsymbol{v}_n, \boldsymbol{x}$ ein Orthonormalsystem, so würde sich aus (125) sofort der Widerspruch

$$1 = \|\boldsymbol{x}\|^2 = \sum_{i=1}^{n} |\langle \boldsymbol{x}, \boldsymbol{v}_i \rangle|^2 = 0$$

ergeben. □

Ist β eine *Sesquilinearform* auf dem n-dimensionalen $\mathbb{C}$-Vektorraum V und ist $\boldsymbol{b}_1, \ldots, \boldsymbol{b}_n$ eine Basis von V, so nennt man die Matrix $\boldsymbol{B} = (b_{ij})$ mit den Koeffizienten

$$b_{ij} = \beta(\boldsymbol{b}_i, \boldsymbol{b}_j) \tag{129}$$

die *Strukturmatrix* von β in bezug auf die Basis $\boldsymbol{b}_1, \ldots, \boldsymbol{b}_n$ von V. Für beliebige Vektoren

$$\boldsymbol{x} = \sum_{i=1}^{n} x_i \boldsymbol{b}_i, \quad \boldsymbol{y} = \sum_{j=1}^{n} y_i \boldsymbol{b}_j$$

gilt dann

$$\beta(\boldsymbol{x}, \boldsymbol{y}) = \sum_{i,j=1}^{n} b_{ij} x_i \overline{y_j}, \tag{130}$$

wie man sofort nachrechnet. Man kann sich aber auch auf F6 in §3, Kap. VI berufen, indem man dies auf die Bilinearform $\beta\colon V \times V^* \to \mathbb{C}$ anwendet. Denn $\boldsymbol{b}_1, \ldots, \boldsymbol{b}_n$ ist natürlich auch eine Basis des $\mathbb{C}$-Vektorraumes V^* (zur Def. von V^* vgl. Bem. 1 zu Def. 3), nur muß man beachten, daß ein Vektor

$$\boldsymbol{y} = \sum_{j=1}^{n} y_j \boldsymbol{b}_j$$

bezüglich der Basis $\boldsymbol{b}_1, \ldots, \boldsymbol{b}_n$ von V^* die Koordinaten $\bar{y}_1, \bar{y}_2, \ldots, \bar{y}_n$ besitzt.

Ist $\boldsymbol{c}_1, \ldots, \boldsymbol{c}_n$ eine weitere Basis von V und bezeichnet $\boldsymbol{C}$ die Strukturmatrix von β bezüglich dieser Basis, so gilt mit $\boldsymbol{S}$ als der Übergangsmatrix von $\boldsymbol{b}_1, \ldots, \boldsymbol{b}_n$ zu $\boldsymbol{c}_1, \ldots, \boldsymbol{c}_n$ die Transformationsgleichung

$$\boldsymbol{C} = {}^t\boldsymbol{S}\boldsymbol{B}\bar{\boldsymbol{S}} \tag{131}$$

Für eine beliebige $r \times s$-Matrix $\boldsymbol{A} = (a_{ij})$ über $\mathbb{C}$ wird dabei mit $\bar{\boldsymbol{A}}$ die Matrix bezeichnet, die aus $\boldsymbol{A}$ durch *Konjugation* aller Koeffizienten hervorgeht, also

$$\bar{\boldsymbol{A}} = (\bar{a}_{ij}). \tag{132}$$

Wenn man will, kann man (131) direkt nachrechnen; man kann sich aber auch auf Satz 3 in §3, Kap. VI berufen, wenn man bedenkt, daß $\bar{\boldsymbol{S}}$ gerade die *Übergangsmatrix* der Basis $\boldsymbol{b}_1, \ldots, \boldsymbol{b}_n$ von V^* zur Basis $\boldsymbol{c}_1, \ldots, \boldsymbol{c}_n$ von V^* ist.

Ist $\boldsymbol{B} = (b_{ij})$ eine beliebige $n \times n$-Matrix über $\mathbb{C}$, so ist

$$(\boldsymbol{x}, \boldsymbol{y}) \mapsto {}^t\boldsymbol{x}\boldsymbol{B}\bar{\boldsymbol{y}} = \sum_{i,j=1}^{n} b_{ij} x_i \bar{y}_j \tag{133}$$

eine Sesquilinearform auf $\mathbb{C}^n$. Wir nennen (133) die *von der Matrix* $\boldsymbol{B}$ *vermittelte Sesquilinearform auf* $\mathbb{C}^n$. (Sie ist von der durch $\boldsymbol{B}$ vermittelten *Bilinearform* auf $\mathbb{C}^n$ zu unterscheiden.) Natürlich ist $\boldsymbol{B}$ die Strukturmatrix von (133) in bezug auf die kanonische Basis $\boldsymbol{e}_1, \ldots, \boldsymbol{e}_n$ von $\mathbb{C}^n$. Wir wollen gesondert herausstellen:

F13: *Sei β eine Sesquilinearform auf dem n-dimensionalen $\mathbb{C}$-Vektorraum V, und sei $\boldsymbol{B}$ die Strukturmatrix von β in bezug auf eine Basis $\boldsymbol{b}_1, \ldots, \boldsymbol{b}_n$ von V. Dann ist β hermite'sch genau dann, wenn*

$${}^t(\bar{\boldsymbol{B}}) = \boldsymbol{B} \tag{134}$$

gilt.

Beweis: Die Sesquilinearform β^*, definiert durch

$$\beta^*(\boldsymbol{x}, \boldsymbol{y}) = \overline{\beta(\boldsymbol{y}, \boldsymbol{x})} \quad \text{für alle } \boldsymbol{x}, \boldsymbol{y} \text{ aus } V$$

besitzt offenbar bezüglich $\boldsymbol{b}_1, \ldots, \boldsymbol{b}_n$ die Strukturmatrix

$$ {}^t\overline{\boldsymbol{B}}, $$

und es gilt $\beta^* = \beta$ genau dann, wenn β *hermite'sch* ist. Hieraus folgt die Behauptung, denn eine Sesquilinearform ist durch Angabe einer Strukturmatrix im Hinblick auf (130) bereits vollständig gekennzeichnet.

Definition 5 ('hermite'sche Matrix'):
Eine $n \times n$-Matrix $\boldsymbol{A}$ über $\mathbb{C}$ heißt *hermite'sch* (oder auch *selbstadjungiert*), wenn

$$ \boldsymbol{A} = {}^t\overline{\boldsymbol{A}} \tag{135} $$

gilt.

Bemerkungen: (1) Aus F13 folgt insbesondere, daß die von einer Matrix $\boldsymbol{A} \in M_n(\mathbb{C})$ vermittelte Sesquilinearform auf $\mathbb{C}^n$ genau dann *hermite'sch* ist, wenn $\boldsymbol{A}$ eine *hermite'sche Matrix* ist.

(2) Ist $\boldsymbol{A} \in M_n(\mathbb{C})$ *reell*, d.h. gilt $\boldsymbol{A} = \overline{\boldsymbol{A}}$, so ist $\boldsymbol{A}$ genau dann hermite'sch, wenn $\boldsymbol{A}$ *symmetrisch* ist. Für eine beliebige Matrix $\boldsymbol{A}$ aus $M_n(\mathbb{C})$ sind jedoch die Begriffe *hermite'sch* und *symmetrisch* säuberlich zu trennen.

(3) Die von einer hermite'schen $n \times n$-Matrix $\boldsymbol{A} = (a_{ij})$ vermittelte hermite'sche Form auf $\mathbb{C}^n$ bezeichnen wir gewöhnlich mit h_A. Sie hat die Gestalt:

$$ h_A(\boldsymbol{x}, \boldsymbol{y}) = {}^t\boldsymbol{x}\boldsymbol{A}\overline{\boldsymbol{y}} = \sum_{i,j=1}^{n} a_{ij} x_i \overline{y}_j. \tag{136} $$

Speziell für $\boldsymbol{A} = \boldsymbol{E}$ erhalten wir das *kanonische Skalarprodukt* $\langle , \rangle$ auf $\mathbb{C}^n$, vgl. (108). Von ihm waren wir mit unseren Betrachtungen über hermite'sche Formen überhaupt ausgegangen, und es soll nun an dieser Stelle erst einmal gezeigt werden, wie man mit seiner Hilfe die eingangs dieses Paragraphen gestellte Frage leicht beantworten kann. Wir zeigen gleich allgemeiner:

F14: *Jede hermite'sche Matrix* $A \in M_n(\mathbb{C})$ *besitzt (nur) reelle Eigenwerte.*

Beweis: Da $\mathbb{C}$ *algebraisch abgeschlossen* ist, besitzt $\boldsymbol{A}$ einen Eigenwert λ in $\mathbb{C}$. Es gibt also einen Vektor $\boldsymbol{x} \neq \boldsymbol{0}$ aus $\mathbb{C}^n$ mit

$$ A\boldsymbol{x} = \lambda\boldsymbol{x}. \tag{137} $$

Wir zeigen nun zunächst, daß für beliebiges $\boldsymbol{A} \in M_n(\mathbb{C})$ und beliebige $\boldsymbol{x}$, $\boldsymbol{y} \in \mathbb{C}^n$ die Beziehung

$$\langle \boldsymbol{x}, \boldsymbol{A}\boldsymbol{y}\rangle = \langle \boldsymbol{A}^* \boldsymbol{x}, \boldsymbol{y}\rangle \tag{138}$$

besteht, in der

$$\boldsymbol{A}^* := {}^t\bar{\boldsymbol{A}}$$

die sogenannte *adjungierte Matrix* von $\boldsymbol{A}$ bezeichnet. In der Tat ist

$$\langle \boldsymbol{A}^* \boldsymbol{x}, \boldsymbol{y}\rangle = {}^t(\boldsymbol{A}^* \boldsymbol{x})\,\bar{\boldsymbol{y}} = {}^t\boldsymbol{x}\,{}^t(\boldsymbol{A}^*)\,\bar{\boldsymbol{y}} = {}^t\boldsymbol{x}\overline{\bar{\boldsymbol{A}}\boldsymbol{y}} = {}^t\boldsymbol{x}\overline{\boldsymbol{A}\boldsymbol{y}} = \langle \boldsymbol{x}, \boldsymbol{A}\boldsymbol{y}\rangle.$$

Ist nun $\boldsymbol{A}$ *selbstadjungiert*, d.h. gilt $\boldsymbol{A}^* = \boldsymbol{A}$, so nimmt (138) die Gestalt

$$\langle \boldsymbol{x}, \boldsymbol{A}\boldsymbol{y}\rangle = \langle \boldsymbol{A}\boldsymbol{x}, \boldsymbol{y}\rangle \tag{139}$$

an. Mit (137) gilt dann

$$\bar{\lambda}\langle \boldsymbol{x}, \boldsymbol{x}\rangle = \langle \boldsymbol{x}, \lambda\boldsymbol{x}\rangle = \langle \boldsymbol{x}, \boldsymbol{A}\boldsymbol{x}\rangle = \langle \boldsymbol{A}\boldsymbol{x}, \boldsymbol{x}\rangle = \langle \lambda\boldsymbol{x}, \boldsymbol{x}\rangle = \lambda\langle \boldsymbol{x}, \boldsymbol{x}\rangle,$$

also $\bar{\lambda}\langle \boldsymbol{x}, \boldsymbol{x}\rangle = \lambda\langle \boldsymbol{x}, \boldsymbol{x}\rangle$. Da $\boldsymbol{x} \neq \boldsymbol{0}$ ist, folgt daraus aber

$$\lambda = \bar{\lambda},$$

d.h. λ ist reell. □

Ausgangspunkt der Erörterungen dieses Paragraphen war die Frage nach einer algebraischen Begründung dafür gewesen, daß eine reelle symmetrische Matrix stets einen reellen Eigenwert besitzt. Dies hatte uns zu den hermite'schen Formen geführt, und mit dem Beweis von F14 haben wir nun auch eine befriedigende Antwort auf unsere Frage erhalten. Inzwischen haben wir allerdings gesehen, daß hermite'sche Formen und unitäre Vektorräume durchaus ein eigenes Interesse beanspruchen dürfen, ja, daß aufgrund der Tatsache, daß eine reelle symmetrische Matrix einen Spezialfall für eine hermite'sche Matrix darstellt, die Theorie der euklidischen Vektorräume in der Theorie der unitären Vektorräume eine natürliche Erweiterung und Fortsetzung findet.

Definition 6 ('positiv definite hermite'sche Matrix'):
Eine hermite'sche $n \times n$-Matrix $\boldsymbol{A}$ über $\mathbb{C}$ heißt *positiv definit* (bzw. *positiv semidefinit*), wenn die von $\boldsymbol{A}$ vermittelte hermite'sche Form positiv definit (bzw. positiv semidefinit) ist, wenn also

$${}^t\boldsymbol{x}\boldsymbol{A}\bar{\boldsymbol{x}} > 0 \quad \text{für alle } \boldsymbol{x} \neq \boldsymbol{0} \text{ aus } \mathbb{C}^n \tag{140}$$

bzw.

$${}^t\boldsymbol{x}\boldsymbol{A}\bar{\boldsymbol{x}} \geq 0 \quad \text{für alle } \boldsymbol{x} \text{ aus } \mathbb{C}^n \tag{141}$$

gilt.*

* Gilt für eine beliebige Matrix $\boldsymbol{A} \in M_n(\mathbb{C})$ die Bedingung (140) oder (141), so ist $\boldsymbol{A}$ notwendig *hermite'sch*, vgl. Bem. 4 zu Def. 3.

Bemerkung 1: Ist β eine beliebige Sesquilinearform auf einem n-dimensionalen $\mathbb{C}$-Vektorraum, und sind $\boldsymbol{B}$ und $\boldsymbol{C}$ Strukturmatrizen von β in bezug auf irgendwelche Basen von V, so gilt

$$\det(\boldsymbol{C}) = |\alpha|^2 \det(\boldsymbol{B}) \quad \text{mit einem } \alpha \in \mathbb{C}^\times \tag{142}$$

Insbesondere unterscheiden sich also $\det(\boldsymbol{C})$ und $\det(\boldsymbol{B})$ stets nur um eine reelle Zahl >0 als Faktor. Aus (131) folgt nämlich sofort

$$\det(\boldsymbol{C}) = \det({}^t\boldsymbol{S}) \det(\boldsymbol{B}) \det(\bar{\boldsymbol{S}}) = \det(\boldsymbol{S}) \overline{\det(\boldsymbol{S})} \det(\boldsymbol{B}),$$

also gilt (142) mit $\alpha = \det(\boldsymbol{S})$.

Ist β hermite'sch und positiv definit, so ist immer

$$\det(\boldsymbol{B}) \text{ reell und } >0. \tag{143}$$

Denn die Strukturmatrix von β bezüglich einer *Orthonormalbasis* von β ist die Einheitsmatrix $\boldsymbol{E}_n$, und für diese ist $\det(\boldsymbol{E}_n) = 1 > 0$. Entsprechend ist für eine positiv definite hermite'sche Matrix $\boldsymbol{A}$ stets

$$\det(\boldsymbol{A}) \text{ reell und } >0. \tag{144}$$

Bemerkung 2: Aufgrund der obigen Betrachtungen gilt das Determinantenkriterium F8 von Kap. VII, §5 ganz entsprechend auch für hermite'sche Formen. □

Wir wollen schließlich noch gesondert hervorheben:

F15 ('Cauchy–Schwarz'sche Ungleichung' und 'unitäre Norm'):

Ist h eine positiv semidefinite hermite'sche Form auf einem $\mathbb{C}$-Vektorraum V, so gilt

$$|h(\boldsymbol{x}, \boldsymbol{y})|^2 \leq h(\boldsymbol{x}, \boldsymbol{x})\, h(\boldsymbol{y}, \boldsymbol{y}). \tag{145}$$

Für einen unitären Vektorraum V mit Skalarprodukt $\langle , \rangle$ schreiben wir (145) *auch in der Gestalt*

$$|\langle \boldsymbol{x}, \boldsymbol{y} \rangle| \leq \|\boldsymbol{x}\| \|\boldsymbol{y}\|. \tag{146}$$

Das Gleichheitszeichen gilt in (146) *genau dann, wenn $\boldsymbol{x}$, $\boldsymbol{y}$ linear abhängig sind.*

Die durch (126) *definierte Funktion*

$$\| \; \|: V \to \mathbb{R} \tag{147}$$

ist eine Norm auf V, d.h. es gilt stets

(i) $\|\boldsymbol{x}\| > 0$ *für alle* $\boldsymbol{x} \neq \boldsymbol{0}$ *aus* V
(ii) $\|\alpha \boldsymbol{x}\| = |\alpha| \|\boldsymbol{x}\|$ *für alle* $\boldsymbol{x} \in V$ *und alle* $\alpha \in \mathbb{C}$
(iii) $\|\boldsymbol{x} + \boldsymbol{y}\| \leq \|\boldsymbol{x}\| + \|\boldsymbol{y}\|$ *für alle* $\boldsymbol{x}, \boldsymbol{y} \in V$.

Die durch (126) *definierte Abbildung* (147) *heißt unitäre Norm auf V.*

Beweis: Man beweist (145) genau wie im reellen Fall, und auch der Zusatz zu (146) ergibt sich genauso wie dort. Nur die Herleitung von (iii) aus der Cauchy–Schwarz'schen Ungleichung haben wir jetzt etwas zu modifizieren: Es ist

$$\begin{aligned}\|\boldsymbol{x}+\boldsymbol{y}\|^2 &= \langle \boldsymbol{x}+\boldsymbol{y}, \boldsymbol{x}+\boldsymbol{y}\rangle = \langle \boldsymbol{x}, \boldsymbol{x}\rangle + \langle \boldsymbol{x}, \boldsymbol{y}\rangle + \langle \boldsymbol{y}, \boldsymbol{x}\rangle + \langle \boldsymbol{y}, \boldsymbol{y}\rangle \\ &= \|\boldsymbol{x}\|^2 + \|\boldsymbol{y}\|^2 + \langle \boldsymbol{x}, \boldsymbol{y}\rangle + \overline{\langle \boldsymbol{x}, \boldsymbol{y}\rangle} \leq \|\boldsymbol{x}\|^2 + \|\boldsymbol{y}\|^2 + 2|\langle \boldsymbol{x}, \boldsymbol{y}\rangle| \\ &\leq \|\boldsymbol{x}\|^2 + \|\boldsymbol{y}\|^2 + 2\|\boldsymbol{x}\|\,\|\boldsymbol{y}\| = (\|\boldsymbol{x}\| + \|\boldsymbol{y}\|)^2,\end{aligned}$$

also gilt (iii). Dabei haben wir benutzt, daß für jede komplexe Zahl α die Ungleichung $\alpha + \bar{\alpha} \leq 2|\alpha|$ erfüllt ist. □

Wir wollen nicht versäumen zu bemerken, daß sich auch das *Schmidt'sche Orthogonalisierungsverfahren* praktisch wörtlich auf den Fall unitärer Vektorräume übertragen läßt. Als Folgerung erhält man – analog zu F10 in Kap. VII, §5 – die folgende Aussage.

F16: *Jede positiv definite hermite'sche Matrix* $\boldsymbol{A}$ *über* $\mathbb{C}$ *ist in der Gestalt*

$$\boldsymbol{A} = \boldsymbol{B}^* \boldsymbol{B}$$

mit einer oberen Dreiecksmatrix $\boldsymbol{B} \in M_n(\mathbb{C})$ *darstellbar.*

Ist umgekehrt $\boldsymbol{T}$ *eine beliebige invertierbare Matrix über* $\mathbb{C}$, *so ist die Matrix*

$$\boldsymbol{A} = \boldsymbol{T}^* \boldsymbol{T}$$

eine positiv definite hermite'sche Matrix.

Bemerkung: Auch die aus dem Schmidt'schen Orthogonalisierungsverfahren gewonnene '*Iwasawa-Zerlegung*' invertierbarer Matrizen läßt sich ohne weiteres auf den komplexen Fall übertragen: *Jedes* $\boldsymbol{T} \in \mathrm{GL}(n, \mathbb{C})$ *besitzt eine eindeutige Darstellung der Gestalt*

$$\boldsymbol{T} = \boldsymbol{D}\boldsymbol{N}\boldsymbol{U} \tag{148}$$

mit einer (reellen) Diagonalmatrix $\boldsymbol{D}$, *deren sämtliche Diagonalkoeffizienten positiv sind, einer oberen Dreiecksmatrix* $\boldsymbol{N}$ *über* $\mathbb{C}$ *mit lauter Einsen auf der Hauptdiagonalen, sowie einer unitären Matrix* $\boldsymbol{U}$.

Schließlich ist noch der Isometriebegriff vom quadratischen auf den hermite'schen Fall zu übertragen; diese Übertragung ist völlig unproblematisch, sei aber dennoch hier ausgeführt:

Definition 7 ('Äquivalenz hermite'scher Formen, Isometrie hermite'scher Räume'):

Unter einem *hermite'schen Raum* verstehen wir ein Paar (V, h), bestehend aus einem $\mathbb{C}$-Vektorraum V und einer hermite'schen Form h auf V. (Ist h positiv definit, so handelt es sich bei (V, h) also um einen unitären Vektorraum.) Unter einer *Isometrie* des hermite'schen Raumes (V, h) auf den hermite'schen Raum (V', h') verstehen wir einen Vektorraumisomorphismus $\boldsymbol{u}$: $V \to V'$, welcher h in h' überführt, für den also gilt:

$$h'(\boldsymbol{ux}, \boldsymbol{uy}) = h(\boldsymbol{x}, \boldsymbol{y}) \quad \text{für alle } \boldsymbol{x}, \boldsymbol{y} \in V. \tag{149}$$

Existiert für hermite'sche Räume (V, h) und (V', h') eine Isometrie von (V, h) auf (V', h'), so heißt (V, h) *isomorph* (oder auch *isometrisch* bzw. *äquivalent*) zu (V, h), und wir schreiben

$$(V, h) \simeq (V', h'). \tag{150}$$

Entsprechend nennt man dann h *äquivalent* zu h' und schreibt

$$h \simeq h'. \tag{151}$$

Eine Isometrie von (V, h) auf (V, h) nennen wir auch einfach eine *Isometrie von* (V, h). Die Gruppe

$$\mathrm{U}(V, h) = \{\boldsymbol{u} \mid \boldsymbol{u} \text{ Isometrie von } (V, h)\} \tag{152}$$

aller Isometrien des hermite'schen Raumes (V, h) heißt die *unitäre Gruppe von* (V, h) bzw. h. Sie ist eine Untergruppe von $\mathrm{GL}_{\mathbb{C}}(V)$. Die Elemente $\boldsymbol{u}$ von $\mathrm{U}(V, h)$ heißen auch *unitäre Abbildungen* von (V, h). Ist $V = \mathbb{C}^n$ und $h_E = \langle , \rangle$ das kanonische Skalarprodukt auf $\mathbb{C}^n$, so heißt die unitäre Gruppe von h_E auch einfach die *unitäre Gruppe* (*des Grades n*); sie wird auch mit

$$\mathrm{U}(n, \mathbb{C})$$

bezeichnet. Ihre Elemente heißen *unitäre* $n \times n$-*Matrizen*. Die Untergruppe

$$\mathrm{SU}(V, h) = \{\boldsymbol{u} \in \mathrm{U}(V, h) \mid \det(\boldsymbol{u}) = 1\}$$

von $\mathrm{U}(V, h)$ heißt die *spezielle unitäre Gruppe von h*. Entsprechend ist die Untergruppe

$$\mathrm{SU}(n, \mathbb{C})$$

von $\mathrm{U}(n, \mathbb{C})$ definiert. Sie heißt die *spezielle unitäre Gruppe* (*des Grades n*). □

Bemerkung 1: Sei h eine hermite'sche Form auf dem n-dimensionalen $\mathbb{C}$-Vektorraum V, und sei $\boldsymbol{B}$ die Strukturmatrix von h bezüglich einer Basis $\boldsymbol{b}_1, \ldots, \boldsymbol{b}_n$ von V. Dann ist die zugehörige Koordinatenabbildung $\boldsymbol{c}$: $V \to \mathbb{C}^n$ im Hinblick auf (130) und (133) eine Isometrie von (V, h) auf $(\mathbb{C}^n, h_{\boldsymbol{B}})$. *Insbesondere ist jeder unitäre Vektorraum V der Dimension n isometrisch zum unitären Vektorraum* $\mathbb{C}^n$ (*ausgestattet mit dem kanonischen Skalarprodukt*).

Bemerkung 2: Es seien (V, h) und (V', h') hermite'sche Räume und $\boldsymbol{u}$: $V \to V'$ sei ein Vektorraumisomorphismus. Wir setzen V und V' als n-dimensional voraus und wählen Basen $\boldsymbol{b}_1, \ldots, \boldsymbol{b}_n$ von V und $\boldsymbol{b}'_1, \ldots, \boldsymbol{b}'_n$ von V'. Gehören dann zu h, h' und $\boldsymbol{u}$ bezüglich der gewählten Basen der Reihe nach die Matrizen $\boldsymbol{A}$, $\boldsymbol{A}'$ und $\boldsymbol{U}$, so gilt: *Genau dann ist* $\boldsymbol{u}$ *eine* *Isometrie von* (V, h) *auf* (V', h'), *wenn die Matrixgleichung*

$$\boldsymbol{A} = {}^t\boldsymbol{U}\boldsymbol{A}'\,\bar{\boldsymbol{U}} \tag{153}$$

besteht, vgl. (131) sowie die Bemerkung 3 zu Def. 2 in Kap. VII, §2. (Im Hinblick auf die Bem. 1 zu Def. 3 folgt (153) auch sofort aus der Formel (115) aus Kap. VI, §3.) Wir können also auch sagen: Genau dann gilt $h \simeq h'$, wenn es eine Matrix $\boldsymbol{T} \in \mathrm{GL}(n, \mathbb{C})$ mit

$$\boldsymbol{A} = \boldsymbol{T}^*\boldsymbol{A}'\,\boldsymbol{T} \tag{154}$$

gibt; man hat nur $\boldsymbol{T} = \bar{\boldsymbol{U}}$ zu setzen.

Bemerkung 3: Indem man Bemerkung 2 speziell auf $V = V' = \mathbb{C}^n$ sowie $h = h' = h_E$ anwendet und alles auf die *kanonische Basis* von $\mathbb{C}^n$ bezieht, so erhält man, daß für eine beliebige Matrix $\boldsymbol{U}$ aus $M_n(\mathbb{C})$ die folgenden Aussagen gleichwertig sind:

(i) $\boldsymbol{U}$ ist eine *unitäre Matrix*, d.h. $\boldsymbol{U} \in \mathrm{U}(n, C)$
(ii) ${}^t\boldsymbol{U}\bar{\boldsymbol{U}} = \boldsymbol{E}$
(iii) $\boldsymbol{U}^*\boldsymbol{U} = \boldsymbol{E}$
(iv) $\boldsymbol{U}\boldsymbol{U}^* = \boldsymbol{E}$
(v) $\boldsymbol{U} \in \mathrm{GL}(n, \mathbb{C})$ und $\boldsymbol{U}^{-1} = \boldsymbol{U}^*$
(vi) Die Spalten (bzw. Zeilen) von $\boldsymbol{U}$ bilden eine *Orthonormalbasis* des unitären Raumes $\mathbb{C}^n$.

Sei V ein n-dimensionaler unitärer Vektorraum, und sei $\boldsymbol{u}$ ein Endomorphismus von V, der bezüglich einer *Orthonormalbasis* $\boldsymbol{v}_1, \ldots, \boldsymbol{v}_n$ von V die Koordinatenmatrix $\boldsymbol{U}$ besitze. Dann sind (aufgrund von Bemerkung 2) die folgenden Aussagen äquivalent:

(i) $\boldsymbol{u}$ ist *unitäre Abbildung*
(ii) $\boldsymbol{U}$ ist eine *unitäre Matrix*
(iii) $\boldsymbol{u}\boldsymbol{v}_1, \ldots, \boldsymbol{u}\boldsymbol{v}_n$ ist ein *Orthonormalsystem* von V
(iv) $\boldsymbol{u}\boldsymbol{v}_1, \ldots, \boldsymbol{u}\boldsymbol{v}_n$ ist eine *Orthonormalbasis* von V.

Bemerkung 4: Ist $\boldsymbol{u}$ eine *Isometrie* des nicht ausgearteten hermite'schen Raumes (V, h), so gilt notwendig

$$|\det(\boldsymbol{u})| = 1. \tag{155}$$

Dies folgt sofort aus (154); dabei ist nur zu beachten, daß $\det(\boldsymbol{A}) \neq 0$ ist, weil h als *nicht ausgeartet* vorausgesetzt wurde. *Insbesondere hat die Determinante jeder unitären Matrix* $\boldsymbol{U}$ *den Betrag* 1:

$$|\det(U)| = 1. \tag{156}$$

Bemerkung 5: Für eine beliebige *hermite'sche Form h* auf einem $\mathbb{C}$-Vektorraum V setzen wir zur Abkürzung

$$h(\boldsymbol{x}) = h(\boldsymbol{x}, \boldsymbol{x}) \quad \text{für alle } \boldsymbol{x} \text{ aus } V. \tag{157}$$

Es gilt dann für alle $\boldsymbol{x}, \boldsymbol{y}$ aus V die Formel

$$h(\boldsymbol{x}, \boldsymbol{y}) = \tfrac{1}{4}(h(\boldsymbol{x}+\boldsymbol{y}) - h(\boldsymbol{x}-\boldsymbol{y}) + ih(\boldsymbol{x}+i\boldsymbol{y}) - ih(\boldsymbol{x}-i\boldsymbol{y})), \tag{158}$$

wie der Leser als *Übungsaufgabe* 7 leicht nachrechnen kann. Man bezeichnet (158) als '*Polarisationsformel für hermite'sche Formen*'. Die entsprechende 'Polarisationsformel für quadratische Formen' lautet übrigens

$$q(\boldsymbol{x}, \boldsymbol{y}) = \tfrac{1}{4}(q(\boldsymbol{x}+\boldsymbol{y}) - q(\boldsymbol{x}-\boldsymbol{y})). \tag{159}$$

Die Bedeutung der Formel (158) liegt darin, daß man aus ihr erkennen kann, daß eine hermite'sche Form $h\colon V \times V \to \mathbb{C}$ bereits durch die mittels (157) definierte Funktion

$$h\colon V \to \mathbb{R} \tag{160}$$

vollständig bestimmt ist.* Die Verhältnisse sind also auch hier ganz ähnlich wie im *symmetrischen Fall*, wo wir die Begriffe *quadratische Form* und *symmetrische Bilinearform* (über Körpern der Charakteristik $\neq 2$) als Synonyma verwendet haben.

Insbesondere gilt: *Ein Vektorraumisomorphismus $\boldsymbol{u}\colon V \to V'$ ist genau dann eine Isometrie von (V, h) auf (V, h'), wenn*

$$h'(\boldsymbol{ux}) = h(\boldsymbol{x}) \quad \textit{für alle } \boldsymbol{x} \in V \tag{161}$$

gilt.

Bemerkung 6: Insbesondere im Fall eines n-dimensionalen *unitären* Vektorraumes V (mit Skalarprodukt $\langle , \rangle$ und unitärer Norm $\| \ \|$) gilt: Eine beliebige lineare Abbildung $\boldsymbol{u}\colon V \to V$ ist genau dann eine *Isometrie* von V, wenn

$$\|\boldsymbol{u}(\boldsymbol{x})\| = \|\boldsymbol{x}\| \quad \text{für alle } \boldsymbol{x} \text{ aus } V \tag{162}$$

gilt. Aus (162) folgt nämlich zunächst, daß $\boldsymbol{u}$ *injektiv*, also wegen $\dim V < \infty$ auch *bijektiv* sein muß, und nach der vorangegangenen Bemerkung ist $\boldsymbol{u}$ dann *unitär.*

Bemerkung 7: Es gilt das hermite'sche Analogon des Sylvesterschen Trägheitssatzes: *Ist h eine beliebige hermite'sche Form auf einem n-dimensionalen $\mathbb{C}$-Vektorraum V, so gibt es eine Basis $\boldsymbol{v}_1, \ldots, \boldsymbol{v}_n$ von V, bezüglich welcher die Strukturmatrix von h die Gestalt*

---

* Dies geht auch aus Bem. 4 zu Def. 3 hervor.

$$A = \begin{pmatrix} 0 & & & & & & & & \\ & \ddots & & & & & & \boldsymbol{O} & \\ & & 0 & & & & & & \\ & & & 1 & & & & & \\ & & & & \ddots & & & & \\ & & & & & 1 & & & \\ & & & & & & -1 & & \\ & \boldsymbol{O} & & & & & & \ddots & \\ & & & & & & & & -1 \end{pmatrix} \tag{163}$$

Die Vielfachheiten q, r, s, mit denen 0, 1, −1 *in* (163) *auftreten, hängen dabei nur von h, nicht aber von der Wahl der Basis $v_1, \ldots, v_n$ ab.* Mit anderen Worten: *Ist auch A' eine Matrix der Gestalt* (163) *mit Vielfachheiten q', r', s', so gilt:*

$$h_A \simeq h_{A'} \Rightarrow q = q', \quad r = r', \quad s = s'.$$

Zum Beweis beachte man, daß h eine *Orthogonalbasis* $v_1, \ldots, v_n$ besitzt. Da nun aber $h(v_i, v_i)$ stets *reell* ist, kann man durch Multiplikation mit einem reellen Faktor stets erreichen, daß entweder $h(v_i, v_i) = 1$ oder $h(v_i, v_i) = -1$ gilt, falls nicht sowieso $h(v_i, v_i) = 0$ ist. Damit hat man eine Strukturmatrix der Gestalt (163). Nun ist $q = \dim V^\perp$, und genau wie in Bem. 1 zu Satz 2 in Kap. VII, §5 beweist man, daß alle maximalen positiv definiten Teilräume von (V, h) die gleiche Dimension r besitzen.

§4 Spektraltheorie in unitären Vektorräumen

F17 ('Adjungierte'):

Es sei V ein n-dimensionaler unitärer Vektorraum mit zugehörigem Skalarprodukt

$$\langle , \rangle : V \times V \to \mathbb{C}.$$

Zu jedem Endomorphismus f des Vektorraumes V gibt es genau einen Endomorphismus f^* von V mit

$$\langle x, fy \rangle = \langle f^* x, y \rangle \quad \text{für alle } x, y \in V. \tag{164}$$

Derselbe Endomorphismus f^* erfüllt auch

$$\langle fx, y \rangle = \langle x, f^* y \rangle \quad \text{für alle } x, y \in V \tag{165}$$

und ist auch durch (165) *eindeutig bestimmt. Man nennt f^* die Adjungierte zu f. Ist $v_1, \ldots, v_n$ eine Orthonormalbasis des unitären Raumes V und ist A die Koordinatenmatrix von f in bezug auf $v_1, \ldots, v_n$, so ist*

$$A^* = {}^t\bar{A} \tag{166}$$

die Koordinatenmatrix von f^* in bezug auf dieselbe Basis $v_1, \ldots, v_n$ von V.

Beweis: Die Eindeutigkeit von f^* in (164) bzw. (165) ergibt sich sofort daraus, daß $\langle , \rangle$ *nicht ausgeartet* ist. Weil $\langle , \rangle$ konjugiertsymmetrisch ist, folgt (165) aus (164). Im Hinblick auf Bem. 1 zu Def. 7 in §3 können wir annehmen, daß V der unitäre Vektorraum $\mathbb{C}^n$ ist. Für beliebiges $f = A \in M_n(\mathbb{C})$ ist dann mit A^* wie in (166) die Bedingung

$$\langle x, Ay \rangle = \langle A^* x, y \rangle \quad \text{für alle } x, y \in \mathbb{C}^n \tag{167}$$

erfüllt, wovon wir uns bei anderer Gelegenheit schon überzeugt haben, vgl. (138). Damit ist F17 vollständig bewiesen. Im übrigen ergibt sich F17 auch aus F8 von Kap. VI, §3, wenn man dort $W = V^*$ setzt. □

Im Falle eines *euklidischen* Vektorraumes V endlicher Dimension sind die *selbstadjungierten* Endomorphismen genau diejenigen Endomorphismen f von V, zu denen es *eine aus Eigenvektoren von f bestehende Orthonormalbasis* von V gibt (vgl. §2). Im Falle eines *unitären* Vektorraumes ist diese Klasse nun aber wesentlich größer, so daß in dieser Hinsicht also ein wichtiger Unterschied zwischen euklidischen und unitären Räumen besteht. Er ist natürlich dadurch bedingt, daß jetzt nicht nur reelle, sondern beliebige komplexe Zahlen als Eigenwerte auftreten können. Zum Beispiel gehört jede Diagonalmatrix

$$A = \begin{pmatrix} \lambda_1 & & & \\ & \lambda_2 & & 0 \\ & 0 & \ddots & \\ & & & \lambda_n \end{pmatrix} \in M_n(\mathbb{C}) \tag{168}$$

zu der genannten Klasse, dann jeder Vektor e_i der kanonischen Basis von $\mathbb{C}^n$ ist ein Eigenvektor von A. Wenn aber nur ein einziges λ_i in (168) nicht reell ist, gilt $A^* \neq A$, d.h. A ist nicht selbstadjungiert. Trivialerweise ist aber hier

$$AA^* = A^* A, \tag{169}$$

und es wird sich herausstellen, daß die Bedingung (169) im Fall einer beliebigen Matrix $A \in M_n(\mathbb{C})$ auch hinreichend dafür ist, daß es eine Orthonormalbasis von $\mathbb{C}^n$ gibt, die aus lauter Eigenvektoren von A besteht.

Definition 8 ('selbstadjungiert', 'normal'):

Es sei V ein *unitärer* (bzw. *euklidischer*) Vektorraum. Für jedes $f \in \operatorname{End}(V)$ bezeichne f^* die Adjungierte zu f.

(i) $f \in \operatorname{End}(V)$ heißt selbstadjungiert (oder *hermite'sch*), wenn

$$f^* = f \tag{170}$$

gilt.

(ii) $f \in \mathrm{End}(V)$ heißt <u>*normal*</u>, wenn

$$ff^* = f^* f \tag{171}$$

gilt, also f mit seiner Adjungierten f^* vertauschbar ist.

Bemerkung 1: Sei V ein n-dimensionaler unitärer (bzw. euklidischer) Vektorraum, und sei $v_1, \ldots, v_n$ eine *Orthonormalbasis* von V. Besitzt $f \in \mathrm{End}(V)$ bezüglich $v_1, \ldots, v_n$ die Koordinatenmatrix A, so gilt

(i) f selbstadjungiert $\Leftrightarrow$ A selbstadjungiert.
(ii) f normal $\Leftrightarrow$ A normal, d.h. $AA^* = A^* A$.

Die Abbildung

$$\mathrm{End}(V) \to \mathrm{End}(V)$$
$$f \mapsto f^*$$

hat folgende formale Eigenschaften:

$$f^{**} = f \tag{172}$$

$$(f_1 + f_2)^* = f_1^* + f_2^* \tag{173}$$

$$(\alpha f)^* = \bar{\alpha} f^* \tag{174}$$

$$(f_1 f_2)^* = f_2^* f_1^* \tag{175}$$

Beweis als *Übungsaufgabe* 8.

Aus den ersten drei dieser Eigenschaften ergibt sich leicht: Ist V *unitär*, so besitzt jedes $f \in \mathrm{End}(V)$ eine eindeutige Darstellung der Gestalt

$$f = f_1 + i f_2 \quad \text{mit } f_1^* = f_1 \text{ und } f_2^* = f_2. \tag{176}$$

Dabei ist

$$f_1 = \tfrac{1}{2}(f + f^*), \quad f_2 = \frac{1}{2i}(f - f^*). \tag{177}$$

(Ist V *euklidisch*, gelten ganz entsprechende Formeln; man muß dann einfach nur i weglassen.) Aus (177) folgt sofort: Genau dann ist f *normal*, wenn f_1 mit f_2 *vertauschbar* ist.

Bemerkung 2: Es sei V ein n-dimensionaler unitärer (bzw. euklidischer) Vektorraum. Für $f \in \mathrm{End}(V)$ sind dann die folgenden Aussagen äquivalent:

(i) f ist unitär.
(ii) $f^* f = \mathrm{id}_V$.

(iii) f ist invertierbar, und es gilt

$$f^{-1} = f^*. \tag{178}$$

Dies folgt (zum Beispiel) sofort aus Bem. 3 zu Def. 7.

Bemerkung 3: Sei V ein n-dimensionaler unitärer (bzw. euklidischer) Vektorraum, und sei $f \in \mathrm{End}(V)$. Ist f *selbstadjungiert*, d.h. $f = f^*$, so ist f trivialerweise auch *normal*. Es gilt aber zum Beispiel auch:

$$f \textit{ unitär (bzw. orthogonal)} \Rightarrow f \textit{ normal.} \tag{179}$$

Dies folgt sofort aus (178). □

F18: *Sei V ein unitärer (bzw. euklidischer) Vektorraum endlicher Dimension, und sei $f \in \mathrm{End}(V)$.*

(1) *Die folgenden Aussagen sind äquivalent:*

(i) *f ist normal: $ff^* = f^* f$.*
(ii) *$\langle f^* x, f^* y\rangle = \langle fx, fy\rangle$ für alle x, y aus V.*
(iii) *$\|f^* x\| = \|fx\|$ für alle x aus V.*

(2) *Ist der Teilraum U von V invariant unter f, d.h. gilt*

$$f(U) \subseteq U, \tag{180}$$

so ist das orthogonale Komplement $U^\perp$ von U invariant unter f^*, also

$$f^*(U^\perp) \subseteq U^\perp. \tag{181}$$

(3) *Ist f n o r m a l, so gilt: Ist v ein Eigenvektor von f zum Eigenwert λ, so ist v auch ein Eigenvektor von f^*, und zwar zum Eigenwert $\bar{\lambda}$:*

$$fv = \lambda v \Rightarrow f^* v = \bar{\lambda} v. \tag{182}$$

Beweis: (1) Nach Definition von f^* gilt

$$\begin{aligned}\langle f^* fx - ff^* x, y\rangle &= \langle f^* fx, y\rangle - \langle ff^* x, y\rangle \\ &= \langle fx, fy\rangle - \langle f^* x, f^* y\rangle\end{aligned}$$

für alle $x, y \in V$; hieraus ergibt sich sofort die Äquivalenz von (i) mit (ii), denn $\langle , \rangle$ ist nicht ausgeartet. Nach Bem. 5 zu Def. 7 ist (ii) zu (iii) äquivalent.

(2) Seien $x \in U$ und $y \in U^\perp$ beliebig. Wegen $fx \in U$ gilt dann $\langle x, f^* y\rangle = \langle fx, y\rangle = 0$, also gilt (181).

(3) Sei f *normal.* Aus (iii) folgt sofort, daß allgemein

$$\mathrm{Kern}\, f = \mathrm{Kern}\, f^* \tag{183}$$

gilt. Indem man dies auf den normalen Endomorphismus $f - \lambda\, \mathrm{id}_V$ (anstelle von f) anwendet, erhält man mit $(f - \lambda\, \mathrm{id}_V)^* = f^* - \bar{\lambda}\, \mathrm{id}_V$ sofort die Behauptung (182).

Satz 2 ('Spektralsatz für unitäre Vektorräume'):
Es sei V ein n-dimensionaler unitärer Vektorraum, und es sei f ein Endomorphismus des Vektorraumes V. Ist f normal, d.h. gilt

$$ff^* = f^*f, \tag{184}$$

so gibt es eine Orthonormalbasis von V, die aus Eigenvektoren von f besteht.

Für Matrizen formuliert: Ist $A \in M_n(\mathbb{C})$ eine beliebige normale Matrix, d.h. gilt

$$AA^* = A^*A \quad \text{mit } A^* = {}^t\bar{A}, \tag{185}$$

so gibt es eine unitäre $n \times n$-Matrix U, für welche U^*AU eine Diagonalmatrix ist:

$$U^*AU = \begin{pmatrix} \lambda_1 & & & \\ & \lambda_2 & & \mathbf{0} \\ & \mathbf{0} & \ddots & \\ & & & \lambda_n \end{pmatrix} \tag{186}$$

Hierbei sind $\lambda_1, \ldots, \lambda_n$ die Eigenwerte von A.

Beweis: Wir führen Induktion nach n. Für $n = 1$ ist nichts zu beweisen. Sei jetzt also $n > 1$. Da $\mathbb{C}$ *algebraisch abgeschlossen* ist, besitzt f einen Eigenwert λ in $\mathbb{C}$; es gibt also einen Vektor $v \neq \mathbf{0}$ aus V mit

$$fv = \lambda v. \tag{187}$$

Wir können o.E.

$$\|v\| = 1$$

voraussetzen. Es sei

$$U = \langle v \rangle$$

der eindimensionale, von v erzeugte Teilraum von V. Wegen (187) gilt $f(U) \subseteq U$, also ist

$$W := U^\perp$$

invariant unter f^*, d.h.

$$f^*(W) \subseteq W,$$

vgl. F18. Weil f *normal* ist, folgt aus (187) wiederum unter Benutzung von F18, daß $f^*v = \bar{\lambda}v$ gilt und somit U invariant unter f^* ist. Wendet man nun die zweite Aussage von F18 nochmals an, so folgt, daß $W = U^\perp$ invariant unter $(f^*)^* = f$ sein muß, also

$$f(W) \subseteq W.$$

Somit induzieren sowohl f als auch f^* Endomorphismen von W; wir bezeichnen diese mit f_W bzw. $(f^*)_W$. Zusammen mit der Einschränkung des Skalarproduktes von V ist nun W selbst ein unitärer Vektorraum, und offenbar gilt $(f_W)^* = (f^*)_W$. Deshalb ist f_W ein *normaler Endomorphismus von* W, und wegen

$$\dim W = n - 1$$

liefert jetzt die Induktionsvoraussetzung die Existenz einer Orthonormalbasis $v_2, \ldots, v_n$ von W, die nur aus Eigenvektoren von f_W besteht. Dann ist aber $v_1 := v, v_2, \ldots, v_n$ eine *Orthonormalbasis* von V, und alle v_i sind *Eigenvektoren* von f.

Wir wollen jetzt noch ausführen, wie sich die matrizentheoretische Fassung des Spektralsatzes aus dem schon Bewiesenen ergibt: Ist für $A \in M_n(\mathbb{C})$ die Bedingung (185) erfüllt, so stellt A einen *normalen* Endomorphismus des unitären Vektorraumes $\mathbb{C}^n$ dar; es gibt dann also eine *Orthonormalbasis* $v_1, \ldots, v_n$ von $\mathbb{C}^n$, so daß

$$Av_i = \lambda_i v_i \quad \text{für } 1 \le i \le n \tag{188}$$

mit komplexen Zahlen $\lambda_1, \ldots, \lambda_n$ gilt. Ist dann $U \in M_n(\mathbb{C})$ durch

$$Ue_i = v_i \quad \text{für } 1 \le i \le n \tag{189}$$

definiert, so folgt aus (188) sofort $AUe_i = \lambda_i Ue_i$, also

$$U^{-1}AUe_i = \lambda_i e_i \quad \text{für } 1 \le i \le n. \tag{190}$$

Wegen (189) ist U aber *unitär* (vgl. Bem. 3 zu Def. 7), es gilt also $U^{-1} = U^*$, und deshalb besagt (190) genau dasselbe wie (186). Aus (190) ersieht man, daß $\lambda_1, \ldots, \lambda_n$ die Eigenwerte von A sind.

Bemerkung: Wie oben sei V ein n-dimensionaler unitärer Vektorraum. *Genau dann gibt es zu* $f \in \mathrm{End}(V)$ *eine Orthonormalbasis von V, die aus Eigenvektoren von f besteht, wenn f normal ist.* Nach dem Spektralsatz gehört nämlich jeder normale Endomorphismus von V zu der genannten Klasse; ist umgekehrt $v_1, \ldots, v_n$ eine Orthonormalbasis von V, die aus Eigenvektoren von $f \in \mathrm{End}(V)$ besteht, so ist die Koordinatenmatrix A von f in bezug auf diese Basis eine *Diagonalmatrix*, also ist A sicherlich normal, mithin auch f. □

Aus Satz 2 ergeben sich nun eine Reihe von Folgerungen, und zwar ganz ähnlicher Art wie die aus Satz 1 in §2 im Fall euklidischer Vektorräume. Bei der Zusammenstellung dieser Folgerungen dürfen wir uns daher kurzfassen. Zunächst erwähnen wir

F19: *Sind h und γ hermite'sche Formen auf dem n-dimensionalen* $\mathbb{C}$*-Vektorraum V und ist h positiv definit, so existiert eine Basis* $v_1, \ldots,$

v_n von V, die zugleich Orthonormalbasis für h und Orthogonalbasis für γ ist.

Beweis: Wir betrachten V als *unitären* Vektorraum mit dem Skalarprodukt $\langle , \rangle = h$. Da $\langle , \rangle$ nicht ausgeartet ist, gibt es genau ein $f \in \mathrm{End}(V)$, so daß gilt:

$$\gamma(\boldsymbol{x}, \boldsymbol{y}) = \langle f\boldsymbol{x}, \boldsymbol{y} \rangle \quad \text{für alle } \boldsymbol{x}, \boldsymbol{y} \in V. \tag{191}$$

Weil γ und $\langle , \rangle$ *hermite'sch* sind, gilt

$$\langle f\boldsymbol{x}, \boldsymbol{y} \rangle = \langle \boldsymbol{x}, f\boldsymbol{y} \rangle \quad \text{für alle } \boldsymbol{x}, \boldsymbol{y} \in V.$$

Folglich ist $f = f^*$, d.h. f ist *selbstadjungiert*. Insbesondere ist f *normal*, und daher existiert eine Orthonormalbasis $v_1, \ldots, v_n$ für h, welche aus Eigenvektoren von f besteht. Gehört dabei v_i zum Eigenwert λ_i, so folgt aus (191) sofort $\gamma(v_i, v_j) = \lambda_i \delta_{ij}$, also ist $v_1, \ldots, v_n$ auch eine Orthogonalbasis für γ.

Bemerkung: Im Unterschied zum Fall euklidischer Vektorräume besagt F19 jetzt weniger als der *Spektralsatz*, da F19 nur selbst*adjungierte*, nicht aber beliebige *normale* Endomorphismen eines unitären Vektorraumes erfaßt.

F20: *Sei V ein unitärer Vektorraum der Dimension n, und sei $f \in \mathrm{End}(V)$ normal. Dann gelten:*

(i) *f selbstadjungiert $\Leftrightarrow \lambda \in \mathbb{R}$ für alle $\lambda \in \mathrm{Spec}(f)$.*
(ii) *f positiv semidefinit $\Leftrightarrow \lambda \geq 0$ für alle $\lambda \in \mathrm{Spec}(f)$.*
(iii) *f positiv definit $\Leftrightarrow \lambda > 0$ für alle $\lambda \in \mathrm{Spec}(f)$.*
(iv) *f unitär $\Leftrightarrow |\lambda| = 1$ für alle $\lambda \in \mathrm{Spec}(f)$.*

Beweis: Sei $\boldsymbol{A}$ die Koordinatenmatrix von v in bezug auf eine Orthonormalbasis von V. Dann ist f genau dann selbstadjungiert, wenn die Matrix $\boldsymbol{A}$ selbstadjungiert ist. Entsprechendes gilt auch hinsichtlich jeder der anderen genannten Eigenschaften. Aufgrund des Spektralsatzes kann man nun $\boldsymbol{A}$ als *Diagonalmatrix* voraussetzen. Bei einer Diagonalmatrix aber läßt sich an ihren Diagonalgliedern unmittelbar ablesen, wann die betreffenden Eigenschaften jeweils vorliegen.

F21: *Zwei normale Matrizen $\boldsymbol{A}, \boldsymbol{B} \in M_n(\mathbb{C})$ sind genau dann ähnlich (konjugiert) in $M_n(\mathbb{C})$, wenn $\boldsymbol{A}, \boldsymbol{B}$ unitär-ähnlich sind, d.h.*

$$\boldsymbol{B} = \boldsymbol{S}^{-1}\boldsymbol{A}\boldsymbol{S} \quad \textit{mit einem } \boldsymbol{S} \in U(n, \mathbb{C}) \tag{192}$$

gilt.

Dies zeigt man völlig analog wie F5 in §2.

F22: *Sei f ein selbstadjungierter Endomorphismus eines unitären (bzw. euklidischen) Vektorraumes der Dimension n, und sei*

$$\lambda_1 = \min\{\lambda \mid \lambda \in \operatorname{Spec}(f)\}, \quad \lambda_n = \max\{\lambda \mid \lambda \in \operatorname{Spec}(f)\} \tag{193}$$

gesetzt. Dann gilt

$$\lambda_1 \leq \frac{\langle fx, x\rangle}{\langle x, x\rangle} \leq \lambda_n \quad \textit{für alle } x \neq 0 \textit{ aus } V, \tag{194}$$

und dabei wird die untere Schranke λ_1 *von jedem Eigenvektor zum Eigenwert* λ_1 *und die obere Schranke von jedem Eigenvektor zum Eigenwert* λ_n *angenommen.*

Beweis: Da f als *selbstadjungiert* vorausgesetzt ist, sind alle Eigenwerte von f *reell*, so daß die Bildungen in (193) sinnvoll sind. Die Behauptung folgt dann aus dem Spektralsatz genau wie F7 in §2.

Satz 2′ ('Spektralsatz für unitäre Vektorräume'):
Es sei V ein n-dimensionaler unitärer Vektorraum und sei $f \in \operatorname{End}(V)$ *normal. Dann ist der natürliche Algebrenhomomorphismus*

$$G\colon \mathbb{C}[f] \to \operatorname{Abb}(\operatorname{Spec}(f), \mathbb{C})$$

ein Isomorphismus.

Man beweist Satz 2′ ganz genauso wie Satz 1′ in §2. Wie dort gewinnt man aus dem Isomorphismus G auch die Formel

$$f = \sum_{\lambda \in \operatorname{Spec}(f)} \lambda p_\lambda, \tag{195}$$

in welcher p_λ für jedes $\lambda \in \operatorname{Spec}(f)$ die Orthogonalprojektion von V auf den zu λ gehörigen Eigenraum von f bezeichnet.

F23: *Es sei V ein unitärer Vektorraum der Dimension n. Ein* $f \in \operatorname{End}(V)$ *ist genau dann normal, wenn*

$$f^* \in \mathbb{C}[f]$$

gilt, es also ein Polynom $p \in \mathbb{C}[X]$ *gibt mit*

$$f^* = p(f). \tag{196}$$

Ist f normal und besteht $\operatorname{Spec}(f)$ *aus s verschiedenen Elementen, so gibt es genau ein Polynom* $p \in \mathbb{C}[X]$ *vom Grade* $\leq s-1$ *mit* (196).

Beweis: Gilt (196), so ist f^* mit f vertauschbar, also f *normal*. Sei jetzt umgekehrt f als *normal* vorausgesetzt. Nach dem *Spektralsatz* gibt es dann eine Basis $v_1, \ldots, v_n$ von V, die aus Eigenvektoren von f besteht:

$$f\boldsymbol{v}_i = \lambda_i \boldsymbol{v}_i.$$

Hat nun $\operatorname{Spec}(f) = \{\lambda_1, \ldots, \lambda_n\}$ genau s verschiedene Elemente, so gibt es ein Polynom $p \in \mathbb{C}[X]$ vom Grade $\leq s-1$ mit

$$p(\lambda_i) = \bar{\lambda}_i \quad \text{für } i = 1, 2, \ldots, n. \tag{197}$$

Für den Endomorphismus $p(f)$ von V gilt dann

$$p(f)\,\boldsymbol{v}_i = p(\lambda_i)\,\boldsymbol{v}_i = \bar{\lambda}_i \boldsymbol{v}_i = f^* \boldsymbol{v}_i,$$

also folgt $p(f) = f^*$. Ist (196) für beliebiges $p \in \mathbb{C}[X]$ erfüllt, so gilt (197). Durch die Forderung $\operatorname{grad} p \leq s-1$ ist p dann eindeutig bestimmt.

Bemerkung: Sei V wie oben, und sei f *normal.* Für jedes $\boldsymbol{g} \in \operatorname{End}(V)$ gilt dann aufgrund von F23:

$$fg = gf \Leftrightarrow f^* g = gf^*.$$

Definition 9: Sei V ein unitärer Vektorraum. Ein $f \in \operatorname{End}(V)$ heißt *positiv semidefinit*, wenn gilt

$$\langle f\boldsymbol{x}, \boldsymbol{x} \rangle \geq 0 \quad \text{für alle } \boldsymbol{x} \text{ aus } V. \tag{198}$$

Ist sogar

$$\langle f\boldsymbol{x}, \boldsymbol{x} \rangle > 0 \quad \text{für alle } \boldsymbol{x} \neq \boldsymbol{0} \text{ aus } V,$$

so heißt f *positiv definit.*

Bemerkung: Insbesondere besagt (198), daß $\langle f\boldsymbol{x}, \boldsymbol{x} \rangle$ für jedes $\boldsymbol{x} \in V$ *reell* ist. Die durch

$$\beta(\boldsymbol{x}, \boldsymbol{y}) = \langle f\boldsymbol{x}, \boldsymbol{y} \rangle \quad \text{für } \boldsymbol{x}, \boldsymbol{y} \in V \tag{199}$$

definierte *Sesquilinearform* β ist dann notwendig *hermite'sch* (vgl. Bem. 4 zu Def. 3 in §3); es gilt folglich $\langle f\boldsymbol{x}, \boldsymbol{y} \rangle = \overline{\langle f\boldsymbol{y}, \boldsymbol{x} \rangle} = \langle \boldsymbol{x}, f\boldsymbol{y} \rangle$, und somit ist f automatisch *selbstadjungiert.* (Im Falle eines *euklidischen* Vektorraumes ist das nicht so; hier muß *per definitionem* von einem positiv semidefiniten Endomorphismus verlangt werden, daß er selbstadjungiert ist, vgl. auch Bem. 4 zu F10 in §2.) Aus (199) folgt sofort: Genau dann ist f *positiv definit*, wenn f *positiv semidefinit und invertierbar* ist.

F24: *Sei V ein unitärer Vektorraum der Dimension n. Ist dann $f \in \operatorname{End}(V)$ positiv semidefinit, so gibt es genau ein $\boldsymbol{g} \in \operatorname{End}(V)$ mit*

$$g^2 = f \text{ und } g \text{ positiv semidefinit.} \tag{200}$$

Es wird mit $\sqrt{f}$ bezeichnet und heißt die positiv semidefinite Quadratwurzel von f. Es gibt ein Polynom $q \in \mathbb{R}[X]$ von einem Grade $<n$ mit $\sqrt{f} = q(f)$. Ist f positiv definit, so auch $\sqrt{f}$.

Der Beweis von F24 erfolgt entsprechend wie der von F9 in §2. Unter allen $q \in \mathbb{C}[X]$ mit $q(f) = \sqrt{f}$ gibt es genau eines mit grad $q \leq s-1$, wobei s die Anzahl der Elemente von $\mathrm{Spec}(f)$ bezeichnet.

F25 ('Polarzerlegung'):
Sei V ein unitärer Vektorraum der Dimension n. Dann besitzt ein beliebiges $\boldsymbol{t} \in \mathrm{GL}(V)$ eine eindeutige Produktzerlegung der Gestalt

$$\boldsymbol{t} = \boldsymbol{p}\boldsymbol{u} \tag{201}$$

mit einem positiv definiten $\boldsymbol{p} \in \mathrm{End}(V)$ und einem unitären $\boldsymbol{u} \in \mathrm{End}(V)$.

Beweis: Wieder läßt sich die Argumentation in §2 ohne weiteres auf den unitären Fall übertragen: Man setzt

$$\boldsymbol{p} = \sqrt{\boldsymbol{t}\boldsymbol{t}^*} \quad \text{und} \quad \boldsymbol{u} = \boldsymbol{p}^{-1}\boldsymbol{t}, \tag{202}$$

vgl. den Beweis von F10 in §2. – Natürlich hat $\boldsymbol{t}$ auch eine Darstellung der Gestalt

$$\boldsymbol{t} = \boldsymbol{u}_1 \boldsymbol{p}_1 \tag{203}$$

mit positiv definitem $\boldsymbol{p}_1$ und unitärem $\boldsymbol{u}_1$. Auch wenn $\boldsymbol{t}$ aus $\mathrm{End}(V)$ nicht als invertierbar vorausgesetzt wird, gibt es Zerlegungen der Gestalt (201) bzw. (203) mit unitären $\boldsymbol{u}$, $\boldsymbol{u}_1$ und *positiv semidefiniten* $\boldsymbol{p}$, $\boldsymbol{p}_1$, doch sind diese i.a. nicht mehr eindeutig (vgl. Bem. 2 zu F10 in §2).

Übungsaufgabe 9: Zeige, daß $\boldsymbol{t}$ in (201) genau dann *normal* ist, wenn $\boldsymbol{p}$ mit $\boldsymbol{u}$ vertauschbar ist (Hinweis: F24).

F26: *Jede Matrix $\boldsymbol{T} \in M_n(\mathbb{C})$ ist unitär-äquivalent zu einer Diagonalmatrix mit lauter nicht-negativen Diagonalkoeffizienten, d.h. es gibt $\boldsymbol{U}_1$, $\boldsymbol{U}_2 \in U(n, \mathbb{C})$, so daß gilt:*

$$\boldsymbol{U}_1 \boldsymbol{T} \boldsymbol{U}_2 = \begin{pmatrix} a_1 & & & \\ & a_2 & & \boldsymbol{O} \\ & \boldsymbol{O} & \ddots & \\ & & & a_n \end{pmatrix} \text{ mit reellen } a_i \geq 0\, * \tag{204}$$

Beweis: Wir beweisen dies nur für $\boldsymbol{T} \in \mathrm{GL}(n, \mathbb{C})$. Nach F25 gilt

$$\boldsymbol{T} = \boldsymbol{P}\boldsymbol{U}$$

---

* Man vergleiche dies mit Satz 8 aus Kap. III, §6!

mit $U \in U(n, \mathbb{C})$ und einer positiv definiten Matrix P. Zu P existiert nach dem *Spektralsatz* ein $U_1 \in U(n, \mathbb{C})$, so daß $D := U_1 P U_1^{-1}$ eine Diagonalmatrix mit positiven Diagonalkoeffizienten ist. Mit $U_2 := U^{-1} U_1^{-1}$ gilt dann

$$U_1 T U_2 = U_1(PU) U^{-1} U_1^{-1} = D$$

und somit die Behauptung.

Bemerkung: Ganz entsprechend beweist man, daß es analog zu jedem $T \in M_n(\mathbb{R})$ *orthogonale* Matrizen S_1, $S_2 \in O(n, \mathbb{R})$ gibt, so daß $S_1 T S_2$ eine Diagonalmatrix mit nicht-negativen Diagonalkoeffizienten ist.

Übungsaufgabe 10: Warum sind die $a_1, \ldots, a_n$ in (204) gerade die Wurzeln der Eigenwerte von TT^*?

§5 Anwendung der unitären Spektraltheorie auf euklidische Vektorräume

Es sei

$$A \in M_n(\mathbb{R}) \tag{205}$$

eine beliebige $n \times n$-Matrix über $\mathbb{R}$. Der *Spektralsatz für euklidische Vektorräume* ist auf A nur anwendbar, wenn A *symmetrisch* ist. Nun läßt sich A aber auch als Element von $M_n(\mathbb{C})$ auffassen; um den *Spektralsatz für unitäre Vektorräume* heranziehen zu können, benötigt man dann nur, daß A *normal* ist, d.h. im vorliegenden Falle, daß A mit seiner Transponierten ${}^tA$ vertauschbar ist:

$$A\,{}^tA = {}^tA A. \tag{206}$$

Diese Bedingung ist speziell für jede *orthogonale* Matrix $A \in O(n, \mathbb{R})$ erfüllt, und es ist insbesondere dieser Fall, über welchen wir Aufschluß erhalten wollen.

Sei also A wie in (205) gegeben. Wir können dann A auch als Endomorphismus A: $\mathbb{C}^n \to \mathbb{C}^n$ des $\mathbb{C}$-Vektorraumes $\mathbb{C}^n$ auffassen. Wir setzen nun zunächst nur voraus:

$$A: \mathbb{C}^n \to \mathbb{C}^n \text{ sei } \textit{diagonalisierbar}. \tag{207}$$

Nach dem *Spektralsatz für unitäre Vektorräume* ist diese Voraussetzung sicher dann erfüllt, wenn A *normal* ist, d.h. wenn (206) gilt.

Wir beginnen mit der folgenden Vorbemerkung: Ist $p = a_0 + a_1 X + \cdots + a_n X^n$ ein beliebiges Polynom aus $\mathbb{C}[X]$, so bezeichnen wir mit $\bar{p}$ das Polynom

$$\bar{p} = \bar{a}_0 + \bar{a}_1 X + \cdots + \bar{a}_n X^n. \tag{208}$$

Für beliebiges λ aus $\mathbb{C}$ gilt dann offenbar

$$p(\lambda) = 0 \Rightarrow \bar{p}(\bar{\lambda}) = 0. \tag{209}$$

Sei nun $\boldsymbol{A}$ eine $n \times n$-Matrix über $\mathbb{R}$, und sei $\chi = \chi_A$ das *charakteristische Polynom* von $\boldsymbol{A}$. Wegen $\chi \in \mathbb{R}[X]$ gilt dann $\bar{\chi} = \chi$; mit jeder Nullstelle λ von χ in $\mathbb{C}$ ist daher auch $\bar{\lambda}$ eine Nullstelle von χ. Da $\mathbb{C}$ *algebraisch abgeschlossen* ist, zerfällt χ über $\mathbb{C}$ vollständig in Linearfaktoren; in $\mathbb{C}[X]$ gilt also

$$\chi(X) = \prod_{i=1}^{n} (X - \lambda_i) \tag{210}$$

mit komplexen Zahlen $\lambda_1, \ldots, \lambda_n$. Aufgrund des zuvor Gesagten können wir uns nun die λ_i in der Weise

$$\lambda_1, \ldots, \lambda_r, \lambda_{r+1}, \ldots, \lambda_{r+k}, \bar{\lambda}_{r+1}, \ldots, \bar{\lambda}_{r+k} \tag{211}$$

numeriert denken, daß $\lambda_1, \ldots, \lambda_r$ *reell* und $\lambda_{r+1}, \ldots, \lambda_{r+k}$ alle *nicht-reell* sind, wobei für $r + 1 \leq i < j \leq r + k$ auch noch $\lambda_i \neq \bar{\lambda}_j$ gelten soll.

Sei λ ein Eigenwert von $\boldsymbol{A}$, und sei $V(\lambda)$ der zugehörige *Eigenraum* von $\boldsymbol{A}$ (wobei $\boldsymbol{A}$ als Endomorphismus von $\mathbb{C}^n$ aufgefaßt wird). Nun ist $V(\lambda) = \text{Kern}(\boldsymbol{A} - \lambda\boldsymbol{E})$ der Lösungsraum des homogenen linearen Gleichungssystems mit der Koeffizientenmatrix $\boldsymbol{A} - \lambda\boldsymbol{E}$; im Falle $\lambda \in \mathbb{R}$ besitzt daher $V(\lambda)$ eine *Basis*, die *aus Vektoren des* $\mathbb{R}^n$ besteht. Für beliebiges $\lambda \in \mathbb{C}$ ist $\boldsymbol{A}\boldsymbol{v} = \lambda\boldsymbol{v}$ gleichwertig mit $\boldsymbol{A}\bar{\boldsymbol{v}} = \bar{\lambda}\bar{\boldsymbol{v}}$, also gilt jedenfalls

$$V(\bar{\lambda}) = \{\bar{\boldsymbol{v}} \mid \boldsymbol{v} \in V(\lambda)\}. \tag{212}$$

Selbstredend ist dabei

$$\bar{\boldsymbol{v}} := \begin{pmatrix} \bar{x}_1 \\ \vdots \\ \bar{x}_n \end{pmatrix} \quad \text{für } \boldsymbol{v} = \begin{pmatrix} x_1 \\ \vdots \\ x_n \end{pmatrix} \in \mathbb{C}^n$$

gesetzt. Sei jetzt die Voraussetzung (207) in Kraft, d.h. $\mathbb{C}^n$ sei *direkte Summe der Eigenräume von* $\boldsymbol{A}$. Dann gibt es eine Basis $\boldsymbol{v}_1, \ldots, \boldsymbol{v}_n$ von $\mathbb{C}^n$ mit $\boldsymbol{A}\boldsymbol{v}_i = \lambda_i \boldsymbol{v}_i$ für alle $i = 1, 2, \ldots, n$. Aufgrund der vorangegangenen Bemerkungen können wir dabei zusätzlich verlangen, daß sie die Gestalt

$$\boldsymbol{v}_1, \ldots, \boldsymbol{v}_r, \boldsymbol{v}_{r+1}, \ldots, \boldsymbol{v}_{r+k}, \bar{\boldsymbol{v}}_{r+1}, \ldots, \bar{\boldsymbol{v}}_{r+k} \tag{213}$$

mit $\boldsymbol{v}_1, \ldots, \boldsymbol{v}_r \in \mathbb{R}^n$ besitzt. Sei nun

$$\boldsymbol{v}_j = \boldsymbol{x}_j + i\boldsymbol{y}_j \quad \text{mit } \boldsymbol{x}_j, \boldsymbol{y}_j \in \mathbb{R}^n \quad \text{für } r + 1 \leq g \leq r + k. \tag{214}$$

Dann ist klar, daß auch die Vektoren

$$\boldsymbol{v}_1, \ldots, \boldsymbol{v}_r, \boldsymbol{x}_{r+1}, \boldsymbol{y}_{r+1}, \ldots, \boldsymbol{x}_{r+k}, \boldsymbol{y}_{r+k} \tag{215}$$

den $\mathbb{C}$-Vektorraum $\mathbb{C}^n$ erzeugen, denn für $r+1 \leq j \leq r+k$ ist $\bar{\boldsymbol{v}}_j = \boldsymbol{x}_j - i\boldsymbol{y}_j$. Da auch (215) ein n-gliedriges System von Vektoren darstellt, ist (215) ebenfalls eine Basis von $\mathbb{C}^n$. Alle Vektoren in (215) liegen bereits in $\mathbb{R}^n$, also ist (215) insbesondere auch eine *Basis des* $\mathbb{R}$*-Vektorraumes* $\mathbb{R}^n$. Wie sieht die *Koordinatenmatrix* von $\boldsymbol{A}$: $\mathbb{R}^n \to \mathbb{R}^n$ bezüglich dieser Basis aus? Sei

$$\lambda_j = \alpha_j + i\beta_j \quad \text{mit } \alpha_j, \beta_j \in \mathbb{R} \quad \text{für } r+1 \leq j \leq r+k. \tag{216}$$

Wir behaupten dann, daß $\boldsymbol{A}$ – aufgefaßt als Endomorphismus von $\mathbb{R}^n$ – bezüglich der Basis (215) von $\mathbb{R}^n$ die Koordinatenmatrix

$$\begin{pmatrix} \lambda_1 & & & & & & \\ & \lambda_2 & & & & \boldsymbol{O} & \\ & & \ddots & & & & \\ & & & \lambda_r & & & \\ & & & & \boxed{\boldsymbol{Z}_{r+1}} & & \\ & \boldsymbol{O} & & & & \ddots & \\ & & & & & & \boxed{\boldsymbol{Z}_{r+k}} \end{pmatrix} \tag{217}$$

besitzt mit den *Zweier-Kästchen*

$$\boldsymbol{Z}_j = \begin{pmatrix} \alpha_j & \beta_j \\ -\beta_j & \alpha_j \end{pmatrix} \quad \text{für } r+1 \leq j \leq r+k. \tag{218}$$

Hierzu haben wir uns nur folgendes zu überlegen: Sei $\boldsymbol{v} = \boldsymbol{x} + i\boldsymbol{y}$ wie oben ein *Eigenvektor* zum Eigenwert $\lambda = \alpha + i\beta$ von $\boldsymbol{A}$ mit $\lambda \neq \bar{\lambda}$. Aus $\boldsymbol{A}\boldsymbol{v} = \lambda\boldsymbol{v}$ ergibt sich $\boldsymbol{A}\boldsymbol{x} + i\boldsymbol{A}\boldsymbol{y} = (\alpha + i\beta)(\boldsymbol{x} + i\boldsymbol{y}) = (\alpha\boldsymbol{x} - \beta\boldsymbol{y}) + i(\alpha\boldsymbol{y} + \beta\boldsymbol{x})$, also

$$\begin{aligned} \boldsymbol{A}\boldsymbol{x} &= \alpha\boldsymbol{x} - \beta\boldsymbol{y} \\ \boldsymbol{A}\boldsymbol{y} &= \beta\boldsymbol{x} + \alpha\boldsymbol{y}. \end{aligned} \tag{219}$$

Damit ist unsere Behauptung bewiesen. Wir halten fest:

F27: *Sei* $\boldsymbol{A} \in M_n(\mathbb{R})$. *Ist* $\boldsymbol{A}$ *als Element von* $M_n(\mathbb{C}) = \operatorname{End}_{\mathbb{C}}(\mathbb{C}^n)$ *diagonalisierbar, so gibt es eine Matrix* $\boldsymbol{T} \in \mathrm{GL}(n, \mathbb{R})$, *für welche* $\boldsymbol{T}^{-1}\boldsymbol{A}\boldsymbol{T}$ *die Gestalt*

$$\boldsymbol{T}^{-1}\boldsymbol{A}\boldsymbol{T} = \begin{pmatrix} \lambda_1 & & & & & & \\ & \lambda_2 & & & & \boldsymbol{O} & \\ & & \ddots & & & & \\ & & & \lambda_r & & & \\ & & & & \boxed{\boldsymbol{Z}_{r+1}} & & \\ & \boldsymbol{O} & & & & \ddots & \\ & & & & & & \boxed{\boldsymbol{Z}_{r+k}} \end{pmatrix} \tag{220}$$

besitzt mit Zweier-Kästchen

$$Z_j = \begin{pmatrix} \alpha_j & \beta_j \\ -\beta_j & \alpha_j \end{pmatrix} \quad \textit{für } r+1 \le j \le r+k,$$

in denen stets $\beta_j \neq 0$ *ist.*

Bemerkung: Sei $A \in M_n(\mathbb{R})$ und gelte (220) mit $T \in \mathrm{GL}(n, \mathbb{R})$. Dann sieht man sofort, daß das *charakteristische Polynom* χ von A durch (210) gegeben ist, mit $\lambda_j = \alpha_j + i\beta_j$ für $r+1 \le j \le r+k$ und $\lambda_j = \bar{\lambda}_{j-k}$ für $r+k+1 \le j \le n$. Ferner überlegt man sich leicht (*Übungsaufgabe* 11), daß A als Element von $M_n(\mathbb{C})$ diagonalisierbar ist; somit ist die Bedingung (207) auch *notwendig* für die Transformierbarkeit von A auf die in F27 genannte Gestalt.

F28: *Sei* $A \in M_n(\mathbb{R})$ *normal. Dann existiert sogar eine orthogonale Matrix* $T \in \mathrm{O}(n, \mathbb{R})$, *für die* (220) *gilt.* Anders ausgedrückt: *Ist* f *ein normaler Endomorphismus eines euklidischen Raumes* V *der Dimension* n, *so besitzt* V *eine Orthonormalbasis, bezüglich welcher die Koordinatenmatrix von* f *die obengenannte spezielle Gestalt* (217) *besitzt.*

Beweis: Aus dem *Spektralsatz* ergibt sich, daß man an die in (213) aufgeführte Basis von $\mathbb{C}^n$ noch die Forderung stellen darf, daß es sich bei ihr um eine *Orthonormalbasis* von $\mathbb{C}^n$ handelt. Wir behaupten, daß dann auch alle Vektoren der aus ihr abgeleiteten Basis (215) paarweise orthogonal zueinander sind. Wegen

$$x_j = \tfrac{1}{2}(v_j + \bar{v}_j), \quad y_j = \frac{1}{2i}(v_j - \bar{v}_j) \quad \text{für } r+1 \le j \le r+k \qquad (221)$$

ist dies klar, wenn man noch $\langle v_j + \bar{v}_j, v_j - \bar{v}_j \rangle = 0$ berücksichtigt. Die x_j, y_j in (221) sind allerdings keine Einheitsvektoren, es gilt vielmehr

$$\|x_j\|^2 = \|y_j\|^2 = \tfrac{1}{2}.$$

Ersetzt man jedoch die x_j, y_j in (215) durch $x_j' = \sqrt{2}x_j$, $y_j' = \sqrt{2}y_j$, so ist $v_1, \ldots, v_r, x_{r+1}', y_{r+1}', \ldots, x_{r+k}', y_{r+k}'$ eine Orthonormalbasis des $\mathbb{R}^n$, und bezüglich dieser Basis hat $A \in M_n(\mathbb{R}) = \mathrm{End}_{\mathbb{R}}(\mathbb{R}^n)$ ebenfalls die Matrix (217) als Koordinatenmatrix. Damit ist F28 bereits bewiesen.

Bemerkung: Sei V ein euklidischer Vektorraum der Dimension n, und sei $f \in \mathrm{End}(V)$ *normal.* Wir setzen voraus, daß das charakteristische Polynom χ_f von f nur reelle Eigenwerte besitzt:

$$\chi_f \text{ zerfällt über } \mathbb{R} \text{ vollständig in Linearfaktoren.} \qquad (222)$$

(Diese Voraussetzung ist jedenfalls dann erfüllt, wenn f *selbstadjungiert ist*, vgl. F14 in §3.) Aus F28 in Verbindung mit der Bemerkung zu F27 folgt dann, daß V eine Orthonormalbasis besitzt, bezüglich welcher die Koordinatenmatrix von f eine Diagonalmatrix ist. Mit anderen Worten: Es gibt eine Orthonormalbasis von V, die aus lauter Eigenvektoren von f besteht. Von neuem erhalten wir damit den *Spektralsatz für euklidische Vektorräume*. Außerdem erkennen wir: *Ist* $f \in \mathrm{End}(V)$ *normal und genügt der Bedingung* (222), *so ist* f *notwendig selbstadjungiert.* □

Die folgende Feststellung stellt sowohl eine Verallgemeinerung der früheren Feststellung F5 als auch eine bemerkenswerte Ergänzung von F21 aus §4 dar:

F29: *Zwei normale Matrizen* $\boldsymbol{A}, \boldsymbol{B} \in M_n(\mathbb{R})$ *sind genau dann ähnlich (konjugiert) in* $M_n(\mathbb{C})$, *wenn* $\boldsymbol{A}, \boldsymbol{B}$ *orthogonal-ähnlich sind, es also eine orthogonale Matrix* $\boldsymbol{S} \in \mathrm{O}(n, \mathbb{R})$ *mit*

$$\boldsymbol{B} = \boldsymbol{S}^{-1}\boldsymbol{A}\boldsymbol{S}$$

gibt.

Beweis: Ist $\boldsymbol{B}$ konjugiert zu $\boldsymbol{A}$ in $M_n(\mathbb{C})$, so gilt zunächst nur

$$\boldsymbol{B} = \boldsymbol{Q}^{-1}\boldsymbol{A}\boldsymbol{Q} \quad \text{mit einem } \boldsymbol{Q} \in \mathrm{GL}(n, \mathbb{C}). \tag{223}$$

Aufgrund von F28 genügt es, die Behauptung für Matrizen $\boldsymbol{A}$, $\boldsymbol{B}$ der speziellen Gestalt (217) zu zeigen. Aus der Voraussetzung (223) folgt $\chi_{\boldsymbol{A}} = \chi_{\boldsymbol{B}}$. Aufgrund der Bemerkung zu F27 können sich dann $\boldsymbol{A}$ und $\boldsymbol{B}$ nur in der *Reihenfolge* der $\lambda_1, \ldots, \lambda_r$ sowie der Zweier-Kästchen $\boldsymbol{Z}_{r+1}, \ldots, \boldsymbol{Z}_{r+k}$ unterscheiden. Hieraus folgt die Behauptung.

Satz 3: *Es sei V ein euklidischer Vektorraum der Dimension n, und $\boldsymbol{s}$ sei eine Isometrie von V. Dann gibt es eine Orthonormalbasis $\boldsymbol{v}_1, \ldots, \boldsymbol{v}_n$ von V, bezüglich welcher $\boldsymbol{s}$ eine Koordinatenmatrix der folgenden Gestalt besitzt:*

$$\begin{pmatrix} +1 & & & & & & & & \\ & \ddots & & & & & & \boldsymbol{O} & \\ & & +1 & & & & & & \\ & & & -1 & & & & & \\ & & & & \ddots & & & & \\ & & & & & -1 & & & \\ & & & & & & \boxed{\boldsymbol{S}_1} & & \\ & \boldsymbol{O} & & & & & & \ddots & \\ & & & & & & & & \boxed{\boldsymbol{S}_k} \end{pmatrix} \tag{224}$$

mit orthogonalen Zweierkästchen

$$\boldsymbol{S}_j = \begin{pmatrix} \cos\varphi_j & \sin\varphi_j \\ -\sin\varphi_j & \cos\varphi_j \end{pmatrix}, \quad 0 < |\varphi_j| < \pi. \tag{225}$$

Matrizentheoretisch formuliert: *Zu einer orthogonalen Matrix $\boldsymbol{S} \in \mathrm{O}(n, \mathbb{R})$ gibt es stets orthogonale Matrizen $\boldsymbol{T} \in \mathrm{O}(n, \mathbb{R})$, so daß*

$$\boldsymbol{T}^{-1}\boldsymbol{S}\boldsymbol{T}$$

die Gestalt (224) *besitzt.*

Beweis: Da $\boldsymbol{s}$ als *Isometrie* von V sicherlich *normal* ist, können wir F28 auf $\boldsymbol{f} = \boldsymbol{s}$ anwenden. Eine Matrix der Gestalt (217) ist aber genau dann *orthogonal*, wenn die $\lambda_1, \dots, \lambda_r$ gleich ± 1 sind und wenn für die α_j, β_j in (218) jeweils $\alpha_j^2 + \beta_j^2 = 1$ gilt. Zu jedem Paar (α, β) reeller Zahlen mit

$$\alpha^2 + \beta^2 = 1 \quad \text{und} \quad \beta \neq 0$$

gibt es nun genau eine reelle Zahl φ mit $0 < |\varphi| < \pi$, für welche

$$\alpha = \cos\varphi, \quad \beta = \sin\varphi$$

erfüllt ist. Damit ist Satz 3 schon bewiesen.

Bemerkung 1: In (224) trete $+1$ genau r_1-mal und -1 genau r_2-mal auf (wobei natürlich auch $r_1 = 0$ oder $r_2 = 0$ sein kann). Das *charakteristische Polynom* χ der Matrix (224) hat dann offenbar die Gestalt

$$\chi(X) = (X-1)^{r_1}(X+1)^{r_2}(X-\lambda_1)(X-\bar{\lambda}_1)\dots(X-\lambda_k)(X-\bar{\lambda}_k)$$

mit

$$\lambda_j = \cos\varphi_j + i\sin\varphi_j \quad \text{für } j = 1, 2, \dots, k.$$

Hieraus folgt, daß die Matrix (224) *bis auf die Reihenfolge der $\boldsymbol{S}_1, \dots, \boldsymbol{S}_k$ eindeutig bestimmt ist.* Wenn man will, kann man die Reihenfolge der $\boldsymbol{S}_1, \dots, \boldsymbol{S}_k$ noch durch die Bedingung

$$\varphi_1 \leq \varphi_2 \leq \dots \leq \varphi_k \tag{226}$$

festlegen. Für Matrizen formuliert: *Ein $\boldsymbol{S} \in \mathrm{O}(n, \mathbb{R})$ ist zu genau einer Matrix der Gestalt* (224) *mit* (226) *ähnlich bzw. orthogonalähnlich.* Diese Matrix nennen wir die *orthogonale Normalform von $\boldsymbol{S}$.* Man beachte, daß

$$\det(\boldsymbol{S}) = (-1)^{r_2} \tag{227}$$

gilt.

Bemerkung 2: Zu jedem $\boldsymbol{S} \in \mathrm{O}(n, \mathbb{R})$ gibt es sogar ein $\boldsymbol{T}$ aus $\mathrm{SO}(n, \mathbb{R})$, so daß $\boldsymbol{T}^{-1}\boldsymbol{ST}$ eine Matrix der Gestalt (224) ist (Beweis als *Übungsaufgabe* 12).

Bemerkung 3: Für beliebiges φ gilt

$$\begin{pmatrix} \cos\varphi & \sin\varphi \\ -\sin\varphi & \cos\varphi \end{pmatrix} = \begin{pmatrix} -\cos\varphi & \sin\varphi \\ \sin\varphi & \cos\varphi \end{pmatrix} \begin{pmatrix} -1 & 0 \\ 0 & 1 \end{pmatrix},$$

und beide Matrizen auf der rechten Seite vermitteln *Spiegelungen* des $\mathbb{R}^2$. Aus Satz 3 ergibt sich dann leicht, daß jede Isometrie des $\mathbb{R}^n$ als Produkt von $r_2 + 2k \leq n$ *Spiegelungen an Hyperebenen* darstellbar ist (Beweis als *Übungsaufgabe* 13; vgl. Satz 4 aus Kap. VII, §4).

Bemerkung 4: Aus Satz 3 liest man ab, daß jede Isometrie $\boldsymbol{S}$ des $\mathbb{R}^3$ nach geeigneter orthogonaler Koordinatentransformation durch eine Matrix eines der folgenden sechs Typen dargestellt werden kann:

(i) $\begin{pmatrix} 1 & & \\ & 1 & \\ & & 1 \end{pmatrix}$ *identische Abbildung*

(ii) $\begin{pmatrix} 1 & & \\ & 1 & \\ & & -1 \end{pmatrix}$ *Spiegelung an einer Ebene*

(iii) $\begin{pmatrix} 1 & & \\ & -1 & \\ & & -1 \end{pmatrix}$ *Drehung um π (mit fester Drehachse)*

(iv) $\begin{pmatrix} -1 & & \\ & -1 & \\ & & -1 \end{pmatrix}$ '*Punktspiegelung an* **0**'

(v) $\begin{pmatrix} 1 & 0 & 0 \\ 0 & \cos\varphi & -\sin\varphi \\ 0 & \sin\varphi & \cos\varphi \end{pmatrix}$ *Drehung (mit fester Drehachse) um einen Winkel φ mit* $0 < |\varphi| < \pi$

(vi) $\begin{pmatrix} -1 & 0 & 0 \\ 0 & \cos\varphi & -\sin\varphi \\ 0 & \sin\varphi & \cos\varphi \end{pmatrix}$ '*Drehspiegelung*': *Drehung um φ mit nachfolgender Spiegelung an der zur Drehachse orthogonalen Ebene*

Kapitel IX

Allgemeine Klassifikation der Endomorphismen eines n-dimensionalen Vektorraumes

§ 1 Elementare Teilbarkeitslehre

In diesem Paragraphen beweisen wir einige arithmetische Eigenschaften des Polynomrings $K[X]$ über einem Körper K, welche wir im weiteren benötigen. Es handelt sich dabei um Grundtatsachen der *Algebra*, die dem Leser der Sache nach nicht ganz unbekannt sein werden. In jedem Fall sei dem Leser nachdrücklich empfohlen, seine Lektüre zunächst mit §2 fortzusetzen und evtl. bei Bedarf auf die Darlegungen dieses Paragraphen zurückzukommen.

Im folgenden spannen wir den Rahmen etwas weiter als unbedingt nötig und formulieren die erforderlichen algebraischen Grundbegriffe für beliebige kommutative Ringe. Es sei also

R ein kommutativer Ring mit Eins. (1)

Gibt es zu Elementen a und b aus R ein Element q aus R mit $b = qa$, so nennt man a einen *Teiler* von b und schreibt

$$a|b. \tag{2}$$

Die Teilbarkeitsrelation genügt einigen offensichtlichen formalen Gesetzmäßigkeiten, von denen wir insbesondere hervorheben wollen:

$$a|0 \quad \text{und} \quad 1|a, \tag{3}$$

$$a|b \quad \text{und} \quad b|c \Rightarrow a|c \quad (\text{‘Transitivität’}). \tag{4}$$

Mit $R^\times$ bezeichnen wir die Menge der *Einheiten* von R (vgl. Kap. III, §6). Die Einheiten von R können folgendermaßen charakterisiert werden:

$$e \in R^\times \Leftrightarrow e|1 \Leftrightarrow e|a \quad \text{für alle } a \in R. \tag{5}$$

Die Teilbarkeitsrelation ist in folgendem Sinne verträglich mit Addition und Subtraktion:

$$a|b \quad \text{und} \quad a|c \Rightarrow a|b+c, \quad a|b-c. \tag{6}$$

Ist R ein *Integritätsring* (also *nullteilerfrei*), so gilt:

$$ac|bc \Rightarrow a|b \quad \text{für } c \neq 0. \tag{7}$$

Elemente a und b aus R, für die

$$a|b \quad \text{und} \quad b|a \tag{8}$$

gilt, sind hinsichtlich Teilbarkeit als völlig ‘gleichberechtigt’ anzusehen. Wir verabreden daher:

Definition 1: Gilt (8), so heißen a und b *assoziiert* (zueinander), und man schreibt

$$a \triangleq b. \tag{9}$$

F1: *Ist R ein Integritätsring, so sind die Elemente a und b aus R genau dann assoziiert, wenn es eine Einheit e von R gibt mit b = ea.*

Beweis: Es gelte $b = ea$ mit $e \in R^\times$. Dann ist a zunächst ein Teiler von b. Wegen $a = e^{-1}b$ ist aber b auch ein Teiler von a. Also gilt (9). Sei jetzt umgekehrt (9) vorausgesetzt und sei o.E. $b \neq 0$. Definitionsgemäß gibt es Elemente e und f aus R mit $b = ea$ und $a = fb$. Es folgt $b = efb$, woraus sich wegen der vorausgesetzten Nullteilerfreiheit von R sofort $ef = 1$ ergibt. Also ist e eine Einheit von R, und es gilt $b = ea$.

Bemerkung: Im Ring $\mathbb{Z}$ der ganzen Zahlen sind a und b nach F1 genau dann *assoziiert*, wenn $a = b$ oder $a = -b$ gilt. Zwei Polynome f und g aus dem Polynomring $K[X]$ über dem Körper K sind genau dann *assoziiert*, wenn sie sich nur um einen konstanten Faktor $\neq 0$ unterscheiden: $f = cg$ mit $c \in K^\times$.

Definition 2: Es seien $a_1, \ldots, a_n$ Elemente von R. Ein Element t von R mit $t | a_i$ für alle $i = 1, 2, \ldots, n$ heißt ein *gemeinsamer Teiler* von $a_1, \ldots, a_n$. Ein Element d von R heißt ein *größter gemeinsamer Teiler* von $a_1, \ldots, a_n$, wenn d die beiden folgenden Eigenschaften besitzt:

(i) d ist gemeinsamer Teiler von $a_1, \ldots, a_n$.
(ii) Ist t ein gemeinsamer Teiler von $a_1, \ldots, a_n$, so gilt $t | d$.

Analog: Ein Element b von R mit $a_i | b$ für alle $i = 1, 2, \ldots, n$ heißt ein *gemeinsames Vielfaches* von $a_1, \ldots, a_n$. Ein Element c von R heißt ein *kleinstes gemeinsames Vielfaches* von $a_1, \ldots, a_n$, wenn c die beiden folgenden Eigenschaften besitzt:

(i) c ist ein gemeinsames Vielfaches von $a_1, \ldots, a_n$.
(ii) Ist b ein gemeinsames Vielfaches von $a_1, \ldots, a_n$, so gilt $c | b$.

Wir verwenden für '*größten gemeinsamen Teiler*' bzw. '*kleinstes gemeinsames Vielfaches*' die Abkürzungen ggT bzw. kgV. Das gegebene System $a_1, \ldots, a_n$ von Elementen aus R heißt *teilerfremd*, wenn das Einselement 1 von R ein ggT von $a_1, \ldots, a_n$ ist.

F2: *In einem Integritätsring R sei d ein ggT von $a_1, \ldots, a_n$. Ist dann auch d' ein ggT von $a_1, \ldots, a_n$, so gilt $d' \triangleq d$.*

Umgekehrt ist jedes d' mit $d' \triangleq d$ ein ggT von $a_1, \ldots, a_n$. Entsprechendes gilt für kgV anstelle von ggT.

Beweis: Klar (bzw. *Übungsaufgabe* 1). □

Wir haben oben für einen beliebigen kommutativen Ring R Begriffe wie *größten gemeinsamen Teiler*, *kleinstes gemeinsames Vielfaches*, *teilerfremd* etc. definiert, wie sie uns im Fall $R = \mathbb{Z}$ geläufig sind. Es ist aber zu beachten, daß wir die für $\mathbb{Z}$ gültigen Teilbarkeitsregeln nicht einfach als gültig für einen beliebigen Integritätsring ansehen dürfen. Es ist zum Beispiel allgemein gar nicht richtig, daß zwei Elemente a, b aus R stets einen ggT besitzen.

Die Absicht dieses Paragraphen ist es nun gerade, etwas genauer zu diskutieren, unter welchen besonderen Voraussetzungen über R entsprechende Teilbarkeitsregeln wie in $\mathbb{Z}$ auch in R gelten. In erster Linie sind wir dabei am Falle $R = K[X]$ eines *Polynomringes in einer Unbestimmten X über einem Körper K* interessiert, doch werden im Rahmen unserer Untersuchungen auch die gewohnten arithmetischen Eigenschaften des Ringes $\mathbb{Z}$ der ganzen Zahlen eine Begründung erfahren.

Für $a \in R$ bezeichnet man mit

$$(a) = Ra = \{xa \mid x \in R\} \tag{10}$$

die Menge aller *Vielfachen* von a in R. Für beliebige a, b aus R gilt dann offenbar:

$$a \mid b \Leftrightarrow (a) \supseteq (b). \tag{11}$$

Damit erhalten wie eine zweckmäßige mengentheoretische Charakterisierung der Teilbarkeitsrelation. Insbesondere erhält man die folgende, sehr befriedigende Beschreibung der *Assoziiertheit* von Elementen in R (vgl. Def. 1):

$$a \triangleq b \Leftrightarrow (a) = (b). \tag{12}$$

Aufgrund von (12) kann man jede Teilbarkeitsaussage über Elemente $a, b, c, \ldots$ von R in eine dazu äquivalente Aussage über die zu diesem Elementen gehörigen Vielfachenmengen (a), (b), (c), ... übersetzen. Beispielsweise gilt (vgl. Def. 2): t ist gemeinsamer Teiler von a, b genau dann, wenn gilt:

$$(a) \subseteq (t) \quad \text{und} \quad (b) \subseteq (t). \tag{13}$$

Das Element c ist ein kgV von a, b genau dann, wenn

$$(c) = (a) \cap (b). \tag{14}$$

Ferner gilt:

$$(a) = (1) = R \Leftrightarrow a \in R^{\times}. \tag{15}$$

Die Vielfachenmenge $J = (a)$ eines Elementes a aus R besitzt offenbar die folgenden formalen Eigenschaften:

(i) $0 \in J$;
(ii) $x, y \in J \Rightarrow x + y \in J$;
(iii) $z \in R, x \in J \Rightarrow zx \in J$.

Dies führt uns zu folgender

Definition 3: Unter einem *Ideal* in R verstehen wir eine Teilmenge J von R, welche die obigen Eigenschaften (i), (ii) und (iii) besitzt. Ein Ideal J der Gestalt

$$J = (a) \quad \text{mit einem } a \in R \tag{16}$$

heißt ein *Hauptideal*. Man nennt (a) das *von a erzeugte Hauptideal* in R.

Bemerkungen: (1) Ein *Ideal* von R ist nichts anderes als ein *Teilmodul des R-Moduls R* (vgl. Def. 3 in §8, Kap. IV).

(2) Für Ideale J_1 und J_2 von R ist deren *Summe*

$$J_1 + J_2 := \{x_1 + x_2 | x_1 \in J_1, x_2 \in J_2\} \tag{17}$$

das kleinste Ideal in R, welches J_1 und J_2 umfaßt.

(3) Es gibt Ringe, in denen nicht jedes Ideal ein Hauptideal ist. Als Beispiel geben wir den Polynomring $\mathbb{Z}[X]$ an; man kann sich dann leicht davon überzeugen, daß etwa das Ideal $(2) + (X)$ kein Hauptideal in $\mathbb{Z}[X]$ sein kann (*Übungsaufgabe* 2).

(4) Es sei $\boldsymbol{f}$ ein Endomorphismus eines n-dimensionalen K-Vektorraumes V. Dann ist

$$J := \{g \in K[X] | g(\boldsymbol{f}) = \boldsymbol{0}\} \tag{18}$$

offenbar ein *Ideal* in $K[X]$; wir nennen es das *Relationenideal* von $\boldsymbol{f}$. In Kap. V, §4 haben wir bewiesen, daß J ein *Hauptideal* ist, und zwar ist $J = (\mu_f)$ das vom *Minimalpolynom* μ_f von $\boldsymbol{f}$ erzeugte Hauptideal, vgl. F16 in Kap. V. Wendet man die dort gegebene Argumentation auf ein beliebiges Ideal von $K[X]$ an, so erkennt man, daß überhaupt jedes Ideal des Polynomringes $K[X]$ über einem Körper K ein Hauptideal ist.

Definition 4: Ein Integritätsring R heißt ein Hauptidealring, wenn jedes Ideal in R ein Hauptideal ist.

F3: *Ist K ein Körper, so ist der Polynomring $K[X]$ in einer Unbestimmten X über K ein Hauptidealring.*

Beweis: Es sei J ein Ideal in $K[X]$, und o.E. sei $J \neq (0)$. Unter allen Elementen $g \neq 0$ aus J sei dann f eines mit kleinstem Grad. Wir behaupten, daß dann $J = (f)$ gilt. Trivialerweise ist $(f) \subseteq J$. Sei nun $g \in J$ beliebig. *Division mit Rest* (vgl. F3 in §1, Kap. V) liefert Polynome $q, r \in K[X]$ mit

$$g = qf + r \quad \text{und} \quad \mathrm{grad}(r) < \mathrm{grad}(f). \tag{19}$$

Wegen $r = g - qf$ ist nun aber auch r ein Element von J. Wäre $r \neq 0$, so stünde $\mathrm{grad}(r) < \mathrm{grad}(f)$ im Widerspruch zur Wahl von f. Es folgt $g = qf$, und somit ist g ein Element von (f). □

Eine Analyse des vorausgegangenen Beweises führt zu

Definition 5: Ein Integritätsring R heißt ein *euklidischer Ring*, falls eine Abbildung $\nu: R \to \mathbb{N}_0$ existiert mit $\nu(0) = 0$, so daß die folgende Eigenschaft erfüllt ist: Zu $a, b \in R$ mit $a \neq 0$ existieren $q, r \in R$ mit

$$b = qa + r \quad \text{und} \quad \nu(r) < \nu(a). \tag{20}$$

Eine solche Abbildung ν nennen wir eine *euklidische Normfunktion* auf R.

Beispiele: (i) Ist K ein *Körper*, so ist $R = K[X]$ ein *euklidischer Ring*. Setzt man nämlich $\nu(0) = 0$ und

$$\nu(g) = 1 + \mathrm{grad}(g) \quad \text{für } g \neq 0, \tag{21}$$

so ist $\nu: R \to \mathbb{N}_0$ eine Abbildung mit den geforderten Eigenschaften, vgl. F3 in §1, Kap. V.

(ii) Definiert man $\nu: \mathbb{Z} \to \mathbb{N}_0$ durch $\nu(a) = |a|$, so erhält man eine euklidische Normfunktion auf $\mathbb{Z}$ (Beweis als *Übungsaufgabe* 3). Also ist auch $\mathbb{Z}$ ein *euklidischer Ring*.

(iii) Trivialerweise ist auch jeder Körper ein euklidischer Ring.

F4: *Jeder euklidische Ring R ist ein Hauptidealring.*

Beweis: Man beweist dies genauso wie oben im Falle $R = K[X]$, K Körper.

F5: *In einem Hauptidealring R existiert zu beliebigen Elementen $a_1, \ldots, a_n$ von R ein ggT. Ist d ein ggT von $a_1, \ldots, a_n$, so besitzt d eine Darstellung*

$$d = x_1 a_1 + x_2 a_2 + \cdots + x_n a_n \tag{22}$$

mit gewissen $x_1, \ldots, x_n$ aus R.

Beweis: Ein t aus R ist genau dann ein gemeinsamer Teiler von $a_1, \ldots, a_n$, wenn

$$(a_1) + \cdots + (a_n) \subseteq (t) \tag{23}$$

gilt, vgl. (13) sowie Bem. 2 zu Def. 3. Weil R als *Hauptidealring* vorausgesetzt ist, gibt es ein d mit

$$(a_1) + \cdots + (a_n) = (d). \tag{24}$$

Gilt aber (24), so ist d ein ggT von $a_1, \ldots, a_n$.

Bemerkung 1: Sei K ein Körper. Da jedes $g \neq 0$ aus $K[X]$ zu genau einem normierten Polynom *assoziiert* ist, gibt es zu Elementen $f_1, \ldots, f_n$ aus $K[X]$, welche nicht alle gleich 0 sind, genau ein normiertes Polynom d aus $K[X]$, welches ein ggT von $f_1, \ldots, f_n$ ist. Dieses Polynom d wird dann üblicherweise *der größte gemeinsame Teiler* von $a_1, \ldots, a_n$ genannt.

Bemerkung 2: In einem *Hauptidealring* R gibt es zu beliebigen Elementen $a_1, \ldots, a_n$ aus R ein c aus R mit

$$(a_1) \cap (a_2) \cap \cdots \cap (a_n) = (c). \tag{25}$$

Gilt (25), so ist c ein kgV von $a_1, \ldots, a_n$.

Definition 6: Es sei R ein kommutativer Ring mit Eins. Ein Element p von R heißt *irreduzibel* in R, wenn p keine Einheit von R ist und die folgende Eigenschaft besitzt:

$$\text{Aus } p = ab \text{ folgt } a \in R^\times \text{ oder } b \in R^\times. \tag{26}$$

Bemerkungen: (1) Die *irreduziblen* Elemente von $\mathbb{Z}$ sind genau die *Primzahlen* p sowie deren Negative $-p$.

(2) Es sei R ein Integritätsring und $p \neq 0$ sei keine Einheit in R. Dann ist p genau dann irreduzibel in R, wenn jeder Teiler a von p entweder eine Einheit oder zu p assoziiert ist.

(3) Es sei K ein Körper. Die irreduziblen Elemente in $K[X]$ werden *irreduzible Polynome* (oder auch *Primpolynome*) über K genannt. Jedes *lineare Polynom* $X - a \in K[X]$ ist irreduzibel. Ist K *algebraisch abgeschlossen*, so gibt es außer den Polynomen vom Grade 1 keine weiteren irreduziblen Polynome in $K[X]$, vgl. §1 in Kap. V. Nach dem '*Fundamentalsatz der Algebra*' ist dies z.B. für $K = \mathbb{C}$ der Fall. Hieraus folgert man leicht (*Übungsaufgabe* 4), daß ein $f \in \mathbb{R}[X]$ genau dann irreduzibel in $\mathbb{R}[X]$ ist, wenn f entweder vom Grade 1 ist oder die folgende Gestalt besitzt:

$$f = aX^2 + bX + c \quad \text{mit } b^2 - 4ac < 0. \tag{27}$$

Definition 7: Man sagt, $a \in R$ besitze eine *Zerlegung in irreduzible Faktoren*, wenn a eine Darstellung der Gestalt

$$a = ep_1, \ldots, p_r \quad \text{mit } e \in R^\times \text{ und irreduziblen } p_i \tag{28}$$

besitzt; dabei ist auch $r = 0$ zugelassen, in welchem Fall (28) als $a = e1 = e$ zu lesen ist.

Man sagt, $a \in R$ besitze *eindeutige Zerlegung in irreduzible Faktoren*, wenn a eine Zerlegung in irreduzible Faktoren besitzt und die folgende Eindeutigkeitsbedingung erfüllt ist:

Ist neben (28) auch

$$a = e' p_1', \ldots, p_{r'}' \tag{29}$$

eine solche Zerlegung, so ist $r' = r$, und nach geeigneter Umnumerierung ist $p_i' \mathrel{\hat=} p_i$ für alle $i = 1, 2, \ldots, r$.

F6: *Es sei R ein Integritätsring, in dem jedes $a \neq 0$ eine Zerlegung in irreduzible Faktoren besitzt. Dann sind äquivalent:*

(i) *Jedes $a \neq 0$ von R besitzt e i n d e u t i g e Zerlegung in irreduzible Faktoren.*
(ii) *Für jedes irreduzible Element p von R gilt stets*

$$p \mid ab \Rightarrow p \mid a \text{ oder } p \mid b. \tag{30}$$

Beweis: (i) $\Rightarrow$ (ii): Wir können a und b verschieden von 0 voraussetzen. Aus Zerlegungen

$$a = ep_1, \ldots, p_r, \quad b = fq_1, \ldots, q_s \tag{31}$$

von a und b in irreduzible Faktoren erhält man für ab die Zerlegung

$$ab = efp_1, \ldots, p_r q_1, \ldots, q_s. \tag{32}$$

Gilt nun $p \mid ab$, so gibt es auch eine Zerlegung von ab in irreduzible Faktoren, in welcher p vorkommt. Aus der Voraussetzung (i) folgt dann, daß p zu einem der irreduziblen Elemente $p_1, \ldots, p_r, q_1, \ldots, q_s$ in (32) *assoziiert* sein muß. Folglich ist p ein Teiler von a oder b.

(ii) $\Rightarrow$ (i): Gelten (28) und (29), und sei o.E. $r \geq 1$. Nun ist p_1 jedenfalls ein Teiler des Produktes auf der rechten Seite von (29). Aus der Voraussetzung (ii) folgt dann, daß p_1 eines der p_i' teilen muß; o.E. sei p_1 ein Teiler von p_1'. Es gibt also eine *Einheit* c mit $p_1' = cp_1$. Durch Herauskürzen von p_1 erhalten wir dann

$$ep_2, \ldots, p_r = e' \, cp'_2, \ldots, p'_{r'}.$$

Per *Induktion* folgt somit die Behauptung.

Definition 8: Ein Element p aus R heißt *Primelement* von R, wenn p keine Einheit ist und die Eigenschaft (30) besitzt.

Bemerkung: In einem Integritätsring R ist jedes von Null verschiedene Primelement p irreduzibel (Beweis als *Übungsaufgabe* 5). Die Umkehrung gilt nicht; es gibt nämlich Ringe, die die Voraussetzung von F6 erfüllen, für die aber (i) in F6 nicht zutrifft. Zum Beispiel ist $R = \mathbb{Z}[\sqrt{10}] = \{x + y\sqrt{10} \mid x, y \in \mathbb{Z}\}$ ein solcher Ring; hier hat man für $a = 10$ die *wesentlich verschiedenen* Zerlegungen $10 = 2 \cdot 5$ und $10 = \sqrt{10} \cdot \sqrt{10}$. Dies bedarf natürlich einer genaueren Begründung, auf die wir hier aber verzichten wollen.

Definition 9: Ein Integritätsring, in dem jedes $a \neq 0$ eine eindeutige Zerlegung in irreduzible Faktoren besitzt, heißt *faktoriell.* □

Indem wir in einer Zerlegung (28) eines Elementes a in irreduzible Faktoren jeweils zueinander assoziierte irreduzible Faktoren zusammenfassen, gelangen wir zu einer Darstellung

$$a = cp_1^{k_1} p_2^{k_2}, \ldots, p_m^{k_m} \quad \text{mit } c \in R^\times \text{ und } k_i \in \mathbb{N}, \tag{33}$$

in welcher kein p_j zu einem p_i mit $i \neq j$ *assoziiert* ist.

Ist R *faktoriell*, so ist die Darstellung im *wesentlichen eindeutig*: Liegt neben (33) noch eine weitere solche Zerlegung $a = \tilde{c}\tilde{p}_1^{\tilde{k}_1}, \ldots, p_n^{\tilde{k}_n}$ vor, so ist $n = m$, und nach geeigneter Umnumerierung gilt $\tilde{p}_i \triangleq p_i$ sowie $\tilde{k}_i = k_i$ für alle $i = 1, 2, \ldots, m$. In einem *faktoriellen Ring R* sind dann die *Teiler t* des Elementes a in (33) genau die Elemente der Form

$$t = c' \, p_1^{j_1} p_2^{j_2}, \ldots, p_m^{j_m} \quad \text{mit } 0 \leq j_i \leq k_i \text{ für } i = 1, 2, \ldots, m \tag{34}$$

und einer *Einheit* $c' \in R^\times$. Hieraus ergibt sich sofort, daß zu Elementen $a_1, \ldots, a_n$ eines *faktoriellen Ringes* stets ggT und kgV von $a_1, \ldots, a_n$ existieren. Allerdings braucht ein ggT von $a_1, \ldots, a_n$ im allgemeinen keine Darstellung der Gestalt (22) zu besitzen, wie das bei einem *Hauptidealring* immer der Fall ist.

F7: *Ein Integritätsring R ist genau dann faktoriell, wenn die folgenden beiden Bedingungen erfüllt sind:*

(i) *'Teilerkettenbedingung': Jede Kette*

$$(a_1) \subseteq (a_2) \subseteq (a_3) \subseteq \cdots \subseteq (a_j) \subseteq \cdots \tag{35}$$

von Hauptidealen bricht ab, d.h. es gibt ein $n \in \mathbb{N}$ *mit* $(a_j) = (a_n)$ *für alle* $j \geq n$.

(ii) *Jedes irreduzible Element von R ist ein Primelement.*

Beweis: Wir zeigen zunächst, daß aus der Bedingung (i) folgt, daß jedes $a \neq 0$ aus R eine Zerlegung in irreduzible Faktoren besitzt. Sei nämlich M die Menge aller derjenigen Hauptideale (a) in R, die von Elementen $a \neq 0$ erzeugt werden, welche keine Zerlegung in irreduziblen Faktoren besitzen, und sei $M \neq \emptyset$ angenommen. Dann besitzt M ein maximales Element, denn andernfalls gäbe es offenbar eine Kette

$$(a_1) \subsetneqq (a_2) \subsetneqq \cdots \subsetneqq (a_j) \subsetneqq (a_{j+1}) \subsetneqq \cdots$$

von Hauptidealen, die im Widerspruch zur Voraussetzung (i) nicht abbricht. Sei nun (a) ein maximales Element von M. Dann kann a weder *irreduzibel* noch eine *Einheit* sein. Es ist also $a = bc$ mit *echten Teilern* b und c von a, d.h. es gilt $(a) \subsetneqq (b)$ und $(a) \subsetneqq (c)$. Wegen der *Maximalität* von (a) besitzen dann sowohl b als auch c Zerlegungen in irreduzible Faktoren. Wegen $a = bc$ ist das dann aber auch für a der Fall. Dies steht im Widerspruch zu $(a) \in M$.

Ist nun außer (i) auch noch (ii) erfüllt, so ist R nach F6 ein faktorieller Ring. Sei jetzt umgekehrt R als faktoriell vorausgesetzt. Dann ist nach F6 zunächst die Bedingung (ii) erfüllt. Seien a und t Elemente von $R\setminus\{0\}$ und gelte $(a) \subseteq (t)$. Dann ist t ein Teiler von a. Mit (33) hat man dann die Darstellung (34). Ist nun $(a) \neq (t)$, so muß $j_i < k_i$ für mindestens ein i gelten. Hieraus erkennt man sofort, daß jede Kette (35) von Hauptidealen abbrechen muß.

F8: *Jeder Hauptidealring R ist faktoriell.*

Beweis: Vorgelegt sei die Kette (35) von Hauptidealen. Es sei dann J die Vereinigungsmenge aller (a_j). Wie man sich sogleich überlegt, ist J ein *Ideal* von R. Da nun aber R ein *Hauptidealring* sein soll, gibt es ein a aus R mit $J = (a)$. Nach Definition von J existiert ein n mit $a \in (a_n)$. Es folgt $J = (a) \subseteq (a_n)$, also gilt $(a_j) \subseteq (a_n)$ für alle $j \geq n$, d.h. die Kette (35) bricht ab.

Sei jetzt p ein beliebiges *irreduzibles* Element von R, und sei a ein Element von R, das nicht durch p teilbar ist. Da p irreduzibel ist, bedeutet dies, daß p und a *teilerfremd* sind (vgl. Def. 2 sowie Bem. 2 zu Def. 6). Aufgrund von F5 gilt dann aber $1 = x_1 p + x_2 a$ mit gewissen Elementen x_1, x_2 aus R. Multiplikation mit einem beliebigen b aus R liefert

$$b = (x_1 b)p + x_2(ab). \tag{36}$$

Ist dann p ein Teiler von ab, so ist p nach (36) auch ein Teiler von b. Also gilt (30), d.h. p ist ein *Primelement* von R.

Bemerkung 1: Die Umkehrung von F8 ist nicht richtig. Zum Beispiel ist der Polynomring $\mathbb{Z}[X]$ über $\mathbb{Z}$ nach einem *Satz von Gauß* ein faktorieller Ring, doch wie wir oben schon bemerkt haben, ist $\mathbb{Z}[X]$ kein Hauptidealring.

Bemerkung 2: Euklidische Ringe sind Hauptidealringe (F4), und Hauptidealringe sind faktoriell (F8). Bei euklidischen Ringen läßt sich aber darüber hinaus die zugehörige euklidische Normfunktion mit Nutzen heranziehen. Zum Beispiel läßt sich damit ein ggT von vorgelegten Elementen $a \neq 0$ und b schrittweise berechnen ('*Euklidischer Algorithmus*'):

$$\begin{aligned}
b &= q_0 a + r_1 && \text{mit } \nu(r_1) < \nu(a) \\
a &= q_1 r_1 + r_2 && \nu(r_2) < \nu(r_1) \\
&\vdots \\
r_{i-1} &= q_i r_i + r_{i+1} && \nu(r_{i+1}) < \nu(r_i) \\
&\vdots \\
r_{n-1} &= q_n r_n + 0
\end{aligned} \tag{37}$$

Es ist dann r_n ein ggT von a, b und aus den Gleichungen (37) *gewinnt man rekursiv Elemente $x, y \in R$ mit $r_n = xa + yb$.* Im Falle, daß R der Polynomring $K[X]$ über einem Körper K ist (und ν wie in (21) definiert ist), sind die q_i und r_i in (37) eindeutig durch a und b bestimmt. Entsprechendes gilt für $R = \mathbb{Z}$, wenn in (37) noch $r_i \geq 0$ verlangt wird. □

Das folgende spezielle Resultat unserer Betrachtungen wollen wir noch einmal gesondert formulieren:

F9: *Ist K ein Körper, so besitzt jedes Element $f \neq 0$ des Polynomringes $K[X]$ in einer Unbestimmten X über K eine (bis auf die Reihenfolge der Faktoren) eindeutige Darstellung der Gestalt*

$$f = cp_1^{k_1} p_2^{k_2}, \ldots, p_r^{k_r} \tag{38}$$

mit $c \in K^\times$, einer ganzen Zahl $r \geq 0$, natürlichen Zahlen $k_1, \ldots, k_r$ und paarweise verschiedenen normierten Primpolynomen $p_1, \ldots, p_r$.

§2 Äquivalenz der charakteristischen Matrizen

In Kapitel VIII haben wir insbesondere gezeigt, daß jede *symmetrische* $n \times n$-Matrix $\boldsymbol{A}$ über $\mathbb{R}$ *diagonalisierbar* ist, also *ähnlich zu einer Diagonalmatrix*

$$\begin{pmatrix} \lambda_1 & & & \\ & \lambda_2 & & \boldsymbol{O} \\ & & \ddots & \\ & \boldsymbol{O} & & \lambda_n \end{pmatrix} \tag{39}$$

mit $\lambda_1, \lambda_2, \ldots, \lambda_n$ aus $\mathbb{R}$. Anders ausgedrückt: Ist V ein n-dimensionaler euklidischer Vektorraum, so besitzt jeder *selbstadjungierte* Endomorphismus $\boldsymbol{f}$ von V bzgl. einer geeigneten Basis von V eine Koordinatenmatrix der Gestalt (39).

Für beliebige Endomorphismen eines n-dimensionalen Vektorraumes V über einem Körper K liegen keine so einfachen Verhältnisse vor. Wir wissen, daß nicht jeder Endomorphismus $\boldsymbol{f}$ von V diagonalisierbar ist (selbst im Falle $K = \mathbb{C}$ nicht, vgl. Kap. V, §3). Es erhebt sich dann aber die Frage: Gibt es zu $\boldsymbol{f}$ eine Basis derart, daß – wenn sie i.a. auch nicht nur aus Eigenvektoren bestehen kann – $\boldsymbol{f}$ dennoch bezüglich dieser Basis eine Koordinatenmatrix möglichst 'einfacher' Gestalt besitzt, aus der man die 'wesentlichen' Eigenschaften von f ablesen kann? Dieses Problem hängt ganz eng zusammen mit der Frage: Wann gilt für Matrizen $\boldsymbol{A}$, $\boldsymbol{B} \in M_n(K)$, daß $\boldsymbol{A}$ ähnlich zu $\boldsymbol{B}$ ist? ('*Ähnlichkeitsproblem für quadratische Matrizen*'; man vgl. auch die Ausführungen am Ende von §5, Kap. III.)

Definition 9: Es sei R ein kommutativer Ring mit Eins, und $\boldsymbol{A}$, $\boldsymbol{B} \in M_n(R)$ seien $n \times n$-Matrizen über R. Dann heißt $\boldsymbol{A}$ *äquivalent* zu $\boldsymbol{B}$, in Zeichen

$$\boldsymbol{A} \sim \boldsymbol{B}, \tag{40}$$

wenn es invertierbare Matrizen $\boldsymbol{P}$ und $\boldsymbol{Q}$ aus $M_n(R)$ gibt mit

$$\boldsymbol{B} = \boldsymbol{P}^{-1}\boldsymbol{A}\boldsymbol{Q}. \tag{41}$$

Man nennt $\boldsymbol{A}$ *ähnlich* (*konjugiert*) zu $\boldsymbol{B}$, in Zeichen

$$\boldsymbol{A} \approx \boldsymbol{B}, \tag{42}$$

wenn es eine invertierbare Matrix $\boldsymbol{S}$ aus $M_n(R)$ gibt mit

$$\boldsymbol{B} = \boldsymbol{S}^{-1}\boldsymbol{A}\boldsymbol{S}. \quad \square \tag{43}$$

Natürlich zieht die *Ähnlichkeit* von $\boldsymbol{A}$ und $\boldsymbol{B}$ die *Äquivalenz* von $\boldsymbol{A}$ und $\boldsymbol{B}$ nach sich. Es wird im übrigen gleich verständlich werden, warum wir in Def. 9 statt eines *Körpers* allgemein einen *kommutativen Ring R* zugrundegelegt haben. Zunächst aber stellen wir noch einmal fest:

F10: *Sei $R = K$ ein Körper. Dann gelten für $\boldsymbol{A}, \boldsymbol{B}$ aus $M_n(K)$:*

(i) *Genau dann ist $\boldsymbol{A}$ ähnlich zu $\boldsymbol{B}$, wenn es eine Basis $\boldsymbol{v}_1, \ldots, \boldsymbol{v}_n$ von $V := K^n$ gibt, so daß $\boldsymbol{B}$ die Koordinatenmatrix des Endomorphismus $\boldsymbol{A}: V \to V$ bzgl. $\boldsymbol{v}_1, \ldots, \boldsymbol{v}_n$ ist.*

(ii) *Genau dann ist $\boldsymbol{A}$ äquivalent zu $\boldsymbol{B}$, wenn es eine Basis $\boldsymbol{v}_1, \ldots, \boldsymbol{v}_n$ von $V := K^n$ und eine Basis $\boldsymbol{w}_1, \ldots, \boldsymbol{w}_n$ von $W := K^n$ gibt, so daß $\boldsymbol{B}$ die Koordinatenmatrix der linearen Abbildung $\boldsymbol{A}: V \to W$ bzgl. der Basen $\boldsymbol{v}_1, \ldots, \boldsymbol{v}_n$ von V und $\boldsymbol{w}_1, \ldots, \boldsymbol{w}_n$ von W ist.*

(iii) $\boldsymbol{A} \sim \boldsymbol{B} \Leftrightarrow \text{Rang}\,\boldsymbol{A} = \text{Rang}\,\boldsymbol{B}$.

(iv) *Im Falle, daß $\boldsymbol{A}$ und $\boldsymbol{B}$ symmetrische $n \times n$-Matrizen über $K = \mathbb{R}$ sind, gilt:*

$$\boldsymbol{A} \approx \boldsymbol{B} \Leftrightarrow \chi_{\boldsymbol{A}} = \chi_{\boldsymbol{B}}. \tag{44}$$

Beweis: Es handelt sich nur um die Wiederholung früherer Resultate, vgl. Kap. III (F15, Satz 5′, F17 aus §5) sowie Kap. VIII (F4). $\square$

Das Ähnlichkeitsproblem für symmetrische Matrizen über $\mathbb{R}$ kann durch die Aussage (iv) von F10 bereits als befriedigend gelöst angesehen werden.

Die Aussage (iii) von F10 ergibt sich daraus, daß eine beliebige $n \times n$-Matrix $\boldsymbol{A}$ über K mittels elementarer Zeilen- und Spaltenumformungen auf die Gestalt

$$\begin{pmatrix} \boldsymbol{E}_r & \boldsymbol{0} \\ \boldsymbol{0} & \boldsymbol{0} \end{pmatrix} \tag{45}$$

gebracht werden kann, so daß also invertierbare $n \times n$-Matrizen $\boldsymbol{P}$ und $\boldsymbol{Q}$ über K existieren mit

$$\boldsymbol{P}^{-1}\boldsymbol{A}\boldsymbol{Q} = \begin{pmatrix} \boldsymbol{E}_r & \boldsymbol{0} \\ \boldsymbol{0} & \boldsymbol{0} \end{pmatrix}$$

Da die Zahl $r \geq 0$ in (45) gleich dem *Rang* der Matrix (45) ist und sich der Rang einer Matrix bei Übergang zu einer äquivalenten Matrix offenbar nicht ändert, ist jede Matrix zu genau einer Matrix der Gestalt (45) äquivalent. Die Matrix (45) wird daher auch als *Normalform von A* (*hinsichtlich der Klassifikation nach Äquivalenz*) bezeichnet. Anzumerken ist hier vielleicht noch, daß ein besonders einfaches Verfahren zur Herstellung dieser Normalform und damit zur Entscheidung, wann zwei Matrizen äquivalent sind, existiert, nämlich das *Gauß'sche Verfahren* (aus Kap. I).

Wir wenden uns jetzt dem *Ähnlichkeitsproblem* quadratischer Matrizen zu, wo die Verhältnisse verwickelter sind. Die vorausgegangenen Ausführungen sollten allein zur Einstimmung in die Art der Fragestellung dienen.

Wie werden wir vorgehen? Die Aussage (44) von F10 ist zwar für beliebige Matrizen i.a. *falsch*, doch scheint es mit Blick darauf zweckmäßig, nach weiteren 'Invarianten' der Matrix

$$\boldsymbol{M}_A(X) := X\boldsymbol{E} - \boldsymbol{A} \in M_n(K[X]) \tag{46}$$

außer deren Determinante $\chi_A(X) = \det \boldsymbol{M}_A(X)$ zu suchen.

Definition 10 ('charakteristische Matrix'):
Sei $\boldsymbol{A} \in M_n(K)$. Dann nennen wir die $n \times n$-Matrix $\boldsymbol{M}_A(X) = X\boldsymbol{E} - \boldsymbol{A}$ über dem Polynomring $K[X]$ die *charakteristische Matrix* von $\boldsymbol{A}$. □

Unser weiteres Vorgehen beruht auf der Gültigkeit des folgenden schönen Satzes (welcher auf *G. Frobenius** zurückgeht).

Satz 1: *Es sei K ein Körper, und* $\boldsymbol{A}, \boldsymbol{B} \in M_n(K)$ *seien* $n \times n$*-Matrizen über K. Dann sind* $\boldsymbol{A}$ *und* $\boldsymbol{B}$ *ähnlich genau dann, wenn die zugehörigen charakteristischen Matrizen* $\boldsymbol{M}_A(X)$ *und* $\boldsymbol{M}_B(X)$ *äquivalent sind:*

$$\underset{(\text{über } K)}{\boldsymbol{A} \approx \boldsymbol{B}} \quad \Leftrightarrow \quad \underset{(\text{über } K[X])}{\boldsymbol{M}_A(X) \sim \boldsymbol{M}_B(X)} \tag{47}$$

Beweis: Ist $\boldsymbol{B} = \boldsymbol{S}^{-1}\boldsymbol{A}\boldsymbol{S}$ mit $\boldsymbol{S} \in M_n(K)^\times = \mathrm{GL}(n, K)$, so folgt $X\boldsymbol{E} - \boldsymbol{B} = X\boldsymbol{S}^{-1}\boldsymbol{E}\boldsymbol{S} - \boldsymbol{S}^{-1}\boldsymbol{A}\boldsymbol{S} = \boldsymbol{S}^{-1}(X\boldsymbol{E} - \boldsymbol{A})\boldsymbol{S}$, und natürlich gilt

---

* *G. Frobenius*, 1849–1917; vgl. die Arbeit von 1878 in: G. Frobenius, Gesammelte Abhandlungen, Band I, S. 482 ff.

$S \in M_n(K[X])^\times$. Sei nun umgekehrt $M_A(X)$ äquivalent zu $M_B(X)$. Dann gilt mit *invertierbaren* $n \times n$-Matrizen

$$P(X) = (p_{ij}(X)), \quad Q(X) = (q_{ij}(X))$$

über $K[X]$ nach Def. 9 die Gleichung

$$P(X)\, M_B(X) = M_A(X)\, Q(X) \tag{48}$$

bzw.

$$P(X)(XE - B) = (XE - A)\, Q(X). \tag{49}$$

Für die Matrizen $P(X)$ und $Q(X)$ aus $M_n(K[X])$ hat man nun offenbar wohlbestimmte Darstellungen der Gestalt

$$P(X) = \sum_{i=0}^{m} X^i P_i, \quad Q(X) = \sum_{i=0}^{m} X^i Q_i \tag{50}$$

mit $P_i, Q_i \in M_n(K)$ und einem gemeinsamen $m \in \mathbb{N}$. Aus der vorausgesetzten Gleichung (49) ergibt sich dann durch Koeffizientenvergleich sofort

$$P_{i-1} - P_i B = Q_{i-1} - A Q_i \quad \text{für } 1 \leq i \leq m \tag{51}$$

sowie

$$P_m = Q_m, \quad P_0 B = A Q_0. \tag{52}$$

Multipliziert man jede der Gleichungen in (51) von links jeweils mit A^i, summiert über i und setzt

$$S = \sum_{i=0}^{m} A^i P_i, \tag{53}$$

so erhält man unter Beachtung von (52) die Gleichung $AS - SB = 0$, also

$$AS = SB. \tag{54}$$

Können wir jetzt noch erweisen, daß die $n \times n$-Matrix S aus (53) in $M_n(K)$ invertierbar ist, so sind wir am Ziel; denn dann besagt (54) nichts anderes als

$$S^{-1} AS = B, \tag{55}$$

womit die *Ähnlichkeit* von A und B gezeigt ist. Nach Voraussetzung gibt es nun aber eine $n \times n$-Matrix $R(X)$ über $K[X]$ mit

$$P(X) R(X) = E. \tag{56}$$

Für $R(X)$ hat man ebenfalls eine Darstellung der Form

$$R(X) = \sum_{i=0}^{m} X^i R_i, \tag{57}$$

wobei wir von vornherein von demselben m wie in (50) ausgehen können. Wir behaupten, daß

$$T = \sum_{j=0}^{m} B^j R_j \tag{58}$$

die Gleichung $ST = E$ erfüllt. In der Tat ist wegen (54) zunächst

$$ST = \sum_j SB^j R_j = \sum_j A^j SR_j = \sum_{i,j} A^{i+j} P_i R_j. \tag{59}$$

Nun liefert (56) nach Koeffizientenvergleich aber

$$P_0 R_0 = E \quad \text{und} \quad \sum_{i+j=k} P_i R_j = 0 \quad \text{für jedes } k > 0,$$

also folgt aus (59) die Behauptung $ST = E$. - Der vorstehende Beweis ist viel kürzer und einfacher als der Beweis in den früheren Auflagen des Buches. Ich verdanke ihn einer freundlichen Mitteilung von Frau *S. Böge* aus Heidelberg.*

§3 Der Invariantenteilersatz

Der im vorigen Paragraphen bewiesene Satz 1 führt die Frage nach der *Ähnlichkeit* von Matrizen $A, B \in M_n(K)$ zurück auf die Frage nach der *Äquivalenz ihrer charakteristischen Matrizen* $XE - A$, $XE - B \in M_n(K[X])$. Wir untersuchen daher jetzt allgemein das Äquivalenzproblem von Matrizen über dem Polynomring $K[X]$. Anstelle von $K[X]$ wollen wir gleich einen beliebigen *euklidischen Ring* R zugrundelegen. Um nun Matrizen über R hinsichtlich *Äquivalenz* zu studieren, ziehen wir wieder das schon in Kap. I betrachtete *Gauß'sche Verfahren* heran, welches wir allerdings im Falle eines euklidischen Ringes R (anstelle eines Körpers) ein wenig zu verfeinern haben. Man überzeugt sich dann leicht von der Gültigkeit der folgenden Grundtatsache:

Satz 2 (Gauß'sche Diagonalisierung für euklidische Ringe):

Eine beliebige $n \times n$-Matrix C über einem euklidischen Ring R läßt sich durch wiederholte Anwendung von elementaren Zeilen- und Spaltenumformungen des Typs I (Addition des a-fachen einer Zeile bzw. Spalte zu einer anderen Zeile bzw. Spalte mit beliebigem $a \in R$) sowie des Typs II (Vertauschen zweier Zeilen bzw. Spalten) stets in eine Diagonalmatrix

$$\begin{pmatrix} c_1 & & & \\ & c_2 & & O \\ & O & \ddots & \\ & & & c_n \end{pmatrix} \tag{67}$$

* Um das Arbeiten mit verschiedenen Auflagen dieses Buches zu erleichtern, werden im folgenden die Gleichungsnummern der 2. Auflage beibehalten.

überführen, für deren Diagonalglieder außerdem noch die Teilbarkeitsbeziehungen

$$c_i | c_{i+1} \quad \textit{für } i = 1, 2, \ldots, n-1 \tag{68}$$

gelten.

Beweis: Sei $\boldsymbol{C} = (c_{ij})$. Für $\boldsymbol{C} = \boldsymbol{0}$ ist nichts zu beweisen; sei also $\boldsymbol{C} \neq \boldsymbol{0}$. Indem wir gegebenenfalls Zeilen- und Spaltenvertauschungen vornehmen, sehen wir, daß wir von vornherein

$$c_{11} \neq 0 \text{ und } \nu(c_{11}) \leq \nu(c_{ij}) \quad \text{für alle } c_{ij} \neq 0 \tag{69}$$

annehmen dürfen (mit ν als euklidischer Normfunktion des euklidischen Ringes R, vgl. Def. 4). Wir betrachten nun die Glieder in der ersten Spalte von C, welche unterhalb von c_{11} stehen, sowie die Glieder in der ersten Zeile von C, die rechts von c_{11} stehen. Wir wollen sie alle zum Verschwinden bringen. Gesetzt, es sei eines von ihnen verschieden von 0; o.E. sei etwa

$$c_{21} \neq 0.$$

Weil ν eine euklidische Normfunktion ist, können wir ein $q \in R$ finden mit

$$\nu(c_{21} - qc_{11}) < \nu(c_{11}).$$

Addieren wir jetzt das $(-q)$-fache der 1. Zeile zur 2. Zeile, so erhalten wir eine Matrix $\boldsymbol{C}' = (c'_{ij})$ mit

$$\nu(c'_{21}) < \nu(c_{11}). \tag{70}$$

Sollte jetzt immer noch $c'_{21} \neq 0$ sein, so erhalten wir durch Anwendung von Zeilen- und gegebenenfalls Spaltenvertauschungen aus $\boldsymbol{C}'$ eine Matrix $\boldsymbol{C}'' = (c''_{ij})$ mit

$$c''_{11} \neq 0 \text{ und } \nu(c''_{11}) \leq \nu(c''_{ij}) \quad \text{für alle } c''_{ij} \neq 0,$$

so daß im Hinblick auf (70) auch noch

$$\nu(c''_{11}) < \nu(c_{11}) \tag{71}$$

gilt. Wir erkennen somit, daß wir durch wiederholte Anwendung dieses Rezeptes die Matrix $\boldsymbol{C}$ in eine Matrix der Gestalt

$$\left(\begin{array}{c|ccc} d_{11} & 0 & \cdots & 0 \\ \hline 0 & & & \\ \vdots & & * & \\ 0 & & & \end{array}\right) \tag{72}$$

überführen können. Diese Matrix bezeichnen wir mit $\boldsymbol{D} = (d_{ij})$. Es ist

$$\nu(d_{11}) \leq \nu(c_{11}), \quad d_{11} \neq 0. \tag{73}$$

Wir behaupten, daß wir erreichen können, daß außerdem noch gilt:

$$d_{11} | d_{ij} \quad \text{für alle } i, j. \tag{74}$$

Gesetzt, es ist ein d_{ij} nicht durch d_{11} teilbar. Dann gibt es ein $q \in R$ mit

$$\nu(d_{ij} - q d_{11}) < \nu(d_{11}), \quad \text{aber } d_{ij} - q d_{11} \neq 0. \tag{75}$$

Addieren wir dann die 1. Zeile zur i-ten Zeile von $\boldsymbol{D}$ und subtrahieren sodann das q-fache der ersten Spalte der so entstandenen Matrix von der j-ten Spalte dieser Matrix, so erhalten wir eine Matrix $\boldsymbol{D}' = (d'_{rs})$ mit

$$d'_{ij} = d_{ij} - q d_{11}.$$

Wegen (75) und (73) hat man dann aber

$$d'_{ij} \neq 0 \quad \text{und} \quad \nu(d'_{ij}) < \nu(d_{11}) \leq \nu(c_{11}).$$

Wiederholen wir nun die ganze bisherige Prozedur für die Matrix $\boldsymbol{D}'$, so sehen wir, daß wir schließlich in der Tat (74) erreichen können. Jetzt aber ist die Maschinerie unaufhaltbar; die Matrix $\boldsymbol{C}$ läßt sich auf die Gestalt (67) bringen, wobei zusätzlich noch die Teilbarkeitsbedingungen (68) gelten.

Bemerkung: Wir haben Satz 2 nur für *quadratische* Matrizen formuliert; wie aus dem Beweisverfahren aber ohne weiteres hervorgeht, läßt sich die Behauptung auch auf *beliebige 'rechteckige'* Matrizen übertragen: *Eine beliebige $m \times n$-Matrix über dem euklidischen Ring R läßt sich mittels elementarer Zeilen- und Spaltenumformungen des Typs I und II stets in eine Matrix der Gestalt*

$$\left(\begin{array}{cccc|c} c_1 & 0 & \cdots & 0 & \\ 0 & c_2 & & \vdots & \\ \vdots & & \ddots & \vdots & \boldsymbol{O} \\ 0 & \cdots & \cdots & c_r & \\ \hline & & \boldsymbol{O} & & \boldsymbol{O} \end{array}\right) \quad \text{mit } c_1 \neq 0, \ldots, c_r \neq 0 \tag{76}$$

transformieren, wobei noch die Teilbarkeitsbeziehungen $c_i | c_{i+1}$ gelten.

Auch den folgenden Satz 3 kann man leicht von quadratischen auf beliebige Matrizen übertragen.

Satz 3 ('Invariantenteilersatz'):

Es sei R ein euklidischer Ring. Dann ist jede $n \times n$-Matrix $\boldsymbol{C}$ über R äquivalent zu einer Diagonalmatrix

$$\begin{pmatrix} c_1 & & & \\ & c_2 & & \boldsymbol{O} \\ & & \ddots & \\ \boldsymbol{O} & & & c_n \end{pmatrix} \tag{77}$$

mit Diagonalgliedern $c_1, \ldots, c_n$, welche die Bedingung

$$c_i | c_{i+1} \quad \textit{für } i = 1, 2, \ldots, n \tag{78}$$

erfüllen. Bis auf die Möglichkeit, jedes c_i noch mit einer beliebigen Einheit von R zu multiplizieren, ist das System $c_1, c_2, \ldots, c_n$ dann eindeutig bestimmt. Wir nennen $c_1, \ldots, c_n$ die Invarianteteiler der Matrix $\boldsymbol{C}$.

Beweis: (i) Da eine elementare Zeilen- bzw. Spaltenumformung einer Matrix durch Multiplikation dieser Matrix von links bzw. rechts mit einer speziellen invertierbaren Matrix bewirkt wird, folgt der erste Teil von Satz 3 sofort aus der schärferen Aussage von Satz 2.*

(ii) Die (für unsere Problemstellung gleichermaßen wichtige) *Eindeutigkeitsaussage* von Satz 3 wird sich aus den nachfolgenden Betrachtungen ergeben. Der Bequemlichkeit der Ausdrucksweise halber beschränken wir uns dabei auf den Fall

$$R = K[X], \quad K \text{ Körper},$$

doch wird der Leser die folgenden Darlegungen leicht auch auf eine allgemeinere Situation übertragen können. Im Falle $R = K[X]$ kann man jedes c_i in (77) als *normiertes* Polynom voraussetzen, falls c_i nicht das Nullpolynom ist. Die $c_1, \ldots, c_n$ sind dann eindeutig festgelegt; man nennt

$$c_j = c_j(\boldsymbol{C}) \tag{79}$$

den *j-ten Invarianteteiler* der Matrix $\boldsymbol{C} = C(X)$ aus $M_n(K[X])$. □

Sind $g_1, \ldots, g_m$ Elemente von $K[X]$, die nicht alle gleich 0 sind, so versteht man unter *dem größten gemeinsamen Teiler* von $g_1, \ldots, g_m$ dasjenige normierte Polynom d aus $K[X]$ höchsten Grades, welches alle g_i teilt (vgl. §1). Wir schreiben

$$d = \mathrm{ggT}(g_1, \ldots, g_m). \tag{80}$$

Sind alle $g_i = 0$, so setzen wir $0 = \mathrm{ggT}(0, \ldots, 0)$. Sei jetzt

$$\boldsymbol{F} = \boldsymbol{F}(X) = (f_{ij}(X))$$

eine beliebige $n \times n$-Matrix über $K[X]$.

Definition 11: Es sei $1 \leq j \leq n$. Wir bezeichnen mit

$$d_j(\boldsymbol{F}) = d_j(\boldsymbol{F}(X)) \in K[X]$$

den größten gemeinsamen Teiler aller *Unterdeterminanten j-ter*

* Im Gegensatz zu Satz 2 aber gilt Satz 3 allgemeiner auch für einen beliebigen *Hauptidealring R* anstelle eines euklidischen Ringes.

Ordnung der Matrix $\boldsymbol{F} = \boldsymbol{F}(X) \in M_n(K[X])$. Man nennt $d_j(\boldsymbol{F})$ den *j-ten Determinantenteiler* der Matrix $\boldsymbol{F}$ über $K[X]$. □

Zum Beispiel ist also

$$\begin{aligned} d_1(\boldsymbol{F}) &= \operatorname{ggT}(f_{11}(X), f_{12}(X), \ldots, f_{nn}(X)) \\ d_n(\boldsymbol{F}) &\mathrel{\hat{=}} \det(\boldsymbol{F}). \end{aligned} \tag{81}$$

Bezeichnet man – wie in (151), Kap. IV – mit $\boldsymbol{F}^{(j)}$ die *j-assoziierte Matrix* von $\boldsymbol{F}$, so hat man definitionsgemäß

$$d_j(\boldsymbol{F}) = d_1(\boldsymbol{F}^{(j)}). \tag{82}$$

Seien $\boldsymbol{F} = \boldsymbol{F}(X) = (f_{ij}(X))$ und $\boldsymbol{G} = \boldsymbol{G}(X) = (g_{ij}(X))$ $n \times n$-Matrizen über $K[X]$. Dann gilt

$$d_j(\boldsymbol{F}) \mid d_j(\boldsymbol{FG}), \quad d_j(\boldsymbol{F}) \mid d_j(\boldsymbol{GF}) \tag{83}$$

für $j = 1, 2, \ldots, n$. Um sich von der Richtigkeit dieser Behauptung zu überzeugen, genügt es im Hinblick auf (82) sowie auf die Formel (152) in Kap. IV, den Fall $j = 1$ zu betrachten. Ist aber d ein Teiler von allen f_{ij} in $K[X]$, so teilt d auch alle Ausdrücke der Form

$$\sum_{k=1}^{n} f_{ik} g_{kj}, \quad \sum_{k=1}^{n} g_{ik} f_{kj}.$$

Aus (83) gewinnt man für $\boldsymbol{F}_1, \boldsymbol{F}_2 \in M_n(K[X])$ sogleich:

$$\boldsymbol{F}_1 \sim \boldsymbol{F}_2 \text{ in } M_n(K[X]) \Rightarrow d_j(\boldsymbol{F}_1) = d_j(\boldsymbol{F}_2), \tag{84}$$

d.h. *äquivalente Matrizen aus $M_n(K[X])$ haben die gleichen Determinantenteiler*. Gilt nämlich $\boldsymbol{F}_2 = \boldsymbol{P}^{-1} \boldsymbol{F}_1 \boldsymbol{Q}$ mit invertierbaren $\boldsymbol{P}$, $\boldsymbol{Q}$ aus $M_n(K[X])$, so zieht dies wegen (83) sofort $d_j(\boldsymbol{F}_1) \mid d_j(\boldsymbol{F}_2)$ nach sich; aus Symmetriegründen gilt dann auch $d_j(\boldsymbol{F}_2) \mid d_j(\boldsymbol{F}_1)$, womit (84) bewiesen ist. Aus (84) ergibt sich aber nun leicht die Eindeutigkeitsaussage von Satz 3. Man überzeugt sich nämlich sofort davon, daß für eine Matrix $\boldsymbol{C} = \boldsymbol{C}(X) \in M_n(K[X])$ der Gestalt (77) bei Vorliegen der Teilbarkeitsbedingungen (78) die Gleichungen

$$d_j(\boldsymbol{C}) = c_1 c_2 \cdot \ldots \cdot c_j \tag{85}$$

gelten, wenn man o.E. noch voraussetzt, daß jedes c_i mit $c_i \neq 0$ *normiert* ist. Wegen

$$d_{j+1}(\boldsymbol{C}) = c_{j+1} d_j(\boldsymbol{C}), \quad d_1(\boldsymbol{C}) = c_1 \tag{86}$$

sind die c_i durch die $d_j(\boldsymbol{C})$ eindeutig bestimmt; beachte dazu auch (78).

Mit Satz 1 aus §1 und dem eben bewiesenen Satz 3 für $R = K[X]$ kann das *Ähnlichkeitsproblem* für Matrizen über einem Körper K als gelöst angesehen werden. Um das erhaltene Resultat kurz und prägnant formulieren zu können, treffen wir zuvor noch folgende Verabredung:

Definition 12: Sei $\boldsymbol{A} = (a_{ij})$ eine $n \times n$-Matrix über dem Körper K, und sei

$$\boldsymbol{M_A}(X) = X\boldsymbol{E} - \boldsymbol{A} = (X\delta_{ij} - a_{ij}) \in M_n(K[X])$$

die *charakteristische Matrix* von $\boldsymbol{A}$. Zu $\boldsymbol{M_A}(X)$ gehören die Determinantenteiler $d_j(\boldsymbol{M_A}(X))$ und die Invariantenteiler $c_j(\boldsymbol{M_A}(X))$. Wir setzen dann

$$d_A^{(j)} := d_j(\boldsymbol{M_A}(X)), \quad c_A^{(j)} := c_j(\boldsymbol{M_A}(X)) \tag{87}$$

für $j = 1, 2, \ldots, n$ und nennen das Polynom $d_A^{(j)} \in K[X]$ auch den <u>*j-ten Determinantenteiler*</u> und das Polynom $c_A^{(j)} \in K[X]$ auch den <u>*j-ten Invariantenteiler der Matrix* $\boldsymbol{A} \in M_n(K)$.</u> □

Aufgrund von (85) gelten zwischen Determinanten und Invariantenteilern einer Matrix $\boldsymbol{A} \in M_n(K)$ die Relationen

$$d_A^{(j)} = c_A^{(1)} c_A^{(2)} \cdot \ldots \cdot c_A^{(j)} \quad \text{für } j = 1, 2, \ldots, n. \tag{88}$$

Übrigens ist der *n-te Determinantenteiler von* $\boldsymbol{A}$ definitionsgemäß gerade das *charakteristische Polynom* von $\boldsymbol{A}$, also

$$d_A^{(n)} = \chi_A. \tag{89}$$

Satz 4 ('Invariantenteilersatz über die Ähnlichkeit von Matrizen'):
Zwei $n \times n$-Matrizen $\boldsymbol{A}$ und $\boldsymbol{B}$ über einem Körper K sind genau dann ähnlich, wenn sie dieselben Invariantenteiler (*bzw. dieselben Determinantenteiler*) *besitzen:*

$$\boldsymbol{A} \approx \boldsymbol{B} \Leftrightarrow c_A^{(j)} = c_B^{(j)} \quad \text{für alle } j = 1, 2, \ldots, n \tag{90}$$

bzw.

$$\boldsymbol{A} \approx \boldsymbol{B} \Leftrightarrow d_A^{(j)} = d_B^{(j)} \quad \text{für alle } j = 1, 2, \ldots, n \tag{91}$$

Beweis: Nach Satz 1, §1 ist die *Ähnlichkeit* von $\boldsymbol{A}$ und $\boldsymbol{B}$ über K gleichbedeutend mit der *Äquivalenz ihrer charakteristischen Matrizen* $\boldsymbol{M_A}(X)$ und $\boldsymbol{M_B}(X)$ über $K[X]$. Nach Satz 3 aber ist die Äquivalenz von $\boldsymbol{M_A}(X)$ und $\boldsymbol{M_B}(X)$ gleichbedeutend mit $c_j(\boldsymbol{M_A}(X)) = c_j(\boldsymbol{M_B}(X))$ für alle $j = 1, 2, \ldots, n$. Folglich gilt (90). Da sich Invarianten- und Determinantenteiler aufgrund der Formeln (88) sowie der Teilbarkeitsbeziehungen

$$c_A^{(j)} \mid c_A^{(j+1)} \quad \text{für } 1 \leq j < n \tag{92}$$

umkehrbar eindeutig entsprechen, gilt mit (90) auch (91).

Bemerkung 1: Durch Satz 4 ist das *Ähnlichkeitsproblem für Matrizen über einem beliebigen Körper K* im Prinzip gelöst. Darüber hinaus gibt uns Satz 4 ein praktisches Verfahren an die Hand, zu entscheiden, ob zwei vorgelegte quadratische Matrizen über K *ähnlich* sind; denn zu einer gegebenen Matrix $A \in M_n(K)$ lassen sich ja die *Invariantenteiler* $c_A^{(1)}, \ldots, c_A^{(n)}$ von A mittels des *Gauß'schen Verfahrens* bestimmen (vgl. Satz 2).

Wir wollen das einmal am Beispiel der Matrix

$$A = \begin{pmatrix} 2 & -1 & 1 \\ -1 & 2 & -1 \\ 2 & 2 & 3 \end{pmatrix} \in M_3(\mathbb{R}) \tag{93}$$

durchexerzieren. Ihre *charakteristische Matrix* lautet nach Vertauschung der ersten mit der zweiten Spalte:

$$\begin{pmatrix} 1 & X-2 & -1 \\ X-2 & 1 & 1 \\ -2 & -2 & X-3 \end{pmatrix}$$

Zieht man hier die entsprechenden Vielfachen der ersten Spalte von den übrigen ab und verfährt dann analog in bezug auf die Zeilen, so gelangt man zu

$$\begin{pmatrix} 1 & 0 & 0 \\ 0 & -(X-1)(X-3) & X-1 \\ 0 & 2(X-3) & X-5 \end{pmatrix}$$

Nun vertausche man die zweite mit der dritten Spalte und addiere anschließend das $(X-3)$-fache der zweiten Spalte zur dritten; man erhält dann die Matrix

$$\begin{pmatrix} 1 & 0 & 0 \\ 0 & X-1 & 0 \\ 0 & X-5 & (X-3)^2 \end{pmatrix}$$

Subtraktion der zweiten Zeile von der dritten und anschließende Vertauschung der zweiten mit der dritten Zeile liefert

$$\begin{pmatrix} 1 & 0 & 0 \\ 0 & -4 & (X-3)^2 \\ 0 & X-1 & 0 \end{pmatrix}$$

Durch Addition des $\frac{1}{4}(X-1)$-fachen der zweiten Zeile zur dritten und anschließende analoge Spaltenoperation gelangen wir schließlich zu

$$\begin{pmatrix} 1 & 0 & 0 \\ 0 & -4 & 0 \\ 0 & 0 & \frac{1}{4}(X-1)(X-3)^2 \end{pmatrix}$$

Definitionsgemäß ist dann

$$c_A^{(1)} = 1, \quad c_A^{(2)} = 1, \quad c_A^{(3)} = (X-1)(X-3)^2. \tag{94}$$

In unserem Falle ist also $c_A^{(3)} = d_A^{(3)} = \chi_A$. Die vorgelegte Matrix $\boldsymbol{A}$ ist *ähnlich* zu der Matrix

$$\boldsymbol{B} = \left(\begin{array}{c|cc} 1 & 0 & 0 \\ \hline 0 & 3 & 0 \\ 0 & 1 & 3 \end{array}\right) \tag{95}$$

Um dies zu sehen, ziehen wir statt der Invariantenteiler lieber die Determinantenteiler der Matrix $\boldsymbol{B}$ heran, denn diese lassen sich aus (95) unmittelbar ablesen; man findet $d_B^{(1)} = 1$, $d_B^{(2)} = 1$, $d_B^{(3)} = (X-1)(X-3)^2$. Somit besitzt $\boldsymbol{B}$ dieselben Determinantenteiler wie $\boldsymbol{A}$, ist also nach Satz 4 *ähnlich* zu $\boldsymbol{A}$.

Bemerkung 2: Aus Satz 4 ergibt sich die folgende bemerkenswerte Konsequenz: *Ist E ein Erweiterungskörper von K, und sind zwei Matrizen $\boldsymbol{A}$, $\boldsymbol{B}$ aus $M_n(K)$ ähnlich in $M_n(E)$, so sind $\boldsymbol{A}$, $\boldsymbol{B}$ auch ähnlich in $M_n(K)$.* Dies folgt sofort aus (91) von Satz 4 sowie der folgenden Tatsache: Sind $g_1, \ldots, g_m$ Polynome aus $K[X]$ und ist d ihr größter gemeinsamer Teiler in $K[X]$, so ist d auch der größte gemeinsame Teiler von $g_1, \ldots, g_m$ im Polynomring $E[X]$ über E. (Beweis als *Übungsaufgabe* 6; vgl. etwa (22) in §1.)

§4 Normalformen

Zu einem *normierten Polynom*

$$g(X) = X^n + a_{n-1} X^{n-1} + \cdots + a_1 X + a_0 \tag{96}$$

über K vom Grade $n \geq 1$ betrachten wir die Matrix

$$\boldsymbol{B}_g = \begin{pmatrix} 0 & & & & -a_0 \\ 1 & \ddots & & & -a_1 \\ & \ddots & \ddots & & \vdots \\ & & \ddots & 0 & -a_{n-2} \\ & & & 1 & -a_{n-1} \end{pmatrix} \tag{97}$$

vgl. (72) in Kap. V. Wir nennen diese Matrix die *Begleitmatrix von g*. Für $n = 1$ sei $\boldsymbol{B}_g$ die 1×1-Matrix $(-a_0)$. Nach F11 von Kap. V *ist das charakteristische Polynom der Begleitmatrix von g gerade das Polynom g*:

$$\chi_{\boldsymbol{B}}(X) = g(X). \tag{98}$$

Wie sehen nun die übrigen Determinantenteiler der Matrix $\boldsymbol{B} = \boldsymbol{B}_g$ aus? Die charakteristische Matrix von $\boldsymbol{B}_g$ hat die Gestalt

$$XE - \boldsymbol{B}_g = \begin{pmatrix} X & & & & a_0 \\ -1 & \ddots & & & a_1 \\ & \ddots & \ddots & & \vdots \\ & & \ddots & X & a_{n-2} \\ & & & -1 & X + a_{n-1} \end{pmatrix}$$

Streicht man hier die erste Zeile und die letzte Spalte, so erhält man eine obere Dreiecksmatrix der Determinante $(-1)^{n-1}$. Hieraus folgt, daß der $(n-1)$te Determinantenteiler von $\boldsymbol{B}$ nur gleich 1 sein kann. Außer dem letzten sind damit auch alle übrigen Determinantenteiler von $\boldsymbol{B}$ gleich 1. *Die Matrix* $\boldsymbol{B}_g$ *besitzt somit wegen* (88) *die Invariantenteiler* 1, 1, ..., 1, g. Folglich haben wir über $K[X]$ die *Äquivalenz*

$$XE - \boldsymbol{B}_g \sim \begin{pmatrix} 1 & & & & \\ & 1 & & \boldsymbol{O} & \\ & & \ddots & & \\ & \boldsymbol{O} & & 1 & \\ & & & & g \end{pmatrix} \tag{99}$$

F11: *Es seien* $g_1, g_2, \ldots, g_r \in K[X]$ *normierte Polynome vom Grade* ≥ 1 *mit*

$$g_i | g_{i+1} \quad \textit{für } 1 \leq i < r, \tag{100}$$

und es sei

$$\boldsymbol{B} = \boldsymbol{B}_{g_1, \ldots, g_r} = \begin{pmatrix} \boldsymbol{B}_{g_1} & & & \\ & \boldsymbol{B}_{g_2} & & \boldsymbol{O} \\ & & \ddots & \\ & \boldsymbol{O} & & \boldsymbol{B}_{g_r} \end{pmatrix} \tag{101}$$

die 'verallgemeinerte Diagonalmatrix', deren Diagonalkästchen der Reihe nach die Begleitmatrizen $\boldsymbol{B}_{g_1}, \ldots, \boldsymbol{B}_{g_r}$ *der Polynome* $g_1, \ldots, g_r$ *sind. Die Matrix* $\boldsymbol{B}$ *besitzt dann die Invariantenteiler*

$$1, 1, \ldots, 1, g_1, g_2, \ldots, g_r\,^* \tag{102}$$

Beweis: Aufgrund von (99) ist die *charakteristische Matrix*

$$XE - \boldsymbol{B} = \begin{pmatrix} XE - \boldsymbol{B}_{g_1} & & & \\ & XE - \boldsymbol{B}_{g_2} & & \boldsymbol{O} \\ & & \ddots & \\ & \boldsymbol{O} & & XE - \boldsymbol{B}_{g_r} \end{pmatrix}$$

* Ist $n = \operatorname{grad} g_1 + \cdots + \operatorname{grad} g_r$, also $\boldsymbol{B}$ eine $n \times n$-Matrix, so treten in (102) genau $n - r$ Einsen auf.

äquivalent zu der Diagonalmatrix

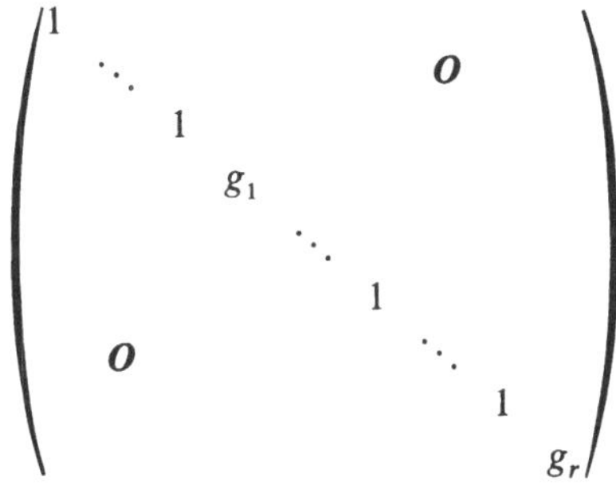

Diese Matrix ist nun sicherlich äquivalent zu jeder Matrix, die aus ihr durch Vertauschen ihrer Diagonalglieder hervorgeht. Somit hat man die *Äquivalenz*

$$XE - \boldsymbol{B} \sim \begin{pmatrix} 1 & & & & & & & \\ & 1 & & & & & \boldsymbol{O} & \\ & & \ddots & & & & & \\ & & & 1 & & & & \\ & & & & g_1 & & & \\ & & & & & g_2 & & \\ & & \boldsymbol{O} & & & & \ddots & \\ & & & & & & & g_r \end{pmatrix}$$

Wegen (100) ist folglich (102) das System der Invariantenteiler von $\boldsymbol{B}$.

Satz 5 ('Frobenius'sche Normalform'):

Sei $\boldsymbol{A} \in M_n(K)$ *eine beliebige* $n \times n$*-Matrix über dem Körper K. Dann ist* $\boldsymbol{A}$ *zu genau einer Matrix* $\boldsymbol{B}_{g_1, \ldots, g_r}$ *der Gestalt* (101) *ähnlich, wobei* $g_1, \ldots, g_r$ *normierte Polynome vom Grade* ≥ 1 *sind, für welche die Teilbarkeitsbeziehungen* (100) *gelten. Die eindeutig bestimmte Matrix* $\boldsymbol{B}_{g_1, \ldots, g_r}$ *nennen wir die Frobenius'sche Normalform von* $\boldsymbol{A}$.

Beweis: Es sei $1, 1, \ldots, 1, g_1, g_2, \ldots, g_r$ das System der Invariantenteiler von $\boldsymbol{A}$ mit $g_1, g_2, \ldots, g_r$ als denjenigen Invariantenteilern von $\boldsymbol{A}$, welche einen Grad ≥ 1 besitzen. Nach F11 stimmt dann das System $1, 1, \ldots, 1, g_1, \ldots, g_r$ gerade mit dem System der Invariantenteiler der Matrix $\boldsymbol{B} = \boldsymbol{B}_{g_1, \ldots, g_r}$ in (101) überein. Die Matrizen $\boldsymbol{A}$ und $\boldsymbol{B}$ haben somit dieselben Invariantenteiler und sind daher nach Satz 4 *ähnlich*. Die Eindeutigkeitsaussage von Satz 5 folgt im Hinblick auf Satz 4 ebenfalls sofort aus F11.

F12: *Ist* $g = h_1 h_2 \ldots h_k$ *Produkt von paarweise teilerfremden normierten Polynomen* $h_1, \ldots, h_k$ *vom Grade* ≥ 1 *über* K, *so gilt*

$$\boldsymbol{B}_g \approx \begin{pmatrix} \boldsymbol{B}_{h_1} & & \boldsymbol{O} \\ & \ddots & \\ \boldsymbol{O} & & \boldsymbol{B}_{h_k} \end{pmatrix}. \tag{103}$$

Beweis: Wie man sich sofort überlegt (vgl. den Beweis zu F11), ist die *charakteristische Matrix* der Matrix auf der rechten Seite von (103) über $K[X]$ äquivalent zu der Matrix

$$\boldsymbol{H}(X) = \begin{pmatrix} 1 & & & & & \\ & \ddots & & & \boldsymbol{O} & \\ & & 1 & & & \\ & & & h_1 & & \\ & \boldsymbol{O} & & & \ddots & \\ & & & & & h_k \end{pmatrix}. \tag{104}$$

Im Hinblick auf (99) genügt es dann zu zeigen, daß $\boldsymbol{H}(X)$ dieselben Determinantenteiler besitzt wie die Matrix

$$\boldsymbol{G}(X) = \begin{pmatrix} 1 & & & & \\ & \ddots & & \boldsymbol{O} & \\ & & \ddots & & \\ & & & \ddots & \\ & \boldsymbol{O} & & 1 & \\ & & & & g \end{pmatrix}. \tag{105}$$

Es sei $n = \operatorname{grad} g$, so daß es sich in (104) und (105) um $n \times n$-Matrizen über $K[X]$ handelt. Offenbar ist

$$d_n(\boldsymbol{H}(X)) = h_1 h_2 \ldots h_k = g = d_n(\boldsymbol{G}(X)).$$

Ferner ist klar, daß $d_{n-1}(\boldsymbol{G}(X)) = 1$ gilt. Wir behaupten, daß auch $d_{n-1}(\boldsymbol{H}(X)) = 1$ ist, womit alles bewiesen wäre. Für jedes $i = 1, 2, \ldots, r$ tritt nun das Produkt

$$\prod_{j \neq i} h_j$$

als $(n-1) \times (n-1)$-Unterdeterminante von $\boldsymbol{H}(X)$ in (104) auf, und daher ist $d_{n-1}(\boldsymbol{H}(X))$ als gemeinsamer Teiler aller dieser Produkte notwendig gleich 1.

Satz 6 ('Weierstraß'sche Normalform'):

Sei $\boldsymbol{A} \in M_n(K)$ *eine beliebige* $n \times n$-*Matrix über dem Körper* K. *Zu* $\boldsymbol{A}$ *gibt es dann ein bis auf die Reihenfolge eindeutig bestimmtes System* h_1,

..., h_m von Potenzen h_i normierter Primpolynome aus $K[X]$, so daß $\boldsymbol{A}$ *zu der Matrix*

$$\boldsymbol{B}_{h_1,\ldots,h_m} = \begin{pmatrix} \boldsymbol{B}_{h_1} & & & \\ & \boldsymbol{B}_{h_2} & & \boldsymbol{O} \\ & \boldsymbol{O} & \ddots & \\ & & & \boldsymbol{B}_{h_m} \end{pmatrix} \tag{106}$$

ähnlich ist. Die bis auf die Reihenfolge der Kästchen $\boldsymbol{B}_{h_1}, \ldots, \boldsymbol{B}_{h_m}$ *eindeutig bestimmte Matrix* $\boldsymbol{B}_{h_1,\ldots,h_m}$ *heißt Weierstraß'sche Normalform der Matrix* $\boldsymbol{A}$ *über* K.

Beweis: Wie oben (vgl. Satz 5 und F11) seien $g_1, \ldots, g_r$ die *nichtkonstanten Invariantenteiler* von $\boldsymbol{A}$; es gilt dann die Ähnlichkeitsbeziehung

$$\boldsymbol{A} \approx \begin{pmatrix} \boldsymbol{B}_{g_1} & & & \\ & \boldsymbol{B}_{g_2} & & \boldsymbol{O} \\ & \boldsymbol{O} & \ddots & \\ & & & \boldsymbol{B}_{g_r} \end{pmatrix} \tag{107}$$

Jedes $g = g_i$ besitzt nun (vgl. §1, F9) eine eindeutig bestimmte Zerlegung

$$g = h_1 h_2 \ldots h_k$$

in Potenzen h_l von normierten, paarweise teilerfremden Primpolynomen aus $K[X]$. Wendet man dann F12 auf jedes $g = g_i$ an, so ergibt sich daraus sofort, daß $\boldsymbol{A}$ zu einer Matrix der Gestalt (106) ähnlich ist, wobei in (106) genau die Primpolynompotenzen h_j erscheinen, welche auch in den Primfaktorzerlegungen der g_i auftreten.

Um auch die *Eindeutigkeitsaussage* von Satz 6 zu beweisen, zeigen wir, daß durch die Invariantenteiler der Matrix $\boldsymbol{B} = \boldsymbol{B}_{h_1,\ldots,h_m}$ die vorgegebenen Primpolynompotenzen $h_1, \ldots, h_m$ eindeutig festgelegt sind. Es sei f_1 das kgV von $h_1, \ldots, h_m$. Nach eventueller Umnumerierung gilt dann

$$f_1 = h_1 h_2 \ldots h_k \tag{108}$$

mit *paarweise teilerfremden* $h_1, h_2, \ldots, h_k$. Ist $k < m$, so betrachten wir das verbleibende System $h_{k+1}, \ldots, h_m$ und setzen entsprechend $f_2 = \mathrm{kgV}(h_{k+1}, \ldots, h_m)$. Indem wir so fortfahren, erhalten wir ein System $f_1, \ldots, f_r$ normierter Polynome vom Grade ≥ 1 mit

$$f_{i+1} | f_i \quad \text{und} \quad f_1 \ldots f_r = h_1 \ldots h_m. \tag{109}$$

Es ist klar, daß das vorgelegte System $h_1, \ldots, h_m$ durch Angabe der $f_1, \ldots, f_r$ bis auf die Reihenfolge eindeutig bestimmt ist. Es genügt daher zu zeigen, daß es sich bei den f_i gerade um die *nicht-konstanten Invariantenteiler* von $\boldsymbol{B}$ handelt. Im Hinblick auf F12 gilt nun

$$B = \left(\begin{array}{ccc|ccc} B_{h_1} & & & & & \\ & \ddots & & & O & \\ & & B_{h_k} & & & \\ \hline & & & \ddots & & \\ & O & & & \ddots & \\ & & & & & B_{h_m} \end{array}\right)$$

$$\approx \left(\begin{array}{c|c|c} B_{f_1} & & O \\ \hline & \ddots & \\ \hline O & & B_{f_r} \end{array}\right) \approx B_{f_r, \ldots, f_1}$$

Wegen (109) ist also in der Tat $f_r, f_{r-1}, \ldots, f_2, f_1$ das System der nicht konstanten Invariantenteiler von $\boldsymbol{B}$.

Bemerkung 1: Die nach Satz 6 zu $\boldsymbol{A} \in M_n(K)$ gehörigen (bis auf die Reihenfolge eindeutig festgelegten) Polynome $h_1, \ldots, h_m$ nennen wir die *(Weierstraß'schen) Elementarteiler* der Matrix $\boldsymbol{A}$ über K. *Die Weierstraß'schen Elementarteiler von* $\boldsymbol{A}$ *sind genau die Primpolynompotenzen, welche in den Primfaktorzerlegungen der nicht-konstanten Invariantenteiler von* $\boldsymbol{A}$ *auftreten.* Faßt man daher $\boldsymbol{A}$ als Matrix $\boldsymbol{A} \in M_n(E)$ über einem Erweiterungskörper E von K auf, so besitzt $\boldsymbol{A}$ über E im allgemeinen andere *Elementarteiler* als über K, während sich die *Invariantenteiler* von $\boldsymbol{A}$ nicht ändern (vgl. Bem. 2 zu Satz 4). Im Gegensatz zur *Frobenius'schen Normalform* bleibt also die *Weierstraß'sche Normalform* einer Matrix $\boldsymbol{A} \in M_n(K)$ bei Übergang zu einem Erweiterungskörper E von K im allgemeinen nicht invariant.

Bemerkung 2: Wie sich aus den *Invariantenteilern* einer Matrix $\boldsymbol{A} \in M_n(K)$ deren *Weierstraß'sche Elementarteiler* über K ergeben (und umgekehrt), haben wir im Beweis zu Satz 6 genauer dargelegt. □

Von grundlegender Bedeutung bei der Fragestellung dieses Kapitels ist der Fall, daß der zugrundegelegte Körper K *algebraisch abgeschlossen* ist (vgl. auch Bem. 2 zu Satz 4 sowie Kap. V, Bem. 5 auf S. 218). Im Fall eines algebraisch abgeschlossenen Körpers K kommen nun als *Elementarteiler* einer Matrix $\boldsymbol{A} \in M_n(K)$ nur Polynome der Gestalt

$$(X-\alpha)^e, \quad \alpha \in K \tag{110}$$

in Frage. Mit

$$\boldsymbol{B}(\alpha, e) := \boldsymbol{B}_{(X-\alpha)^e} \tag{111}$$

bezeichnen wir die *Begleitmatrix des Polynoms* $(X-\alpha)^e$.

F13 ('Jordanmatrix'):

Es sei K ein beliebiger Körper. Für $\alpha \in K$ und $e \in \mathbb{N}$ ist die Begleitmatrix $\boldsymbol{B}(\alpha, e)$ des Polynoms $(X-\alpha)^e$ ähnlich zu der $e \times e$-Matrix

$$\boldsymbol{J}(\alpha, e) := \begin{pmatrix} \alpha & & & & \boldsymbol{O} \\ 1 & \alpha & & & \\ & 1 & \ddots & & \\ & & \ddots & \ddots & \\ \boldsymbol{O} & & & 1 & \alpha \end{pmatrix} \tag{112}$$

Eine Matrix der Gestalt (112) *heißt eine* J o r d a n - M a t r i x *über* K.

Beweis: Nach Satz 4 genügt es zu zeigen, daß $\boldsymbol{J} := \boldsymbol{J}(\alpha, e)$ die gleichen Determinantenteiler wie $\boldsymbol{B} := \boldsymbol{B}(\alpha, e)$ besitzt. Die *charakteristische Matrix* von $\boldsymbol{J}$ hat die Gestalt

$$X\boldsymbol{E} - \boldsymbol{J} = \begin{pmatrix} X-\alpha & & & \boldsymbol{O} \\ -1 & \ddots & & \\ & \ddots & \ddots & \\ \boldsymbol{O} & & -1 & X-\alpha \end{pmatrix} \tag{113}$$

Der e-te Determinantenteiler von $\boldsymbol{J}$ ist folglich gleich $\det(X\boldsymbol{E} - \boldsymbol{J}) = (X-\alpha)^e$. Alle übrigen Determinantenteiler sind gleich 1, denn die Teilmatrix, die aus (113) durch Streichen der ersten Zeile und der letzten Spalte entsteht, hat die Determinante $(-1)^{e-1}$. Somit hat $\boldsymbol{J}$ in der Tat dieselben Determinantenteiler wie $\boldsymbol{B}$, vgl. (99).

Satz 7 ('Jordan'sche Normalform'):

Es sei $\boldsymbol{A} \in M_n(K)$ eine $n \times n$-Matrix über dem Körper K. Wir setzen voraus, daß das charakteristische Polynom von $\boldsymbol{A}$ über K vollständig in Linearfaktoren zerfällt. Zu $\boldsymbol{A}$ gibt es dann ein bis auf die Reihenfolge eindeutig bestimmtes System $\boldsymbol{J}_1, \boldsymbol{J}_2, \ldots, \boldsymbol{J}_m$ von J o r d a n m a t r i z e n *über K, so daß $\boldsymbol{A}$ zu der Matrix*

$$\begin{pmatrix} \boldsymbol{J}_1 & & & \\ & \boldsymbol{J}_2 & & \boldsymbol{O} \\ & \boldsymbol{O} & \ddots & \\ & & & \boldsymbol{J}_m \end{pmatrix} \tag{114}$$

ähnlich ist. Die bis auf die Reihenfolge der Jordankästchen $\boldsymbol{J}_1, \ldots, \boldsymbol{J}_m$ *eindeutig bestimmte Matrix* (114) *heißt Jordan'sche Normalform der Matrix* $\boldsymbol{A}$.

Beweis: Als *Teiler* des charakteristischen Polynoms χ_A von $\boldsymbol{A}$ zerfallen mit χ_A nach Voraussetzung auch sämtliche *Invariantenteiler* von $\boldsymbol{A}$ vollständig in Linearfaktoren über K, und folglich trifft dasselbe auch auf die *Elementarteiler* $h_1, \ldots, h_m$ von $\boldsymbol{A}$ zu (vgl. (89), (88) sowie Bem. 1 zu Satz 6). Jedes h_i hat also die Gestalt

$$h_i = (X - \alpha_i)^{e_i} \quad \text{mit } \alpha_i \in K, e_i \in \mathbb{N}. \tag{115}$$

Zur Abkürzung setzen wir

$$\boldsymbol{J}_i := \boldsymbol{J}(\alpha_i, e_i). \tag{116}$$

Aufgrund von F13 gilt dann

$$\boldsymbol{B}_{h_i} \approx \boldsymbol{J}_i \quad \text{für } 1 \le i \le m \tag{117}$$

und folglich auch

$$\begin{pmatrix} \boldsymbol{B}_{h_1} & & \boldsymbol{O} \\ & \ddots & \\ \boldsymbol{O} & & \boldsymbol{B}_{h_m} \end{pmatrix} \approx \begin{pmatrix} \boldsymbol{J}_1 & & \boldsymbol{O} \\ & \ddots & \\ \boldsymbol{O} & & \boldsymbol{J}_m \end{pmatrix} \tag{118}$$

Satz 7 (mitsamt seiner Eindeutigkeitsaussage) folgt somit jetzt direkt aus Satz 6.

Bemerkung 1: Sind die Jordankästchen $\boldsymbol{J}_i$ in (114) durch (116) gegeben, so hat das *charakteristische Polynom* χ_A von $\boldsymbol{A}$ offenbar die Gestalt

$$\chi_A(X) = \prod_{i=1}^{m} (X - \alpha_i)^{e_i}. \tag{119}$$

Somit ist $\{\alpha_1, \ldots, \alpha_m\}$ die Menge aller *Eigenwerte* von $\boldsymbol{A}$. *Auf der Hauptdiagonalen der Jordanschen Normalform* (114) *von* $\boldsymbol{A}$ *stehen also nur Eigenwerte von* $\boldsymbol{A}$; die $\alpha_1, \ldots, \alpha_m$ in (119) brauchen allerdings keineswegs paarweise verschieden zu sein. Habe χ_A nun genau die s paarweise verschiedenen Nullstellen $\lambda_1, \ldots, \lambda_s$. Dann hat die *Primfaktorzerlegung* von χ_A also die Gestalt

$$\chi_A(X) = \prod_{i=1}^{s} (X - \lambda_i)^{k_i} \tag{120}$$

mit eindeutig bestimmten natürlichen Zahlen $k_1, \ldots, k_s$. Es ist dann zweckmäßig, die Jordankästchen, welche zu demselben Eigenwert λ_i gehören, jeweils zusammenzufassen und dabei außerdem noch der *Größe nach* zu ordnen. Es ist dann also $\boldsymbol{A}$ ähnlich zu

$$\begin{pmatrix} A_1 & & & \\ & A_2 & & \\ & & \ddots & \\ & & & A_s \end{pmatrix}, \tag{121}$$

wobei A_i jeweils die Gestalt

$$A_i = \begin{pmatrix} J(\lambda_i, e_{i,1}) & & & O \\ & J(\lambda_i, e_{i,2}) & & \\ & & \ddots & \\ O & & & J(\lambda_i, e_{i,n_i}) \end{pmatrix} \tag{122}$$

besitzt mit 'Exponenten'

$$e_{i,1} \le e_{i,2} \le \cdots \le e_{i,n_i}, \tag{123}$$

und n_i als der Anzahl sämtlicher zum Eigenwert λ_i von A gehörigen Jordankästchen. Die *Jordan'sche Normalform* (121) von A ist dann bis auf die Numerierung der s verschiedenen Eigenwerte von A eindeutig festgelegt. Für eine 10×10-Matrix A beispielsweise könnte die *Jordan'sche Normalform* von A wie folgt aussehen:

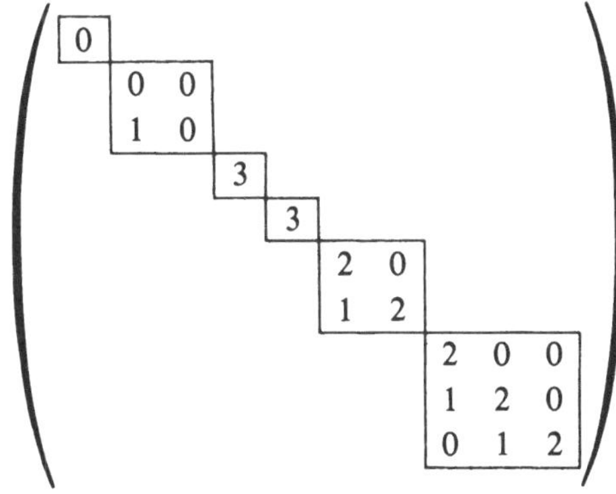

Bemerkung 2: Man beachte, daß es sich bei der *Jordan'schen Normalform* einer Matrix jedenfalls um eine *untere Dreiecksmatrix* handelt. Satz 7 stellt somit eine Verschärfung des bereits in Kap. V ausgesprochenen Satzes über die *Trigonalisierbarkeit* von Endomorphismen dar (vgl. Kap. V, §5, Satz 5 mit Bem. 3).

Bemerkung 3: Unter der in Satz 7 gemachten Voraussetzung ist die Matrix A natürlich auch ähnlich zu einer aus oberen Jordankästchen

$$J_i = \begin{pmatrix} \alpha_i & 1 & & \boldsymbol{O} \\ & \alpha_i & \ddots & \\ & & \ddots & 1 \\ \boldsymbol{O} & & & \alpha_i \end{pmatrix}$$

zusammengesetzten Matrix der Gestalt (114). Beweis als *Übungs aufgabe* 7.

Bemerkung 4: Mit den Bezeichnungen von Bem. 1 gilt: Das *Minimal-polynom* μ_A von A hat die Gestalt

$$\mu_A = \prod_{i=1}^{s} (X - \lambda_i)^{m_i} \text{ mit } m_i := e_{i,n_i}. \tag{124}$$

Um dies zu zeigen, argumentieren wir der Bequemlichkeit halber wie folgt: Zunächst stellen wir fest, daß es sich bei dem Produkt auf der rechten Seite von (124) offenbar um den *höchsten Invariantenteiler* $c_A^{(r)}$ von A handelt (vgl. Bem. 2 zu Satz 6). Wie im nächsten Paragraphen aber noch gezeigt werden wird, ist $c_A^{(r)} = \mu_A$ (vgl. F15 in §5). *Übungsaufgabe* 8: Man gebe einen direkten Beweis dafür, daß μ_A die Gestalt (124) besitzt.

Bemerkung 5: Ist A eine $n \times n$-Matrix über K, deren charakteristisches Polynom über K vollständig in Linearfaktoren zerfällt, so läßt sich aus der *Jordan'schen Normalform* von A in Verbindung mit Bem. 4 sofort ablesen, daß gilt: Genau dann ist A *diagonalisierbar*, wenn das Minimalpolynom μ_A von A nur *einfache* Nullstellen besitzt (vgl. F18 in Kap. V).

Beispiele: (1) Vorgelegt sei die Matrix

$$A = \begin{pmatrix} 2 & 1 & 0 & 1 \\ 0 & 3 & 0 & 0 \\ -1 & 1 & 3 & 1 \\ -1 & 1 & 0 & 4 \end{pmatrix}$$

Wie man leicht nachrechnet, besitzt A das charakteristische Polynom $\chi_A(X) = (X-3)^4$. Nun hat

$$A - 3E = \begin{pmatrix} -1 & 1 & 0 & 1 \\ 0 & 0 & 0 & 0 \\ -1 & 1 & 0 & 1 \\ -1 & 1 & 0 & 1 \end{pmatrix}$$

offenbar den *Rang* 1, also ist der *Eigenraum* zum Eigenwert 3 von A drei-dimensional. Hieraus bereits folgt, daß die *Jordan'sche Normalform* von A die Gestalt

$$\begin{pmatrix} \boxed{3} & & & \\ & \boxed{3} & & \\ & & 3 & 0 \\ & & 1 & 3 \end{pmatrix}$$

besitzt. Folglich ist

$$\mu_A = (X-3)^2$$

das *Minimalpolynom* von A (vgl. Bem. 4 zu Satz 7). Übrigens (vgl. den Beweis zu Satz 7) ist

$$\begin{pmatrix} \boxed{3} & & & \\ & \boxed{3} & & \\ & & 0 & -9 \\ & & 1 & 6 \end{pmatrix}$$

die *Weierstraß'sche Normalform* von A, und diese stimmt im vorliegenden Fall mit der *Frobenius'schen Normalform* von A überein.

(2) Die Matrix

$$A = \begin{pmatrix} 2 & -1 & 1 \\ -1 & 2 & -1 \\ 2 & 2 & 3 \end{pmatrix}$$

besitzt das *charakteristische Polynom*

$$\chi_A(X) = (X-1)(X-3)^2.$$

Wie man weiter sofort nachrechnet, hat $A - 3E$ den *Rang* 2, also hat der *Eigenraum* zum Eigenwert 3 von A die Dimension 1. Damit hat die *Jordan'sche Normalform* von A die Gestalt

$$\begin{pmatrix} \boxed{1} & & \\ & 3 & 0 \\ & 1 & 3 \end{pmatrix}$$

Das *Minimalpolynom* von A lautet daher $\mu_A(X) = (X-1)(X-3)^2$ und stimmt also mit dem charakteristischen Polynom von A überein. Als *Übungsaufgabe* 9 zeige man, daß die *Frobenius'sche Normalform* von A mit der *Begleitmatrix* von χ_A übereinstimmt, und man bestimme auch die *Weierstraß'sche Normalform* von A.

§5 Zerlegung in zyklische Teilräume in bezug auf einen Endomorphismus

Im Prinzip ist klar, wie sich die oben nur für *Matrizen* ausgesprochenen Resultate auf beliebige *Endomorphismen* endlich-dimensionaler Vektorräume übertragen. Wir beschränken uns daher hier auf die Formulierung einiger weniger, nicht völlig auf der Hand liegender Tatsachen. Vorweg bemerken wir, daß die Begriffe *Invarianten-* und *Determinantenteiler* auch für einen beliebigen Endomorphismus f eines n-dimensionalen Vektorraumes V definiert sind, denn je zwei Koordinatenmatrizen von f bezüglich irgendwelcher Basen von V sind *ähnlich*, und *ähnliche Matrizen besitzen die gleichen Invarianten- und Determinantenteiler.*

Definition 13: Sei f ein Endomorphismus des K-Vektorraumes V. Wir nennen V *zyklisch bzgl. f* (oder kurz: *f-zyklisch*), wenn es ein $\boldsymbol{v}$ aus V gibt, so daß V von den Vektoren

$$\boldsymbol{v}, f\boldsymbol{v}, f^2\boldsymbol{v}, f^3\boldsymbol{v}, \ldots$$

erzeugt wird; ein solches $\boldsymbol{v}$ heißt dann ein *f-zyklischer Vektor* des f-zyklischen Vektorraumes V. □

Sei $V \neq 0$ ein *f-zyklischer* Vektorraum, und $\boldsymbol{v}$ sei ein *f-zyklischer Vektor* von V. Wir setzen V als *endlich-dimensional* voraus. Daher gibt es eine natürliche Zahl n, für die das System

$$\boldsymbol{v}, f\boldsymbol{v}, \ldots, f^{n-1}\boldsymbol{v} \tag{125}$$

linear unabhängig, hingegen das System $\boldsymbol{v}, f\boldsymbol{v}, \ldots, f^n\boldsymbol{v}$ linear abhängig ist. Es besteht dann eine Relation der Gestalt

$$a_0\boldsymbol{v} + a_1 f\boldsymbol{v} + \cdots + a_{n-1} f^{n-1}\boldsymbol{v} + f^n\boldsymbol{v} = \boldsymbol{0} \tag{126}$$

mit Koeffizienten a_i aus K. Mit

$$\boldsymbol{b}_1 = \boldsymbol{v}, \quad \boldsymbol{b}_2 = f\boldsymbol{v}, \quad \boldsymbol{b}_3 = f^2\boldsymbol{v}, \ldots, \boldsymbol{b}_n = f^{n-1}\boldsymbol{v}$$

gilt dann:

$$f\boldsymbol{b}_i = \boldsymbol{b}_{i+1} \quad \text{für } 1 \leq i \leq n-1 \tag{127}$$

sowie

$$f\boldsymbol{b}_n = -a_0\boldsymbol{b}_1 - a_1\boldsymbol{b}_2 - \cdots - a_{n-1}\boldsymbol{b}_n. \tag{128}$$

Aus den letzten beiden Gleichungen ergibt sich, daß der Teilraum $\langle \boldsymbol{b}_1, \ldots, \boldsymbol{b}_n \rangle$ von V bei Anwendung von f in sich übergeht. Nun ist aber $\boldsymbol{v} = \boldsymbol{b}_1$ als *f-zyklischer* Vektor von V vorausgesetzt, also folgt

$$V = \langle \boldsymbol{b}_1, \ldots, \boldsymbol{b}_n \rangle$$

Somit ist $\boldsymbol{b}_1, \ldots, \boldsymbol{b}_n$ eine *Basis* von V. Bezüglich dieser Basis besitzt f die Koordinatenmatrix

$$\begin{pmatrix} 0 & & & & -a_0 \\ 1 & \ddots & & & -a_1 \\ & \ddots & \ddots & & \vdots \\ & & \ddots & 0 & -a_{n-2} \\ & & & 1 & -a_{n-1} \end{pmatrix}. \tag{129}$$

Es ist folglich

$$\chi_f(X) = a_0 + a_1 X + \cdots + a_{n-1} X^{n-1} + X^n \tag{130}$$

das *charakteristische Polynom* von f, und (129) ist die *Begleitmatrix* von χ_f.

F14: *Es sei f ein Endomorphismus des n-dimensionalen Vektorraumes V. Genau dann ist V zyklisch bzgl. f, wenn f in bezug auf eine geeignete Basis von V eine Koordinatenmatrix der Gestalt* (129) *besitzt.*

Beweis: Den einen Teil der Behauptung haben wir im voraus schon gezeigt. Sei jetzt $\boldsymbol{b}_1, \ldots, \boldsymbol{b}_n$ eine Basis, bezüglich welcher f die Koordinatenmatrix (129) besitzt. Dann gelten die Gleichungen (127) und (128); aus ihnen aber ersieht man sofort, daß $\boldsymbol{v} := \boldsymbol{b}_1$ ein f-zyklischer Vektor von V ist.

Bemerkung: Wendet man f wiederholt auf die Gleichung (126) an, so erkennt man im Hinblick auf (130), daß $\chi_f(f) f^i \boldsymbol{v} = \boldsymbol{0}$ für alle i gilt. Somit ist $\chi_f(f) = \boldsymbol{0}$, und wir haben im vorliegenden Fall die Gültigkeit des Satzes von *Cayley–Hamilton* direkt verifiziert. Aus der linearen Unabhängigkeit des Systems (125) folgt nun außerdem, daß es kein Polynom von einem Grad $<n$ geben kann, welches f annulliert. Folglich ist

$$\mu_f = \chi_f, \tag{131}$$

d.h. *Minimalpolynom und charakteristisches Polynom von f stimmen im Falle eines f-zyklischen Vektorraumes V miteinander überein.*

F15: *Für einen beliebigen Endomorphismus f eines n-dimensionalen K-Vektorraumes V ist das Minimalpolynom μ_f gleich dem n-ten Invariantenteiler von f, also*

$$\mu_f = c_f^{(n)}. \tag{132}$$

Beweis: Es sei $g_1, g_2, \ldots, g_r$ das System der nicht-konstanten Invariantenteiler von f, und $\boldsymbol{B}_1, \boldsymbol{B}_2, \ldots, \boldsymbol{B}_r$ seien der Reihe nach die *Begleitmatrizen* zu $g_1, g_2, \ldots, g_r$. Aufgrund von Satz 5 (sowie F11) ist dann nur zu zeigen, daß die Matrix

$$\boldsymbol{B} = \begin{pmatrix} \boldsymbol{B}_1 & & & \boldsymbol{O} \\ & \boldsymbol{B}_2 & & \\ & & \ddots & \\ \boldsymbol{O} & & & \boldsymbol{B}_r \end{pmatrix} \tag{133}$$

das Polynom $g_r = c_f^{(n)}$ als Minimalpolynom besitzt. Nun gilt für ein beliebiges Polynom $g \in K[X]$ offenbar

$$g(\boldsymbol{B}) = \begin{pmatrix} g(\boldsymbol{B}_1) & & & \boldsymbol{O} \\ & g(\boldsymbol{B}_2) & & \\ & & \ddots & \\ \boldsymbol{O} & & & g(B_r) \end{pmatrix}. \tag{134}$$

Aufgrund der vorangegangenen Bemerkung zu F14 ist g_i für jedes i das Minimalpolynom von $\boldsymbol{B}_i$. Also ist $g(\boldsymbol{B}) = \boldsymbol{0}$ in (134) gleichbedeutend mit $g_i | g$ für alle $i = 1, 2, \ldots, r$. Da aber für die g_i die Teilbarkeitsbeziehungen (100) erfüllt sind, gilt somit

$$g(\boldsymbol{B}) = \boldsymbol{0} \Leftrightarrow g_r | g.$$

Folglich ist g_r das Minimalpolynom von $\boldsymbol{B}$.

Bemerkung: Aufgrund der Gleichungen (89) und (88) ist das charakteristische Polynom

$$\chi_f = c_f^{(1)} c_f^{(2)} \ldots c_f^{(n)} \tag{135}$$

von f Produkt der Invariantenteiler von f. Aus F15 folgt daher von neuem die Teilbarkeitsbeziehung

$$\mu_f | \chi_f. \tag{136}$$

Diese aber ist gleichbedeutend mit $\chi_f(\boldsymbol{f}) = \boldsymbol{0}$, womit der *Satz von Cayley–Hamilton* nochmals bewiesen ist. Da ferner $c_f^{(i)} | c_f^{(i+1)}$ für alle i gilt, erhalten wir aus (135) und (136) erneut auch die Teilbarkeitsaussage

$$\chi_f | \mu_f^n, \tag{137}$$

vgl. (119) in Kap. V.

F16: *Es sei f ein Endomorphismus des n-dimensionalen Vektorraumes V. Genau dann ist V zyklisch bzgl. f, wenn das Minimalpolynom von f mit dem charakteristischen Polynom von f übereinstimmt.*

Beweis: Ist $\mu_f = \chi_f$, so folgt aus (135) in Verbindung mit (132), daß $\boldsymbol{f}$ die Invariantenteiler $1, \ldots, 1, \mu_f$ besitzt. Dann ist aber jede Koordinatenmatrix von $\boldsymbol{f}$ ähnlich zu der *Begleitmatrix* von μ_f, vgl. Satz 4 sowie F11. Wegen F14 ist daher *V zyklisch* bzgl. f. Ist umgekehrt V als *zyklisch* bzgl. $\boldsymbol{f}$ vorausgesetzt, so ist $\mu_f = \chi_f$, vgl. die Bem. zu F14.

Definition 14: Sei f ein Endomorphismus des Vektorraumes V. Einen Teilraum U von V nennt man ***f**-invariant*, wenn

$$\boldsymbol{f}(U) \subseteq U \tag{138}$$

gilt. Ist ein f-invarianter Teilraum U von V *zyklisch* bzgl. des per Einschränkung von f definierten Endomorphismus

$$f_U\colon U \to U$$

von U, so nennen wir U einen ***f**-zyklischen Teilraum* von V.

Satz 8: *Es sei f ein Endomorphismus des n-dimensionalen Vektorraumes V. Dann ist V als direkte Summe*

$$V = V_1 \oplus V_2 \oplus \cdots \oplus V_r \tag{139}$$

f-zyklischer Teilräume $V_i \neq 0$ von V darstellbar. Von einer solchen Zerlegung kann außerdem noch verlangt werden, daß sie die folgende Bedingung erfüllt: Bezeichnet jeweils g_i das Minimalpolynom des von f vermittelten Endomorphismus f_i von V_i, so besteht für $i = 1, 2, \ldots, r-1$ die Teilbarkeitsbeziehung

$$g_i \mid g_{i+1}. \tag{140}$$

Es ist dann notwendig $g_1, \ldots, g_r$ das System der nicht-konstanten Invarianteneiler von f. Insbesondere ist g_r das Minimalpolynom von f.

Beweis: Wir beweisen zuerst die *Eindeutigkeitsaussage*. Sei also eine Zerlegung von V mit den obengenannten Eigenschaften vorgelegt. Wählt man dann in jedem V_i eine Basis des Typs (125) und setzt alles zu einer Basis von V zusammen, so besitzt f bezüglich dieser Basis die Koordinatenmatrix (101). Nach F11 ist folglich $g_1, \ldots, g_r$ das System der nicht-konstanten Invarianteneiler von f. Um zu erweisen, daß V eine Zerlegung der behaupteten Art besitzt, brauchen wir uns nur auf Satz 5 in §3 zu berufen. Danach gibt es in V eine Basis $\boldsymbol{b}_1, \ldots, \boldsymbol{b}_n$, bezüglich welcher f eine Koordinatenmatrix der Gestalt (101) besitzt. Nach Wahl dieser Basis entspricht dann jedem in (101) auftretenden Kästchen

$$\boldsymbol{B}_{g_i} \tag{141}$$

ein Teilraum V_i von V, welcher bei f in sich übergeführt wird, und zwar ist V_i von denjenigen Basisvektoren $\boldsymbol{b}_k$ erzeugt, deren Index k zu den Platzziffern des Kästchens (141) gehört. Da es sich bei (141) jeweils um die *Begleitmatrix* des Polynoms g_i handelt, ist V_i notwendig ***f**-zyklisch*, und g_i ist das *Minimalpolynom* des von f auf V_i vermittelten Endomorphismus. Damit ist alles bewiesen, denn V ist natürlich die *direkte Summe* der Teilräume $V_1, \ldots, V_r$.

Satz 9: *Es sei f ein Endomorphismus des n-dimensionalen K-Vektorraumes V. Dann ist V als direkte Summe*

$$V = W_1 \oplus W_2 \oplus \cdots \oplus W_m \tag{142}$$

f-zyklischer Teilräume $W_i \neq 0$ von V darstellbar, wobei noch die folgende Bedingung erfüllt ist: Für jedes $i = 1, 2, \ldots, m$ ist das Minimalpolynom h_i des von f vermittelten Endomorphismus von W_i eine Potenz eines normierten Primpolynoms aus $K[X]$. Die Polynome $h_1, \ldots, h_m$ sind dann durch f bis auf die Reihenfolge eindeutig bestimmt, es sind nämlich die Weierstraß'schen Elementarteiler von f.

Beweis: Ebenso, wie der vorangegangene Satz 8 sich aus §3, Satz 5 ergab, so folgt jetzt Satz 9 unmittelbar aus der entsprechenden Aussage von Satz 6 in §3.

Übungsaufgabe 10: Aus Satz 9 folgere man, daß f genau dann *diagonalisierbar* ist, wenn das *Minimalpolynom* μ_f von f über K *vollständig in Linearfaktoren zerfällt* und nur *einfache* Nullstellen besitzt (vgl. F18 in Kap. V). Hinweis: Die *Elementarteiler* h_i von f sind Teiler von μ_f (vgl. F15 sowie Bem. 1 zu Satz 6 in §3).

Kapitel X

Eine kleine Aufgabensammlung der Linearen Algebra

§ 1 Aufgaben zu Kapitel I: Lineare Gleichungssysteme

Aufgabe 1: Für welche c ist das lineare Gleichungssystem

$$\begin{aligned} x - cy &= 1 \\ (c-1)x - 2y &= 1 \end{aligned}$$

(i) eindeutig lösbar, (ii) lösbar, aber nicht eindeutig, (iii) nicht lösbar?

Aufgabe 2: Eine reelle 3×3-Matrix

$$\boldsymbol{x} = \begin{pmatrix} x_1 & x_2 & x_3 \\ x_4 & x_5 & x_6 \\ x_7 & x_8 & x_9 \end{pmatrix} \qquad (1)$$

heiße ein *magisches Quadrat*, wenn alle Zeilensummen, alle Spaltensummen und alle Diagonalsummen einander gleich sind. Man fasse die Gesamtheit M aller magischen Quadrate als Teilmenge des $\mathbb{R}^9$ auf. Es bezeichne M_c die Menge aller $\boldsymbol{x}$ aus M mit Zeilensumme c.

(i) Man zeige, daß M ein Teilraum von R^9 ist.

(ii) Warum ist $M_c \neq \emptyset$ für jedes c? Wieso gilt für jedes $\boldsymbol{x}$ aus M_c die Gleichung $4c = 3c + 3x_5$? Was folgt aus dieser Gleichung speziell für die Gestalt der $\boldsymbol{x}$ aus M_0?

(iii) Man gebe die erste Zeile in (1) vor. Wie kann man diese zu einem magischen Quadrat ergänzen?

(iv) Kann man auch eine vorgegebene zweite Zeile stets zu einem magischen Quadrat ergänzen?

(v) Man zeige: Jedes $\boldsymbol{x}$ aus M besitzt eine eindeutige Darstellung $\boldsymbol{x} = t_1 \boldsymbol{e}_1 + t_2 \boldsymbol{e}_2 + t_3 \boldsymbol{e}_3$ mit t_1, t_2, t_3 aus $\mathbb{R}$; hierbei sei

$$\boldsymbol{e}_1 = \begin{pmatrix} 1 & 1 & 1 \\ 1 & 1 & 1 \\ 1 & 1 & 1 \end{pmatrix} \quad \boldsymbol{e}_2 = \begin{pmatrix} 1 & -1 & 0 \\ -1 & 0 & 1 \\ 0 & 1 & -1 \end{pmatrix} \quad \boldsymbol{e}_3 = \begin{pmatrix} 0 & 1 & -1 \\ -1 & 0 & 1 \\ 1 & -1 & 0 \end{pmatrix}$$

Aufgabe 3: Man bestimme alle Lösungen des linearen Gleichungssystems

$$\begin{aligned} 13x_1 + 13x_2 + 5x_3 + 9x_4 &= b_1 \\ x_1 \qquad\quad - x_3 + 3x_4 &= b_2 \\ 5x_1 + 3x_2 \qquad\quad + 2x_4 &= b_3 \\ 7x_2 + 8x_3 - 4x_4 &= b_4 \end{aligned}$$

(i) für $b_1 = b_2 = b_3 = b_4 = 0$, (ii) für $b_1 = 0$, $b_2 = 1$, $b_3 = 2$, $b_4 = -7$, (iii) für $b_1 = 1$, $b_2 = b_3 = b_4 = 0$.

Dabei ist $\mathbb{Q}$ als Grundkörper zugrundegelegt. Als Basisvektoren des Lösungsraumes im Falle (i) sollen nur ganzzahlige 4-Tupel angegeben werden.

Antwort: (i) Der Lösungsraum ist von dem Vektor $(46, -84, 79, 11)$ erzeugt; (ii) Eine spezielle Lösung ist $(1, -1, 0, 0)$; (iii) In diesem Fall ist das System unlösbar.

Aufgabe 4: Man bestimme alle Lösungen des folgenden Gleichungssystems über dem Körper $\mathbb{F}_7$:

$$\begin{aligned} 2x_1 + x_2 \phantom{{}+6x_3} &= 1 \\ 3x_1 - x_2 + 6x_3 &= 5 \\ 4x_1 + 3x_2 - x_3 &= 2 \\ 5x_2 + 2x_3 &= 0 \end{aligned}$$

Aufgabe 5: Zeige: Für $\alpha = \sqrt[3]{2}$ ist die Teilmenge $\{a + b\alpha + c\alpha^2 \mid a, b, c \in \mathbb{Q}\}$ von $\mathbb{R}$ ein Teilkörper von $\mathbb{R}$.

Hinweis: Man ziehe F6, §3 heran und benutze dabei die Nullteilerfreiheit von $\mathbb{R}$.

Aufgabe 6: Begründe: Hat ein (inhomogenes) lineares Gleichungssystem in n Unbekannten, dessen sämtliche Koeffizienten (auf der rechten und linken Seite) rationale Zahlen sind, eine Lösung in $\mathbb{R}^n$, so hat es auch eine Lösung in $\mathbb{Q}^n$. Verallgemeinerung?

Aufgabe 7: Es seien paarweise verschiedene Zahlen $a_1, a_2, \ldots, a_n$ gegeben. Man zeige, daß das folgende lineare Gleichungssystem stets eindeutig lösbar ist, wie immer die b_i auf der rechten Seite auch gewählt sein mögen:

$$\begin{aligned} x_1 + \quad x_2 + \cdots + \quad x_n &= b_1 \\ a_1x_1 + \quad a_2x_2 + \cdots + \quad a_nx_n &= b_2 \\ a_1^2x_1 + \quad a_2^2x_2 + \cdots + \quad a_n^2x_n &= b_3 \\ \vdots \qquad\qquad\qquad & \quad \vdots \\ a_1^{n-1}x_1 + a_2^{n-1}x_2 + \cdots + a_n^{n-1}x_n &= b_n \end{aligned}$$

Hinweis: Man führe *geeignete* Zeilenumformungen der Koeffizientenmatrix durch und wende Induktion an.

Aufgabe 8: Es sei M eine endliche (nicht leere) Teilmenge von $\mathbb{Z}^2$, der Menge der ganzzahligen 2-Tupel von $\mathbb{R}^2$. Ein $\boldsymbol{x} = (x_1, x_2)$ aus M heiße ein *innerer Punkt* von M, wenn die vier Nachbarpunkte $(x_1 - 1, x_2)$, $(x_1 + 1, x_2)$, $(x_1, x_2 - 1)$, $(x_1, x_2 + 1)$ von $\boldsymbol{x}$ in $\mathbb{Z}^2$ alle zu M gehören. Ein $\boldsymbol{x} \in M$ heiße ein *Randpunkt* von M, wenn $\boldsymbol{x}$ kein innerer Punkt von M ist. Eine Abbildung $f\colon M \to \mathbb{R}$ heiße *harmonisch*, wenn $f(\boldsymbol{x})$ für jeden inneren Punkt von M mit dem arithmetischen Mittel der Funktionswerte von f an den vier Nachbarpunkten von $\boldsymbol{x}$ übereinstimmt. Man beweise: (i) Eine harmonische Abbildung $f\colon M \to \mathbb{R}$ ist durch Angabe ihrer Werte auf den Randpunkten eindeutig festgelegt. (ii) Zu beliebig vorgeschriebenen Werten für die Randpunkte von M existiert eine harmonische Abbildung $f\colon M \to \mathbb{R}$, welche in den Randpunkten die vorgegebenen Werte annimmt.

Hinweis: Um (i) zu beweisen, nehme man o.E. an, daß f in allen Randpunkten verschwindet. Untersuche, wo f sein *Maximum* annehmen kann. Man führe (ii) auf (i) zurück, indem man F6 in §3, Kap. I benutzt.

§2 Aufgaben zu Kapitel II: Vektorräume

Aufgabe 9: Seien A, B, C Teilräume eines Vektorraumes V. Man beweise: Ist $C \subseteq A$, so gilt

$$A \cap (B + C) = (A \cap B) + C.$$

Gelten allgemein die Beziehungen

$$A \cap (B + C) = (A \cap B) + (A \cap C) \quad \text{und}$$

$$A + (B \cap C) = (A + B) \cap (A + C)?$$

Aufgabe 10: Man zeige, daß sich die Kommutativität der Addition (also das Axiom (A2) in Def. 2, §2, Kap. II) aus den übrigen Axiomen für einen Vektorraum ergibt.

Aufgabe 11: Es sei $\boldsymbol{u}_1, \ldots, \boldsymbol{u}_n$ ein linear unabhängiges System des K-Vektorraumes V. Zeige: Für $\boldsymbol{u} = a_1 \boldsymbol{u}_1 + \cdots + a_n \boldsymbol{u}_n$ ist das System $\boldsymbol{u}_1 - \boldsymbol{u}, \boldsymbol{u}_2 - \boldsymbol{u}, \ldots, \boldsymbol{u}_n - \boldsymbol{u}$ genau dann linear abhängig, wenn $a_1 + \cdots + a_n = 1$ ist.

Aufgabe 12: Es sei $\{\boldsymbol{b}_1, \ldots, \boldsymbol{b}_n\}$ eine Basis des n-dimensionalen K-Vektorraumes V. Welche $\boldsymbol{x}$ aus V haben die Eigenschaft, daß $\{\boldsymbol{b}_1, \ldots, \boldsymbol{b}_n, \boldsymbol{x}\} \setminus \{\boldsymbol{b}_i\}$ für alle $i = 1, 2, \ldots, n$ eine Basis von V ist?

Antwort: Für $n \geq 2$ sind es genau die $\boldsymbol{x} = \sum x_i \boldsymbol{b}_i$ mit $x_i \neq 0$ für alle i; für $n = 1$ genau die $\boldsymbol{x} \neq \boldsymbol{0}, \boldsymbol{b}_1$.

Aufgabe 13: Es sei K ein beliebiger Körper. Man begründe: Ist I eine unendliche Menge, so ist der K-Vektorraum $K^{(I)}$ nicht endlich erzeugt.

Aufgabe 14: Es seien $\boldsymbol{A} = (a_{ij})$ eine $m \times n$-Matrix über dem Körper K und r eine ganze Zahl mit $0 \leq r \leq n$. Es sei vorausgesetzt, daß alle Spalten $\boldsymbol{v}_i$ von $\boldsymbol{A}$ als Linearkombinationen der ersten r Spalten $\boldsymbol{v}_1, \ldots, \boldsymbol{v}_r$ von $\boldsymbol{A}$ darstellbar sind. Ist $\boldsymbol{u}_i$ die i-te Zeile von A, so sei $\boldsymbol{u}_i'$ das r-Tupel, welches aus $\boldsymbol{u}_i$ durch Weglassen der letzten $n - r$ Koeffizienten von $\boldsymbol{u}_i$ entsteht. Zeige, daß für beliebige $\lambda_1, \ldots, \lambda_n$ aus K die folgende Implikation gilt:

$$\sum_{i=1}^{n} \lambda_i \boldsymbol{u}_i' = \boldsymbol{0} \Rightarrow \sum_{i=1}^{n} \lambda_i \boldsymbol{u}_i = \boldsymbol{0}$$

Man folgere daraus, daß der Spaltenrang von A mit dem Zeilenrang von A übereinstimmt.

Hinweis: Was den letzten Teil der Aufgabe betrifft, so setze r = Spaltenrang (A) und nehme o.E. an, daß die ersten r Spalten von $\boldsymbol{A}$ linear unabhängig sind. Da die $\boldsymbol{u}_i'$ in dem r-dimensionalen Vektorraum K^r liegen, ist $\text{Rang}(\boldsymbol{u}_1', \dots, \boldsymbol{u}_n') \leq r$.

Aufgabe 15: Es sei $\boldsymbol{v}_1, \dots, \boldsymbol{v}_n$ ein System von Vektoren des K-Vektorraumes V, und es gelte $\text{Rang}(\boldsymbol{v}_1, \dots, \boldsymbol{v}_n) = n - 1$. Insbesondere besteht dann eine nicht-triviale Relation der Gestalt $a_1\boldsymbol{v}_1 + a_2\boldsymbol{v}_2 + \cdots + a_n\boldsymbol{v}_n = \mathbf{0}$. Zeige: Gilt auch $b_1\boldsymbol{v}_1 + b_2\boldsymbol{v}_2 + \cdots + b_n\boldsymbol{v}_n = \mathbf{0}$ mit $b_i \in K$, so gibt es ein c aus K mit $b_i = ca_i$ für alle i.

Bemerkung: Man vgl. auch Aufgabe 21; die Behauptung ergibt sich ferner aus Kap. VI, §1.

Aufgabe 16: Man beweise, daß der $\mathbb{R}$-Vektorraum $C^0(\mathbb{R})$ aller stetigen Funktionen von $\mathbb{R}$ nach $\mathbb{R}$ nicht endlich erzeugt ist.

Aufgabe 17: Es seien $U_1, U_2, \dots, U_n$ endlich-dimensionale Teilräume eines Vektorraumes V. Beweise

$$\dim(U_1 + \cdots + U_n) = \sum_{i=1}^{n} \dim U_i - \sum_{i=2}^{n} \dim((U_1 + \cdots + U_{i-1}) \cap U_i)$$

Aufgabe 18: Es seien $\lambda_1, \lambda_2, \dots, \lambda_n$ paarweise verschiedene reelle Zahlen. Im Vektorraum $C^\infty(\mathbb{R})$ der beliebig oft differenzierbaren Funktionen von $\mathbb{R}$ in $\mathbb{R}$ betrachte man die Funktionen f_i, definiert durch $f_i(X) = e^{\lambda_i x}$ für $x \in \mathbb{R}$, und zeige, daß das System $f_1, \dots, f_n$ linear unabhängig ist.

Bemerkung: Die Behauptung ergibt sich übrigens unmittelbar aus Kap. V; vgl. Bem. 5 auf Seite 194 sowie Satz 2 auf Seite 203.

Aufgabe 19: Es sei K ein endlicher Körper. Man zeige: Die Elementeanzahl von K ist eine Potenz p^n einer Primzahl p.

Hinweis: Ist p die Charakteristik von K, so enthält K einen Teilkörper K_0, der p Elemente besitzt (wie der Körper $\mathbb{F}_p$). Man fasse K als Vektorraum über K_0 auf.

Aufgabe 20: Es sei K ein endlicher Körper mit q Elementen. Wir betrachten den Vektorraum K^n über K. Man bestimme die Anzahl der r-Tupel $(\boldsymbol{u}_1, \dots, \boldsymbol{u}_r)$ von Vektoren $\boldsymbol{u}_1, \dots, \boldsymbol{u}_r$ aus K^n, die den Rang r besitzen. Wie viele Basen besitzt K^n? Man zeige, daß $n!$ ein Teiler von

$$(q^n - 1)(q^n - q)(q^n - q^2)\dots(q^n - q^{n-1}) \tag{2}$$

sein muß.

Hinweis: Die in (2) genannte Zahl ist die Anzahl der geordneten Basen von K^n.

Aufgabe 21: Sei $\boldsymbol{v}_1, \dots, \boldsymbol{v}_n$ ein System von Vektoren eines K-Vektorraumes V, und es gelte $\text{Rang}(\boldsymbol{v}_1, \dots, \boldsymbol{v}_n) = k$. Mit L bezeichnen wir die Menge aller n-Tupel $\boldsymbol{x} = (x_i)_i$ aus K^n mit

$$x_1\boldsymbol{v}_1 + x_2\boldsymbol{v}_2 + \cdots + x_n\boldsymbol{v}_n = \mathbf{0}. \tag{3}$$

Dann ist L ein Teilraum von K^n, und L besitzt die Dimension $n - k$. Man beweise dies, ohne 'Zeilenrang gleich Spaltenrang' zu benutzen.

Hinweis: Man nehme o.E. an, daß $\boldsymbol{v}_1, \ldots, \boldsymbol{v}_k$ eine Basis von $\langle \boldsymbol{v}_1, \ldots, \boldsymbol{v}_k, \boldsymbol{v}_{k+1}, \ldots, \boldsymbol{v}_n \rangle$ ist.

Aufgabe 22: Es sei $\boldsymbol{A}$ eine $n \times n$-Matrix über dem Körper K, und $\boldsymbol{v}_1, \ldots, \boldsymbol{v}_n$ seien die Spalten von $\boldsymbol{A}$. Das homogene lineare Gleichungssystem mit der Koeffizientenmatrix $\boldsymbol{A}$ wird durch (3) beschrieben. Sein Lösungsraum L besitzt die Dimension $n - r$, wobei r den Zeilenrang von $\boldsymbol{A}$ bezeichnet. Daraus folgere man mittels Aufgabe 21, daß der Zeilenrang von $\boldsymbol{A}$ mit dem Spaltenrang von $\boldsymbol{A}$ übereinstimmt.

Aufgabe 23: Beweise oder widerlege: (i) Es gibt ein lineares Gleichungssystem über $\mathbb{R}$, welches genau 49 Lösungen hat. (ii) Es gibt einen Körper K, über dem jedes homogene lineare Gleichungssystem mit einer 3×5-Matrix vom Range 3 als Koeffizientenmatrix genau 49 Lösungen besitzt. (iii) Es gibt einen Körper K und ein lineares Gleichungssystem über K, welches genau 10 Lösungen besitzt.

Hinweis: Nur (ii) ist richtig; vgl. auch Aufgabe 19.

Aufgabe 24: Es sei V ein n-dimensionaler Vektorraum über dem Körper K, und K besitze unendlich viele Elemente. Man zeige:

(i) Ist $n \geq 2$, so enthält V unendlich viele verschiedene Teilräume der Dimension $n - 1$.

(ii) Ist $V = V_1 \cup V_2 \cup \cdots \cup V_r$ endliche Vereinigung von Teilräumen $V_1, V_2, \ldots, V_r$ von V, so gibt es notwendig ein j mit $V_j = V$.

Hinweis: Um (ii) zu beweisen, führe man Induktion nach $n = \dim V$ unter Benutzung von (i).

Aufgabe 25: Es sei K ein Körper, und n sei eine natürliche Zahl. Dann ist die Menge P_n aller Polynomfunktionen p der Gestalt

$$p(x) = c_0 + c_1 x + c_2 x^2 + \cdots + c_{n-1} x^{n-1}, \quad c_i \in K \tag{4}$$

in natürlicher Weise ein K-Vektorraum. Man zeige: Gibt es zu $p \in P_n$ paarweise verschiedene Elemente $a_1, a_2, \ldots, a_n$ aus K mit $p(a_i) = 0$ für alle $i = 1, 2, \ldots, n$, so sind alle c_i in (4) gleich Null. Man folgere daraus: Hat K wenigstens n verschiedene Elemente, so besitzt P_n die Dimension n.

Hinweis: Man benutze Aufgabe 7 unter Beachtung von 'Zeilenrang gleich Spaltenrang'.

Aufgabe 26: Es sei K ein Körper mit unendlich vielen Elementen. Zeige: K^n enthält eine unendliche Teilmenge M mit der Eigenschaft: Je n Vektoren aus M bilden eine Basis von K^n.

Hinweis: Am leichtesten ist es, sich auf Aufgabe 7 zu berufen.

Aufgabe 27: In $\mathbb{R}^4$ betrachte man die Vektoren $\boldsymbol{u}_1 = (1, 3, -2, 4)$, $\boldsymbol{u}_2 = (1, 1, 5, 9)$, $\boldsymbol{u}_3 = (2, 0, -13, 23)$ und $\boldsymbol{u}_4 = (1, 5, 1, -2)$. Es seien U bzw. U' die von $\{\boldsymbol{u}_1,$

$u_2\}$ bzw. $\{u_3, u_4\}$ erzeugten Teilräume des $\mathbb{R}^4$. Man untersuche, ob $U \cap U' = 0$ ist.

Hinweis: Warum genügt es, Rang(u_1, u_2, u_3, u_4) zu berechnen?

Aufgabe 28: Es seien U der von den Vektoren

$$(1, 1, 1, 0, 1), \quad (2, 1, 0, 0, 1), \quad (0, 0, 1, 0, 0)$$

und W der von den Vektoren

$$(1, 1, 0, 0, 1), \quad (3, 2, 0, 0, 2), \quad (0, 1, 1, 1, 1)$$

erzeugte Teilraum des $\mathbb{R}^5$. Man gebe eine Basis von $U + W$ an und berechne die Dimension von $U \cap W$. Man bestimme auch eine Basis von $U \cap W$.

Hinweis: Was den letzten Teil der Aufgabe betrifft, so suche man nach allen Möglichkeiten, den Nullvektor als Linearkombination der gegebenen sechs Vektoren darzustellen.

§3 Aufgaben zu Kapitel III: Lineare Abbildungen

Aufgabe 29: Es seien V, W Vektorräume über $\mathbb{Q}$. Zeige: Genügt eine Abbildung $f: V \to W$ der Bedingung

$$f(x + y) = f(x) + f(y) \quad \text{für alle } x, y, \tag{5}$$

so ist f linear.

Aufgabe 30: Es sei f: $\mathbb{R} \to \mathbb{R}$ eine Funktion, die der 'Funktionalgleichung' (5) genügt. Man zeige: Ist f *stetig*, so gibt es ein c aus $\mathbb{R}$ mit $f(x) = cx$ für alle $x \in \mathbb{R}$. Daraus folgere man: Eine stetige, nicht identisch verschwindende Funktion f: $\mathbb{R} \to \mathbb{R}$ mit der Eigenschaft

$$f(x + y) = f(x)\,f(y) \quad \text{für alle } x, y \tag{5'}$$

hat notwendig die Gestalt $f(x) = a^x$ mit einem $a > 0$ aus $\mathbb{R}$.

Hinweis: Zum Beweis des zweiten Teils verwende man den *Zwischenwertsatz*; man kann dann den *Logarithmus* heranziehen.

Aufgabe 31: Aus dem Satz von der Existenz einer Basis in einem beliebigen Vektorraum folgere man: Es gibt *unstetige* Lösungen f der Funktionalgleichung (5) bzw. (5').

Hinweis: Betrachte $\mathbb{R}$ als Vektorraum über $\mathbb{Q}$.

Aufgabe 32: Man zeige, daß für einen Endomorphismus $\boldsymbol{f}$ eines Vektorraumes V zwischen den folgenden Aussagen die Implikationen (i) $\Rightarrow$ (ii) $\Leftrightarrow$ (iii) $\Rightarrow$ (iv) $\Leftrightarrow$ (v) gelten:

(i) $\boldsymbol{f}^2 = \boldsymbol{f}$
(ii) $V = \text{Bild}(\boldsymbol{f}) \oplus \text{Kern}(\boldsymbol{f})$
(iii) Es gibt ein $\boldsymbol{g} \in GL(V)$ mit $\boldsymbol{fgf} = \boldsymbol{f}$ und $\text{Bild}(\boldsymbol{gf}) = \text{Bild}(\boldsymbol{f})$
(iv) $\text{Kern}(\boldsymbol{f}^2) = \text{Kern}(\boldsymbol{f})$
(v) $\text{Bild}(\boldsymbol{f}) \cap \text{Kern}(\boldsymbol{f}) = 0$

Sei V jetzt als n-dimensional vorausgesetzt. Zeige, daß dann auch (v) $\Rightarrow$ (ii) gilt und (i) zu der folgenden Bedingung äquivalent ist:

(v) Es gibt eine Basis von V, bzgl. welcher f eine Koordinatenmatrix der Gestalt

$$\begin{pmatrix} \boldsymbol{E}_r & \boldsymbol{0} \\ \boldsymbol{0} & \boldsymbol{0} \end{pmatrix}$$

besitzt.

Aufgabe 33: Man folgere die *Dimensionsformel für lineare Abbildungen* aus der uns von früher her schon geläufigen Tatsache, daß ein homogenes lineares Gleichungssystem mit der $m \times n$-Matrix $\boldsymbol{A}$ als Koeffizientenmatrix einen Lösungsraum der Dimension $n -$ Rang $\boldsymbol{A}$ besitzt.

Aufgabe 34: Gegeben sei das Diagramm

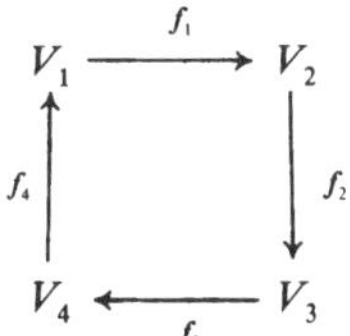

linearer Abbildungen. Es werde als *exakt* vorausgesetzt, d.h. das Bild einer jeden darin auftretenden linearen Abbildung sei gleich dem Kern der nächstfolgenden linearen Abbildung. Man zeige: Sind alle V_i endlich-dimensional, so gilt

$$\dim V_1 - \dim V_2 + \dim V_3 - \dim V_4 = 0.$$

Man verallgemeinere diese Aussage von $n = 4$ auf beliebige *gerade* natürliche Zahlen n.

Aufgabe 35: Es sei K ein Körper, und $a_1, a_2, \ldots, a_n$ seien paarweise verschiedene Elemente aus K. Man zeige: Zu einem beliebigen System $b_1, \ldots, b_n$ von Elementen aus K gibt es eine Polynomfunktion p der Gestalt

$$p(x) = c_0 + c_1 x + c_2 x^2 + \cdots + c_{n-1} x^{n-1} \tag{6}$$

mit Koeffizienten $c_0, c_1, \ldots, c_{n-1}$ aus K, so daß $p(a_i) = b_i$ für alle $i = 1, 2, \ldots, n$ gilt ('*Interpolation durch Polynome*').

Hinweis: Man betrachte die lineare Abbildung f, die jedem Polynom p der Gestalt (6) das n-Tupel $(p(a_1), \ldots, p(a_n))$ zuordnet; nach Aufgabe 25 ist f injektiv.

Aufgabe 36: Es sei R ein kommutativer, nullteilerfreier Ring mit Eins, und $K \subseteq R$ sei ein Körper bzgl. der Addition und Multiplikation in R. Dann kann man R als Vektorraum über K auffassen. Man zeige: Ist der K-Vektorraum R

endlich-dimensional, so ist R ein Körper. Man folgere daraus: Ist die reelle (oder komplexe) Zahl α *algebraisch*, d.h. genügt α einer Gleichung der Gestalt

$$\alpha^n + a_{n-1}\alpha^{n-1} + \cdots + a_1\alpha + a_0 = 0$$

mit rationalen Zahlen $a_0, a_1, \ldots, a_{n-1}$, so bildet die Menge aller Zahlen der Gestalt $c_0 + c_1\alpha + \cdots + c_{n-1}\alpha^{n-1}$ mit $c_i \in \mathbb{Q}$ einen Körper.

Hinweis: Zu jedem $\beta \neq 0$ aus R betrachte man die lineare Abbildung von R in sich, die durch Multiplikation mit β gegeben wird.

Aufgabe 37: Es sei K ein Körper. Gegeben seien eine $m \times n$-Matrix $\boldsymbol{A}: K^n \to K^m$ sowie eine $l \times m$-Matrix $\boldsymbol{B}: K^m \to K^l$. Man zeige:

$$\text{Rang}\,\boldsymbol{A} + \text{Rang}\,\boldsymbol{B} - m \leq \text{Rang}\,\boldsymbol{BA} \leq \text{Min}(\text{Rang}\,\boldsymbol{A}, \text{Rang}\,\boldsymbol{B}).$$

Aufgabe 38: Es sei K ein Körper. Die Matrix $\boldsymbol{E}_{ij}$ aus $M_n(K)$ werde durch $\boldsymbol{E}_{ij}\boldsymbol{e}_k = \delta_{jk}\boldsymbol{e}_i$ definiert mit δ_{jk} als dem Kroneckersymbol. Man zeige:

(i) Die $\boldsymbol{E}_{ij}$ bilden eine Basis von $M_n(K)$.
(ii) Für die Multiplikation dieser Matrizen gilt

$$\boldsymbol{E}_{rs}\boldsymbol{E}_{ij} = \delta_{si}\boldsymbol{E}_{rj}.$$

(iii) Berechne $\sum\limits_i \boldsymbol{E}_{ii}$, $\left(\sum\limits_j \boldsymbol{E}_{ij}\right)^2$, $\left(\sum\limits_i \boldsymbol{E}_{ij}\right)^2$.

Wir betrachten neben den $\boldsymbol{E}_{ij}$ die in Kap. II, §6 behandelten *Elementarmatrizen* $\boldsymbol{T}_{ij}(a)$ aus $M_n(K)$, $n \geq 2$. Zeige:

(iv) $\boldsymbol{T}_{ij}(a) = \boldsymbol{E} + a\boldsymbol{E}_{ij}$.
(v) $\boldsymbol{T}_{ij}(a)\,\boldsymbol{T}_{ik}(a') = \boldsymbol{T}_{ik}(a')\,\boldsymbol{T}_{ij}(a)$.
(vi) Für $n \geq 3$ und paarweise verschiedene Zahlen $i, j, k \leq n$ gilt

$$\boldsymbol{T}_{ik}(a)\,\boldsymbol{T}_{kj}(a')\,\boldsymbol{T}_{ik}(a)^{-1}\,\boldsymbol{T}_{kj}(a')^{-1} = \boldsymbol{T}_{ij}(aa'). \tag{7}$$

Aufgabe 39: Man beweise: Ist $\boldsymbol{s}: M_n(K) \to K$ eine lineare Abbildung, welche die Bedingung $\boldsymbol{s}(\boldsymbol{AB}) = \boldsymbol{s}(\boldsymbol{BA})$ für alle $\boldsymbol{A}, \boldsymbol{B} \in M_n(K)$ erfüllt, so gibt es ein c aus K mit $\boldsymbol{s}(\boldsymbol{A}) = c\,\text{Spur}(\boldsymbol{A})$ für alle $\boldsymbol{A} \in M_n(K)$.

Hinweis: Benutze Aufgabe 38.

Aufgabe 40: Man untersuche, ob es Matrizen $\boldsymbol{A}, \boldsymbol{B} \in M_n(K)$ geben kann, die der Gleichung $\boldsymbol{AB} - \boldsymbol{BA} = \boldsymbol{E}$ genügen; hierbei bezeichne $\boldsymbol{E}$ die $n \times n$-Einheitsmatrix.

Aufgabe 41: Es sei K ein Körper, in dem $1 + 1 \neq 0$ gilt. Man beweise: Für einen Endomorphismus $\boldsymbol{f}$ eines K-Vektorraumes V sind die folgenden Aussagen äquivalent:

(i) $\boldsymbol{f}^2 = \text{id}_V$
(ii) $V = \text{Kern}(\boldsymbol{f} - \text{id}_V) \oplus \text{Kern}(\boldsymbol{f} + \text{id}_V)$

Zeige ferner, daß (i) bzw. (ii) im Falle eines endlich-dimensionalen K-Vektorraumes V auch äquivalent ist zu

(iii) Bezüglich einer geeigneten Basis von V besitzt f eine Koordinatenmatrix der Gestalt

$$\begin{pmatrix} \boldsymbol{E}_r & \boldsymbol{0} \\ \boldsymbol{0} & -\boldsymbol{E}_s \end{pmatrix}$$

Aufgabe 42: Es sei K ein Körper, und μ: $M_n(K) \to K$ sei eine 'multiplikative' Funktion, d.h. für alle $\boldsymbol{A}, \boldsymbol{B} \in M_n(K)$ gelte $\mu(\boldsymbol{AB}) = \mu(\boldsymbol{A})\,\mu(\boldsymbol{B})$. Man zeige: Ist μ weder konstant gleich 0 noch konstant gleich 1, so gilt:

$$\mu(\boldsymbol{A}) = 0 \;\Leftrightarrow\; \boldsymbol{A} \text{ ist singulär.}$$

Hinweis: Man stütze sich auf Satz 8 in §6 von Kap. III.

Aufgabe 43: Gegeben sei eine beliebige $n \times n$-Matrix $\boldsymbol{C}$ über dem Körper K. Es sei r der Rang von $\boldsymbol{C}$. Man zeige: Durch Zeilen- und Spaltenvertauschungen kann man $\boldsymbol{C}$ stets in eine Matrix $\boldsymbol{A} = (a_{ij})$ transformieren, für welche

$$\text{Rang}\begin{pmatrix} a_{11} & \cdots & a_{1k} \\ \vdots & & \vdots \\ a_{k1} & \cdots & a_{kk} \end{pmatrix} = k \quad \text{für } k = 1, 2, \ldots, r \tag{8}$$

gilt. Man beweise jetzt: Ist $\boldsymbol{A} = (a_{ij})$ eine $n \times n$-Matrix über K, die der Bedingung (8) genügt, so ist $\boldsymbol{A}$ als Produkt einer unteren mit einer oberen Dreiecksmatrix darstellbar. Man belege durch ein Beispiel, daß dabei auf die Voraussetzung (8) selbst im Falle einer invertierbaren Matrix $\boldsymbol{A}$ nicht verzichtet werden kann.

Hinweis: Anwendung elementarer Zeilenumformungen des Typs I gemäß dem Gauß'schen Verfahren; beachte F23 in §6, Kap. III.

Aufgabe 44: Es sei K ein endlicher Körper mit q Elementen. Man zeige, daß die Elementeanzahl der Gruppe $\mathrm{GL}(n, K)$ mit der in (2) bei Aufgabe 20 genannten Zahl übereinstimmt. Wieviel Elemente besitzt $\mathrm{SL}(n, K)$?

Hinweis: Zur Beantwortung der letzten Frage ziehe man Satz 7 in §6 von Kap. III heran (der allerdings erst in Kap. IV bewiesen wird).

Aufgabe 45: Es sei $\boldsymbol{A}$ eine beliebige $m \times n$-Matrix über dem Körper K. Zeige: Zu $\boldsymbol{A}$ existiert eine $n \times m$-Matrix $\boldsymbol{B}$ über K mit

$$\boldsymbol{ABA} = \boldsymbol{A} \quad \text{und} \quad \boldsymbol{BAB} = \boldsymbol{B}. \tag{9}$$

Man gebe eine Übersicht über alle solche $\boldsymbol{B}$. Ist $\boldsymbol{A}$ invertierbar, so ist (9) nur für $\boldsymbol{B} = \boldsymbol{A}^{-1}$ erfüllt. Man zeige ferner: Ein lineares Gleichungssystem mit der einfachen Koeffizientenmatrix $\boldsymbol{A}$ und rechter Seite $\boldsymbol{b} \in K^n$ ist genau dann lösbar, wenn für ein $\boldsymbol{B}$ mit (9) die Gleichung $\boldsymbol{ABb} = \boldsymbol{b}$ erfüllt ist.

Hinweis: Man stütze sich auf Satz 8 in §6, Kap. III.

Aufgabe 46: Sei K ein Körper. Man beweise: Ist $H \neq \emptyset$ eine Teilmenge von $M_n(K)$ mit der Eigenschaft

$$\boldsymbol{S}, \boldsymbol{T} \in M_n(K), \quad \boldsymbol{A} \in H \;\Rightarrow\; \boldsymbol{SAT} \in H,$$

so gibt es eine ganze Zahl r mit $0 \le r \le n$, so daß H genau aus allen $\boldsymbol{A} \in M_n(K)$ mit $\operatorname{Rang}(\boldsymbol{A}) \le r$ besteht. Ist H außerdem additiv abgeschlossen (d.h. ist mit $\boldsymbol{A}$, $\boldsymbol{B}$ aus H stets auch $\boldsymbol{A} + \boldsymbol{B}$ in H), so folgt $H = \{\boldsymbol{0}\}$ oder $H = M_n(K)$.

§4 Aufgaben zu Kapitel IV: Determinanten

Aufgabe 47: Zeige

$$\begin{vmatrix} * & & a_n \\ & \dots & \\ a_2 & & \\ a_1 & & \boldsymbol{0} \end{vmatrix} = (-1)^{n(n-1)/2} a_1 a_2 \dots a_n$$

Hinweis: Determinantenregel 1(ii) sowie Determinantenregel 10.

Aufgabe 48: Berechne die Determinante der Matrix

$$\boldsymbol{A} = \begin{pmatrix} 2 & 2 & 4 & 0 \\ 2 & 4 & 3 & 2 \\ 2 & 0 & -5 & -1 \\ 0 & 1 & 2 & 3 \end{pmatrix}$$

Hinweis: Elementare Zeilenumformungen vom Typ I.

Aufgabe 49: Zeige

$$\begin{vmatrix} 1 & 1 & 1 & \dots & 1 \\ b_1 & a_1 & a_1 & \dots & a_1 \\ b_1 & b_2 & a_2 & \dots & a_2 \\ \vdots & \vdots & \vdots & & \vdots \\ b_1 & b_2 & b_3 & \dots & a_n \end{vmatrix} = \prod_{i=1}^{n} (a_i - b_i)$$

Aufgabe 50: Zeige

$$\begin{vmatrix} 1 & x & x^2 & \dots & x^{n-1} \\ x^{n-1} & 1 & x & \dots & x^{n-2} \\ \vdots & \vdots & \vdots & & \vdots \\ x & x^2 & x^3 & \dots & 1 \end{vmatrix} = (1 - x^n)^{n-1}$$

Hinweis: Geeignete elementare Zeilenumformungen.

Aufgabe 51: Zeige

$$\begin{vmatrix} 1 & 2 & 3 & \dots & & & n \\ 2 & 3 & 4 & \dots & & n & 1 \\ 3 & 4 & 5 & \dots & n & 1 & 2 \\ \vdots & \vdots & \vdots & & & & \vdots \\ n & 1 & 2 & \dots & & & n-1 \end{vmatrix} = (-1)^{n(n-1)/2} \frac{n^{n-1}(n+1)}{2}$$

Hinweis: Man muß schon etwas knobeln.

Aufgabe 52: Es sei K ein Körper. Beweise: Ist

$$\mu: \mathrm{GL}(n, K) \to K^\times \tag{10}$$

ein Homomorphismus (von Gruppen), d.h. gelte $\mu(\boldsymbol{AB}) = \mu(\boldsymbol{A})\,\mu(\boldsymbol{B})$ für alle $\boldsymbol{A}$, $\boldsymbol{B}$ aus $\mathrm{GL}(n, K)$, so gibt es genau einen Homomorphismus $\varepsilon: K^\times \to K^\times$ mit

$$\mu(\boldsymbol{A}) = \varepsilon(\det(\boldsymbol{A})) \quad \text{für alle } \boldsymbol{A} \in \mathrm{GL}(n, K).$$

Gilt die entsprechende Aussage auch noch, wenn man in (10) die Gruppe $K^\times$ durch eine beliebige abelsche Gruppe G ersetzt?

Hinweis: Jedes $\boldsymbol{A} \in \mathrm{GL}(n, K)$ besitzt die Zerlegung $\boldsymbol{A} = \boldsymbol{S}\boldsymbol{D}_n(d)$, vgl. (208) in Kap. III. Es ist daher zu untersuchen, ob μ jeder Elementarmatrix $\boldsymbol{T} = \boldsymbol{T}_{ij}(a)$ den Wert 1 zuordnet. Hierzu ziehe man die Relation

$$\boldsymbol{T}_{ij}(a) = \boldsymbol{D}_i(a)\,\boldsymbol{T}_{ij}(1)\,\boldsymbol{D}_i(a)^{-1} \quad \text{für } a \in K^\times$$

heran (die sich sofort aus F24, Kap. III ergibt); ferner beachte man $\boldsymbol{T}_{ij}(a)\,\boldsymbol{T}_{ij}(b) = \boldsymbol{T}_{ij}(a+b)$. – Was die Zusatzfrage betrifft, so ist diese positiv zu beantworten mit Ausnahme des Falles $K^\times = \{1\}$ und $n = 2$; man verwende dabei die Aussage (vi) in Aufgabe 38.

Aufgabe 53: Zeige: (i) Ist $\sigma \in S_n$ die durch $\sigma(1) = 2$, $\sigma(2) = 3, \ldots, \sigma(n) = 1$ definierte *zyklische* Permutation, so gilt $\operatorname{sgn}(\sigma) = (-1)^{n-1}$. (ii) Für $n \geq 3$ besteht das *Zentrum* der Gruppe S_n nur aus dem Einselement 1 von S_n. (iii) Für jedes $\sigma \in S_n$ gilt

$$\operatorname{sgn}(\sigma) = \prod_{i<j} \frac{\sigma(j) - \sigma(i)}{j - i},$$

wobei das Produkt über alle Paare (i, j) natürlicher Zahlen mit $1 \leq i < j \leq n$ gebildet ist.

Hinweis: Den Beweis von (iii) kann man mit Hilfe der *Vandermonde'schen* Determinante führen.

Aufgabe 54: Es sei $\boldsymbol{A} \neq \boldsymbol{0}$ eine $m \times n$-Matrix über dem Körper K. Man zeige: Der Rang von $\boldsymbol{A}$ ist gleich der größten natürlichen Zahl r, für die eine von Null verschiedene Unterdeterminante r-ter Ordnung von $\boldsymbol{A}$ existiert. Anders ausgedrückt (vgl. Seite 170):

$$\operatorname{Rang} \boldsymbol{A} = \operatorname{Max}\{k \mid \boldsymbol{A}^{(k)} \neq \boldsymbol{0}\}.$$

Hinweis: Neben einer direkten Beweismöglichkeit (bei der man Zeilenrang $(\boldsymbol{A})$ = Spaltenrang $(\boldsymbol{A})$ benutzt) kann man sich auch auf Satz 8 in Kap. III und die Formel (152) in Kap. IV berufen.

Aufgabe 55: Gegeben sei eine Abbildung $\mathbb{R} \to M_n(\mathbb{R})$, die jeder reellen Zahl t eine $n \times n$-Matrix $\boldsymbol{A}(t) = (a_{ij}(t))$ zuordnet. Die Funktionen $a_{ij}(t)$ seien sämtlich differenzierbar. Zeige: Die Funktion $\det(\boldsymbol{A}(t))$ ist ebenfalls differenzierbar, und für ihre Ableitung gilt $\det(\boldsymbol{A}(t))' = \det(\boldsymbol{u}_1'(t), \boldsymbol{u}_2(t), \ldots, \boldsymbol{u}_n(t)) + \cdots + \det(\boldsymbol{u}_1(t), \ldots, \boldsymbol{u}_{n-1}(t), \boldsymbol{u}_n'(t))$. Hierbei sind mit $\boldsymbol{u}_i(t)$ die Zeilen von $\boldsymbol{A}$ bezeichnet, und zur Abkürzung ist $\boldsymbol{u}_i'(t) = (a_{i1}'(t), \ldots, a_{in}'(t))$ gesetzt.

Aufgabe 56: Es seien $f_1, f_2, \ldots, f_n$ n-mal differenzierbare Funktionen von einem offenen Intervall J nach $\mathbb{R}$. Bestimme die Ableitung der Funktion

$$W(f_1, \ldots, f_n)(t) = \begin{vmatrix} f_1(t) & \ldots & f_n(t) \\ f_1'(t) & \ldots & f_n'(t) \\ \vdots & & \vdots \\ f_1^{(n-1)}(t) & \ldots & f_n^{(n-1)}(t) \end{vmatrix}$$

Hinweis: vgl. Aufgabe 55.

Aufgabe 57: Seien $\boldsymbol{A}, \boldsymbol{B} \in M_n(K)$. Prüfe, ob für den Übergang zu den komplementären Matrizen die Gleichung $(\boldsymbol{AB})^{\sim} = \tilde{\boldsymbol{B}}\tilde{\boldsymbol{A}}$ gilt.

Aufgabe 58: Es sei $\boldsymbol{A}$ eine $n \times n$-Matrix über dem Körper K, und $\tilde{\boldsymbol{A}}$ sei die zu $\boldsymbol{A}$ komplementäre Matrix. Zeige:

(i) Ist $\boldsymbol{A}$ singulär, so ist auch $\tilde{\boldsymbol{A}}$ singulär.
(ii) $\det(\tilde{\boldsymbol{A}}) = \det(\boldsymbol{A})^{n-1}$.

Gilt (ii) auch über einem beliebigen kommutativen Ring K mit Eins?

Aufgabe 59: Beweise oder widerlege: Zu jeder Matrix $\boldsymbol{B} \in M_n(K)$ existiert eine Matrix $\boldsymbol{A} \in M_n(K)$ mit $\tilde{\boldsymbol{A}} = \boldsymbol{B}$.

Hinweis: Betrachte Rang$(\tilde{\boldsymbol{A}})$ unter Berücksichtigung von Satz 8, Kap. III und Aufgabe 57.

Aufgabe 60: Es sei M ein Modul über einem kommutativen Ring mit Eins, und es gebe Elemente $\boldsymbol{u}_1, \ldots, \boldsymbol{u}_n$ aus M mit $M = R\boldsymbol{u}_1 + R\boldsymbol{u}_2 + \cdots + R\boldsymbol{u}_n$. Zeige: Ist $\boldsymbol{C} = (c_{ij})$ eine $n \times n$-Matrix über R mit

$$\sum_{j=1}^{n} c_{ji}\boldsymbol{u}_j = \boldsymbol{0} \quad \text{für alle } i = 1, 2, \ldots, n,$$

so gilt $\det(\boldsymbol{C})\,\boldsymbol{x} = 0$ für alle $\boldsymbol{x}$ aus M.

Hinweis: Cramersche Regel für die komplementäre Matrix.

Aufgabe 61: Es sei $\mathbb{H}$ die Teilmenge von $M_2(\mathbb{C})$, welche aus allen Matrizen der Gestalt

$$\begin{pmatrix} u & v \\ -\bar{v} & \bar{u} \end{pmatrix} \quad \text{mit } u, v \in \mathbb{C}$$

besteht. Hierbei ist für $z = a + bi$ aus $\mathbb{C}$ die *konjugiert komplexe* Zahl $\bar{z}$ von z durch $\bar{z} = a - bi$ definiert ($a, b \in \mathbb{R}$). Man zeige, daß mit je zwei Elementen aus $\mathbb{H}$ auch deren Summe und deren Produkt wieder zu $\mathbb{H}$ gehören. Warum ist jedes von $\boldsymbol{0}$ verschiedene Element von $\mathbb{H}$ invertierbar? Zeige, daß der Teilring $\mathbb{H}$ von $M_2(\mathbb{C})$ nicht-kommutativ ist. Man gebe eine Basis von $\mathbb{H}$ über $\mathbb{R}$ an.

Bemerkung: Bis auf die Kommutativität der Multiplikation erfüllt $\mathbb{H}$ alle Axiome eines Körpers. Man nennt $\mathbb{H}$ den *Schiefkörper der Quaternionen.* Er wurde von *Hamilton* entdeckt. Übrigens: Welche Aussage ergibt sich aus der obigen Aufgabe über Produkte von Ausdrücken der Form $a^2 + b^2 + c^2 + d^2$?

Aufgabe 62: Gegeben seien die $m \times m$-Matrizen $\boldsymbol{A}, \boldsymbol{B}, \boldsymbol{C}, \boldsymbol{D}$ über dem Körper K. Man zeige: Gilt $\boldsymbol{AC} = \boldsymbol{CA}$, so hat die $2m \times 2m$-Matrix

$$\begin{pmatrix} \boldsymbol{A} & \boldsymbol{B} \\ \boldsymbol{C} & \boldsymbol{D} \end{pmatrix}$$

die Determinante $|\boldsymbol{AD} - \boldsymbol{CB}|$. Durch ein Beispiel belege man, daß dabei auf die Voraussetzung $\boldsymbol{AC} = \boldsymbol{CA}$ nicht verzichtet werden kann.

Hinweis: Elementare Umformungen mittels $\boldsymbol{A}^{-1}$; falls $\boldsymbol{A}^{-1}$ nicht existiert, ersetze $\boldsymbol{A}$ durch $\boldsymbol{A} - X\boldsymbol{E}$ und argumentiere mit der komplementären Matrix zu $\boldsymbol{A} - X\boldsymbol{E}$.

Aufgabe 63: Es seien n^2 paarweise vertauschbare $m \times m$-Matrizen $\boldsymbol{A}_{11}, \ldots, \boldsymbol{A}_{nn}$ gegeben. Wir bilden die Matrix

$$\boldsymbol{A} = \begin{pmatrix} \boldsymbol{A}_{11} & \cdots & \boldsymbol{A}_{1n} \\ \vdots & & \vdots \\ \boldsymbol{A}_{n1} & \cdots & \boldsymbol{A}_{nn} \end{pmatrix},$$

die wir einmal als $mn \times mn$-Matrix über K auffassen, zum anderen als $n \times n$-Matrix über dem kommutativen Ring $R = K[\boldsymbol{A}_{11}, \ldots, \boldsymbol{A}_{nn}]$. Man zeige, daß gilt:

$$\det{}^K(\boldsymbol{A}) = \det{}^K(\det{}^R(\boldsymbol{A})).$$

Hinweis: vgl. Aufgabe 62.

§5 Aufgaben zu Kapitel V: Eigenvektoren und das charakteristische Polynom eines Endomorphismus

Aufgabe 64: Zu einer reellen Zahl α betrachten wir die $\mathbb{Q}$-Algebra $\mathbb{Q}[\alpha] = \{f(\alpha) \mid f \in \mathbb{Q}[X]\}$ aller Polynomausdrücke in α. Für die folgenden α untersuche man, ob $\mathbb{Q}[\alpha]$ ein *Polynomring* ist:

(i) $\alpha = \sqrt{7}$;
(ii) $\alpha = \cos(2\pi/5)$.

Bemerkung: Einen Polynomring in der Unbestimmten α über $\mathbb{Q}$ erhält man zum Beispiel für $\alpha = e = \exp(1)$, doch ist dies keineswegs leicht zu beweisen.

Aufgabe 65: Es sei $\boldsymbol{f}$ ein Endomorphismus eines Vektorraumes V. Man zeige: Ist jeder Vektor $\boldsymbol{v} \neq \boldsymbol{0}$ aus V ein Eigenvektor von $\boldsymbol{f}$, so ist $\boldsymbol{f}$ eine Homothetie, d.h. es gibt ein $\boldsymbol{a} \in K$ mit $\boldsymbol{f} = \boldsymbol{a}\, \mathrm{id}_V$.

Hinweis: vgl. auch den zweiten Teil des Beweises von F22 in Kap. III.

Aufgabe 66: Man beweise: Eine 2×2-Matrix $\boldsymbol{A}$ über dem Körper K ist genau dann diagonalisierbar, wenn $\boldsymbol{A}$ entweder ein Vielfaches der Einheitsmatrix ist oder zwei verschiedene Eigenwerte in K besitzt.

Aufgabe 67: Für $c \in \mathbb{C}$ betrachte die Matrix

$$A(c) = \begin{pmatrix} c+1 & 0 & -1 & 1 \\ 1 & c & -1 & 0 \\ 0 & 1 & c-1 & 1 \\ 0 & 0 & 0 & c \end{pmatrix} \in M_3(\mathbb{C})$$

Man berechne die Eigenwerte von $\boldsymbol{A}(c)$. Für welche c ist $\boldsymbol{A}(c)$ diagonalisierbar?
Hinweis: Betrachte $\boldsymbol{A} = \boldsymbol{A}(c) - c\boldsymbol{E}$.

Aufgabe 68: Es sei m eine beliebige natürliche Zahl. Man zeige:

(i) Jedes $\boldsymbol{A} \in M_{2m-1}(\mathbb{R})$ besitzt einen Eigenvektor.
(ii) Es gibt ein $\boldsymbol{A} \in M_{2m}(\mathbb{R})$, so daß $\boldsymbol{A}$ keinen Eigenvektor besitzt.

Hinweis: vgl. F10, Bem. 4 zu Def. 4 sowie F12 in Kap. V.

Aufgabe 69: Es sei $\boldsymbol{f}$ ein Endomorphismus des K-Vektorraumes V. Man sagt, ein Teilraum U von V sei *invariant unter* $\boldsymbol{f}$ (oder kurz: $\boldsymbol{f}$-*invariant*), wenn $\boldsymbol{f}(U) \subseteq U$ gilt. Im folgenden setzen wir V als endlich-dimensional voraus. Es sei nun F eine Teilmenge von $\mathrm{End}(V)$ mit der Eigenschaft, daß V und $\{\boldsymbol{0}\}$ die einzigen Teilräume von V sind, die unter allen $\boldsymbol{f}$ aus F invariant sind. Man beweise: Ist $\boldsymbol{h} \neq \boldsymbol{0}$ ein Endomorphismus von V, der mit allen $\boldsymbol{f}$ aus F vertauschbar ist, so gilt: (i) $\boldsymbol{h}$ ist ein Isomorphismus. (ii) Im Falle $K = \mathbb{C}$ hat $\boldsymbol{h}$ sogar die Gestalt $\boldsymbol{h} = a\,\mathrm{id}_V$ mit einem $a \in \mathbb{C}^\times$.

Aufgabe 70: Man betrachte die wie folgt definierte Folge $(u_n)_n$ reeller Zahlen:

$$u_1 = u_2 = 1; \quad u_{n+2} = u_{n+1} + u_n.$$

Man nennt u_n die n-te *Fibonacci-Zahl.* Man zeige

$$\begin{pmatrix} 1 & 1 \\ 1 & 0 \end{pmatrix}^{n+1} = \begin{pmatrix} u_{n+2} & u_{n+1} \\ u_{n+1} & u_n \end{pmatrix}$$

und folgere daraus, daß mit $\alpha = (1 + \sqrt{5})/2$ und $\beta = (1 - \sqrt{5})/2$ für alle $n \geq 1$ die Formel

$$u_n = (\alpha^n - \beta^n)/\sqrt{5} \tag{11}$$

gilt.
Hinweis: Zum Beweis von (11) diagonalisiere man die in (73), Kap. V genannte Matrix $\boldsymbol{A}$.

Aufgabe 71: Man zeige: Für alle $\boldsymbol{A}, \boldsymbol{B} \in M_n(K)$ gilt

$$\chi_{AB} = \chi_{BA}. \tag{12}$$

Hinweis: Man kann sich auf die Formel (67) in Kap. V stützen und dann (152) sowie (163) aus Kap. IV benutzen. Man suche aber auch nach anderen Begründungen für (12).

Aufgabe 72: Es sei $\boldsymbol{A}$ eine invertierbare $n \times n$-Matrix über dem Körper K. Man zeige: Ist $\chi_A(X) = X^n + s_1 X^{n-1} + \cdots + s_{n-1} X + s_n$ das charakteristische Polynom von $\boldsymbol{A}$, so hat das charakteristische Polynom von $\boldsymbol{A}^{-1}$ die Gestalt

$$\chi_{A^{-1}}(X) = (-1)^n \det(\boldsymbol{A})^{-1}(1 + s_1 X + \cdots + s_n X^n)$$

Bemerkung: Der Beweis läßt sich leicht führen, wenn man annimmt, daß K hinreichend viele Elemente besitzt.

Aufgabe 73: Es sei $\boldsymbol{A}$ eine *nilpotente* $n \times n$-Matrix über dem Körper K, vgl. Bem. 6 am Schluß von Kap. V. Man beweise:

(i) $\mathrm{Sp}(\boldsymbol{A}) = 0$;
(ii) $\det(\boldsymbol{E} - \boldsymbol{A}) = \det(\boldsymbol{A} + \boldsymbol{E}) = 1$;
(iii) Für jede mit $\boldsymbol{A}$ vertauschbare $n \times n$-Matrix $\boldsymbol{B}$ über K gilt $\det(\boldsymbol{A} + \boldsymbol{B}) = \det(\boldsymbol{B})$.

Hinweis zu (iii): Ist $\boldsymbol{B}$ singulär, so besitzt $\boldsymbol{A}$ einen Eigenvektor in $\mathrm{Kern}(\boldsymbol{B})$.

Aufgabe 74: Seien $A, B \in M_n(K)$. Beweise: Ist $\boldsymbol{AB}$ nilpotent, so ist auch $\boldsymbol{BA}$ nilpotent.

Hinweis: Aufgabe 71.

Aufgabe 75: Sei n eine natürliche Zahl und K ein Körper mit $\mathrm{char}(K) = 0$ oder $\mathrm{char}(K) > n$. Man zeige:

(i) Erfüllt $\boldsymbol{A} \in M_n(K)$ die Bedingungen $\mathrm{Spur}(\boldsymbol{A}^i) = 0$ für $i = 1, 2, \ldots, n$, so ist $\boldsymbol{A}$ nilpotent.
(ii) Ist für $\boldsymbol{A}, \boldsymbol{B} \in M_n(K)$ die Matrix $\boldsymbol{AB} - \boldsymbol{BA}$ vertauschbar mit $\boldsymbol{A}$, so ist $\boldsymbol{AB} - \boldsymbol{BA}$ nilpotent.

Hinweis: Man beweise (i) durch Induktion nach n. Mit dem Satz von Cayley-Hamilton folgt aus der Voraussetzung zunächst die Existenz eines Vektors $\boldsymbol{b} \neq \boldsymbol{0}$ im Kern von $\boldsymbol{A}$. Ergänze $\boldsymbol{b}$ zu einer Basis von K^n und betrachte die zugehörige Koordinatenmatrix. – Die Behauptung (ii) führe man auf (i) zurück.

Aufgabe 76: Es sei f ein Endomorphismus des n-dimensionalen K-Vektorraumes V, und U sei ein f-invarianter Teilraum von V. Wir bezeichnen dann mit f_U den von f vermittelten Endomorphismus von U. Zeige:

(i) Das Minimalpolynom von f_U ist ein Teiler des Minimalpolynoms von f.
(ii) Ist f diagonalisierbar, so ist auch f_U diagonalisierbar.

Hinweis: Zum Beweis von (ii) benutze F18 aus §4, Kap. V.

Aufgabe 77: Es sei A eine Menge von paarweise vertauschbaren Endomorphismen eines endlich-dimensionalen K-Vektorraumes $V \neq 0$. Man beweise:

(i) Zerfällt für jedes f aus A das charakteristische Polynom von f vollständig in Linearfaktoren über K, so besitzen die f aus A einen gemeinsamen Eigenvektor.
(ii) Ist die in (i) genannte Voraussetzung erfüllt, so gibt es sogar eine Basis von V, bzgl. welcher die Koordinatenmatrizen aller f aus A obere Dreiecksmatrizen sind (‘*Simultane Trigonalisierbarkeit*’).

(iii) Sind alle f aus A diagonalisierbar, so gibt es eine Basis von V, bzgl. welcher die Koordinatenmatrizen aller f aus A Diagonalmatrizen sind.

Hinweis: Für festes f aus A ist der Eigenraum zu einem Eigenwert von f invariant unter allen g aus A. Man führe also Induktion nach n, vgl. den Beweis von Satz 5 in §5, Kap. V. Zum Beweis von (iii) verwende Aufgabe 76.

§6 Aufgaben zur Kapitel VI: Linearformen und Bilinearformen

Aufgabe 78: Seien $f_1, \ldots, f_m$ Linearformen eines n-dimensionalen Vektorraumes. Zeige: Wird $U = \text{Kern}\, f_1 \cap \cdots \cap \text{Kern}\, f_m$ gesetzt, so gilt $\dim U \geq n - m$.

Aufgabe 79: Man beweise: Zu einem k-dimensionalen Teilraum U von K^n gibt es ein lineares Gleichungssystem von $n - k$ Gleichungen, dessen Lösungsraum gleich U ist.

Aufgabe 80: Seien f und g Linearformen auf dem K-Vektorraum V, und es sei $f \neq 0$. Zeige: Genau dann gibt es ein $c \in K^{\times}$ mit $g = cf$, wenn $\text{Kern}\, f = \text{Kern}\, g$ gilt.

Aufgabe 81: Sei h: $V \to W$ eine lineare Abbildung endlich-dimensionaler Vektorräume, und es sei ${}^t h$: ${}^t W \to {}^t V$ die zu h transponierte Abbildung.

Beweise: (i) h ist genau dann injektiv, wenn ${}^t h$ surjektiv ist. (ii) h ist genau dann surjektiv, wenn ${}^t h$ injektiv ist.

Aufgabe 82: In dem Gleichungssystem

$$\sum_{j=1}^{n} a_{ij} x_j = 60 \quad (1 \leq i \leq n)$$

seien alle a_{ij} ganze Zahlen. Man beweise: Gilt für die Determinante d von $A = (a_{ij})$ die Ungleichung $0 < |d| \leq 6$, so besteht die Lösung des vorgelegten Systems nur aus ganzen Zahlen.

Hinweis: Cramersche Regel für lineare Gleichungssysteme.

Aufgabe 83: Es sei $A = (a_{ij})$ eine $n \times n$-Matrix über dem Ring $\mathbb{Z}$ der ganzen Zahlen. Über dem Körper $\mathbb{Q}$ betrachte man das lineare Gleichungssystem

$$\sum_{j=1}^{n} a_{ij} x_j = b_i \quad (1 \leq i \leq n). \tag{13}$$

Man beweise die Äquivalenz der folgenden Aussagen:

(i) Für beliebige ganze Zahlen $b_1, \ldots, b_n$ hat (13) eine Lösung in $\mathbb{Z}^n$.
(ii) $\det(A) = \pm 1$.

Aufgabe 84: Wir übernehmen die Bezeichnungen und Voraussetzungen von Aufgabe 56. Zeige: Wird angenommen, daß $W(f_1, \ldots, f_n)$ identisch Null ist, dagegen $W(f_1, \ldots, f_{n-1})$ nirgends verschwindet, so ist f_n in der Form $f_n = c_1 f_1 + c_2 f_2 + \cdots c_{n-1} f_{n-1}$ mit c_i aus K darstellbar.

Hinweis: Auf jeden Fall wird die Cramersche Regel für lineare Gleichungssystem gebraucht.

Aufgabe 85: Die Bilinearform β auf dem n-dimensionalen Vektorraum V über dem Körper K mit $\mathrm{Char}(K) \neq 2$ besitze in bezug auf eine gegebene Basis die Matrix $\boldsymbol{B}$. Man zeige:

(i) $\dim V^{\perp} = n - \mathrm{Rang}\, \boldsymbol{B} = \dim {}^{\perp}V$.
(ii) Genau dann gilt $\mathrm{Rang}\, \boldsymbol{B} = m$, wenn β in der Gestalt

$$\beta(\boldsymbol{x}, \boldsymbol{y}) = \boldsymbol{f}_1(\boldsymbol{x})\, \boldsymbol{g}_1(\boldsymbol{y}) + \cdots + \boldsymbol{f}_m(\boldsymbol{x})\, \boldsymbol{g}_m(\boldsymbol{y})$$

darstellbar ist mit Linearformen $\boldsymbol{f}_1, \ldots, \boldsymbol{f}_m, \boldsymbol{g}_1, \ldots, \boldsymbol{g}_m$ auf V, für die $\mathrm{Rang}(\boldsymbol{f}_1, \ldots, \boldsymbol{f}_m) = \mathrm{Rang}(\boldsymbol{g}_1, \ldots, \boldsymbol{g}_m) = m$ gilt.

§7 Aufgaben zu den Kapiteln VII und VIII: Quadratische Formen, Euklidische und unitäre Räume

Aufgabe 86: Über dem Körper K der Charakteristik $\neq 2$ betrachte man die Diagonalform $\boldsymbol{q} = [1,c]$ mit $c \in K^{\times}$. Mit $D(\boldsymbol{q})$ bezeichnen wir alle von 0 verschiedenen Werte, welche $\boldsymbol{q}$ annimmt. Zeige:

(i) Für jedes $a \in D(\boldsymbol{q})$ gilt $a\boldsymbol{q} \simeq \boldsymbol{q}$.
(ii) $D(\boldsymbol{q})$ ist eine Untergruppe von $K^{\times}$.

Aufgabe 87: Es sei $n = 2^m$ eine Potenz von 2. Zeige: Zu jeder Summe $a = a_1^2 + a_2^2 + \cdots + a_n^2$ von n Quadraten in einem Körper K der Charakteristik $\neq 2$ gibt es eine Matrix $\boldsymbol{S} \in M_n(K)$ mit

$$\boldsymbol{S}^t \boldsymbol{S} = a\boldsymbol{E}_n = {}^t\boldsymbol{S}\boldsymbol{S},$$

wobei $\boldsymbol{E}_n$ die $n \times n$-Einheitsmatrix bezeichne. Man kann dabei noch vorschreiben, daß $a_1, a_2, \ldots, a_n$ die erste Zeile von $\boldsymbol{S}$ sein soll. Man folgere daraus: Zu gegebenen Zahlen $a_1, \ldots, a_n, b_1, \ldots, b_n$ aus K existieren stets $c_1, \ldots, c_n$ aus K mit

$$(a_1^2 + \cdots + a_n^2)(b_1^2 + \cdots + b_n^2) = c_1^2 + \cdots + c_n^2,$$

wobei noch $c_1 = a_1 b_1 + \cdots + a_n b_n$ verlangt werden kann.

Hinweis: Man versuche es mit Induktion nach m.

Aufgabe 88: Für symmetrische Matrizen $\boldsymbol{A}, \boldsymbol{B} \in M_n(\mathbb{R})$ schreibe man $\boldsymbol{A} < \boldsymbol{B}$, falls $\boldsymbol{B} - \boldsymbol{A}$ positiv definit ist. Man zeige:

(i) Aus $\boldsymbol{A} < \boldsymbol{B}$ und $\boldsymbol{B} < \boldsymbol{C}$ folgt $\boldsymbol{A} < \boldsymbol{C}$.
(ii) Aus $\boldsymbol{0} < \boldsymbol{AB}$ folgt $\boldsymbol{BA} = \boldsymbol{X}^2$ mit einem $\boldsymbol{X} \in \boldsymbol{M}_n(\mathbb{R})$.

Aufgabe 89: Man bestimme die Signatur der auf $\mathbb{R}^n$ durch

$$\boldsymbol{q}(\boldsymbol{x}) = \sum_{i<j} x_i x_j$$

erklärten quadratischen Form $\boldsymbol{q}$.

Aufgabe 90: Es sei V ein n-dimensionaler euklidischer Vektorraum, und $\boldsymbol{f}: V \to V$ sei linear. Zeige: Folgt aus $\langle \boldsymbol{x}, \boldsymbol{y} \rangle = 0$ stets $\langle \boldsymbol{f}\boldsymbol{x}, \boldsymbol{f}\boldsymbol{y} \rangle = 0$, so ist $\boldsymbol{f}$ bis auf einen skalaren Faktor eine Isometrie von V. Kann man dabei auf die Voraussetzung verzichten, daß $\boldsymbol{f}$ linear ist?

Aufgabe 91: Es sei $\boldsymbol{B}$ eine beliebige $m \times n$-Matrix über $\mathbb{R}$. Zeige: Genau dann ist die Matrix

$$\begin{pmatrix} \boldsymbol{E}_m & \boldsymbol{B} \\ {}^t\boldsymbol{B} & \boldsymbol{E}_n \end{pmatrix}$$

positiv definit, wenn die Eigenwerte von ${}^t\boldsymbol{B}\boldsymbol{B}$ sämtlich <1 sind.

Aufgabe 92: Die *symmetrische* Matrix $\boldsymbol{A} \in M_n(\mathbb{R})$ besitze das charakteristische Polynom $X^n + s_1 X^{n-1} + \cdots + s_{n-1} X + s_n$. Man setze $s_0 = 0$ und zeige:

(i) $\mathrm{Rang}(\boldsymbol{A}) = \mathrm{Max}\{i \mid s_i \neq 0\}$.
(ii) Treten in der Folge $1, s_1, s_2, \ldots, s_n$ genau r Vorzeichenwechsel auf, so besitzt die von $\boldsymbol{A}$ vermittelte quadratische Form den Trägheitsindex $\mathrm{Rang}(\boldsymbol{A}) - r$.

Hinweis: Man benutze die 'Cartesische Zeichenregel', welche besagt, daß ein Polynom mit lauter reellen Nullstellen genausoviel positive Nullstellen besitzt wie Zeichenwechsel in der Folge seiner Koeffizienten.

Aufgabe 93: Zeige: Zu beliebigem $\boldsymbol{A} \in \mathbb{R}^{m,n}$ gibt es genau ein $\boldsymbol{B} \in \mathbb{R}^{n,m}$ mit

$$\boldsymbol{ABA} = \boldsymbol{A}, \quad \boldsymbol{BAB} = \boldsymbol{B}, \quad {}^t(\boldsymbol{AB}) = \boldsymbol{AB}, \quad {}^t(\boldsymbol{BA}) = \boldsymbol{BA}.$$

Ist $\boldsymbol{A}$ symmetrisch, so auch $\boldsymbol{B}$.

Hinweis: Man benutze die Bemerkung zu F26, §4 von Kap. VIII; vgl. im übrigen Aufgabe 45.

Aufgabe 94: Zeige: Jede $n \times n$-Matrix $\boldsymbol{A}$ über $\mathbb{C}$ ist unitär-ähnlich zu einer oberen Dreiecksmatrix, d.h. es gibt ein $\boldsymbol{U} \in U(n, \mathbb{C})$, so daß $\boldsymbol{U}^{-1}\boldsymbol{A}\boldsymbol{U}$ eine obere Dreiecksmatrix ist.

Hinweis: Vgl. Satz 5 in §5, Kap. V.

Aufgabe 95: Es sei V ein n-dimensionaler unitärer Vektorraum. Für $\boldsymbol{f}, \boldsymbol{g} \in \mathrm{End}(V)$ setze man $\langle \boldsymbol{f}, \boldsymbol{g} \rangle = \mathrm{Spur}(\boldsymbol{f}\boldsymbol{g}^*)$. Zeige, daß damit $\mathrm{End}(V)$ zu einem unitären Vektorraum wird. Hieraus folgere man: (i) Sind $\boldsymbol{f}, \boldsymbol{g} \in \mathrm{End}(V)$ normal und gilt $\boldsymbol{f}\boldsymbol{g} = \boldsymbol{0}$, so folgt $\boldsymbol{g}\boldsymbol{f} = \boldsymbol{0}$. (ii) Ein $\boldsymbol{f} \in \mathrm{End}(V)$ ist genau dann normal, wenn

$$\mathrm{Spur}((\boldsymbol{f}\boldsymbol{f}^*)^2 - \boldsymbol{f}^2 \boldsymbol{f}^{*2}) = 0$$

gilt.

Aufgabe 96: Gegeben sei die Matrix

$$A = \begin{pmatrix} 2 & 0 & -2 \\ 0 & 3 & 0 \\ -2 & 0 & -1 \end{pmatrix}$$

über $\mathbb{R}$. Man berechne eine Orthonormalbasis von $\mathbb{R}^3$, die aus Eigenvektoren von A besteht, und gebe ein $S \in O(3, \mathbb{R})$ an, für das ${}^tSAS$ eine Diagonalmatrix ist. Welche Signatur hat die quadratische Form q_A?

Aufgabe 97: Für jede natürliche Zahl n bezeichne d_n die Determinante der $n \times n$-Matrix

$$\left(\frac{1}{i+j-1}\right)_{i,j}$$

über $\mathbb{R}$. Man zeige $d_n > 0$ und $d_n \to 0$ für $n \to \infty$.
Hinweis: Betrachte die Funktionen $f_i(x) = x^{i-1}$ für $1 \le i \le n$.

Aufgabe 98: Seien V ein n-dimensionaler unitärer Vektorraum und $f \in \mathrm{End}(V)$. Man zeige: Sind $\lambda_1, \ldots, \lambda_n$ die Eigenwerte von f (gezählt mit Vielfachheiten), so gilt

$$\sum_{i=1}^{n} |\lambda_i|^2 \le \mathrm{Spur}(f^*f),$$

und dabei steht das Gleichheitszeichen genau dann, wenn f *normal* ist. (Hinweis: Benutze Aufgabe 94.)

Aufgabe 99: Sei V ein endlich-dimensionaler unitärer Vektorraum. Man zeige, daß für ein $f \in \mathrm{End}(V)$ die folgenden Aussagen äquivalent sind:

(i) f ist normal.
(ii) Für jeden Teilraum U von V mit $f(U) \subseteq U$ gilt $f^*(U) \subseteq U$.
(iii) Für jeden Teilraum U von V mit $f(U) \subseteq U$ gilt $f(U^\perp) \subseteq U^\perp$.
(iv) V ist die orthogonale Summe der Eigenräume von f.

Hinweis: Zum Beweis von (i) $\Rightarrow$ (ii) überlege man sich zuerst, daß f_U diagonalisierbar ist; vgl. dann F18 auf Seite 120.

Aufgabe 100: Sei V ein endlich-dimensionaler unitärer Vektorraum, und es seien $f, g \in \mathrm{End}(V)$ normal mit $fg = gf$. Man zeige:

a) Es gibt eine Orthonormalbasis von V, die aus *gemeinsamen* Eigenvektoren von f und g besteht.

b) Auch $f+g$ und fg sind normal.

Hinweis zu a): Aus $fg = gf$ folgt $g(V(\lambda, f)) \subseteq V(\lambda, f)$. Jetzt ziehe man Aufgabe 99 heran.

§8 Aufgaben zu Kapitel IX: Allgemeine Klassifikation der Endomorphismen eines n-dimensionalen Vektorraumes

Aufgabe 101: Es sei f ein Endomorphismus des n-dimensionalen Vektorraumes V. Zeige: Das charakteristische Polynom von f ist genau dann *irreduzibel*, wenn $\{\mathbf{0}\}$ und V die einzigen f-invarianten Teilräume von V sind.

Aufgabe 102: Der n-dimensionale K-Vektorraum sei *zyklisch bzgl.* $f \in \operatorname{End}(V)$, d.h. es gebe ein $\boldsymbol{v}$ aus V, so daß die Vektoren $\boldsymbol{v}, f\boldsymbol{v}, f^2\boldsymbol{v}, \ldots, f^{n-1}\boldsymbol{v}$ eine Basis von V bilden. Man zeige: Ist $g \in \operatorname{End}(V)$ vertauschbar mit f, so hat g die Gestalt $g = b_0 f^0 + b_1 f^1 + \cdots + b_{n-1} f^{n-1}$ mit b_i aus K.

Hinweis: Drücke zunächst $g\boldsymbol{v}$ durch die obige Basis von V aus.

Aufgabe 103: Es sei K ein beliebiger Körper. Zeige: Für jede $n \times n$-Matrix A über K ist die transponierte Matrix ${}^t\!A$ ähnlich zu A.

Hinweis: Invariantenteilersatz (vgl. Satz 3 und Satz 4 in §2, Kap. IX).

Aufgabe 104: Zeige: Ist $B \in M_n(K)$ eine *Begleitmatrix* und erfüllt $S \in M_n(K)$ die Gleichung $SB = {}^tBS$, so ist S notwendig symmetrisch. Hieraus folgere man die folgende Verschärfung von Aufgabe 103: Zu jeder $n \times n$-Matrix A über K gibt es eine *symmetrische* Matrix T aus $\mathrm{GL}(n, K)$ mit

$$T^{-1}AT = {}^t\!A. \tag{14}$$

Man beweise ferner: Genau dann ist $A \in M_n(K)$ ähnlich zu einer *Begleitmatrix*, wenn *jedes* $T \in \mathrm{GL}(n, K)$, welches (14) erfüllt. symmetrisch ist.

Aufgabe 105: Es sei die 5×5-Matrix

$$A = \begin{pmatrix} 1 & 1 & 0 & 0 & 1 \\ 0 & 1 & 0 & 1 & 1 \\ 0 & 0 & 1 & 1 & 0 \\ 0 & 0 & 0 & 1 & 1 \\ 0 & 0 & 0 & 0 & 1 \end{pmatrix}$$

über einem Körper K gegeben. Man berechne die Invariantenteiler von A, gebe die Jordan'sche Normalform von A an und bestimme ein Polynom $f \in K[X]$ mit $f(A) = A^{-1}$. Man gebe auch das charakteristische Polynom sowie das Minimalpolynom von A an.

Aufgabe 106: Es sei K ein Körper, und n sei eine natürliche Zahl, die nicht durch die Charakteristik von K teilbar sei. Ferner enthalte K ein Element ζ mit $\zeta^n = 1$, aber $\zeta^j \neq 1$ für $0 < j < n$. Man zeige: Ist das charakteristische Polynom der Matrix $A \in M_n(K)$ *irreduzibel* und besteht für $S \in \mathrm{GL}(n, K)$ die Gleichung

$$S^{-1}AS = \zeta A,$$

so hat das Minimalpolynom von S die Gestalt $X^n - c$ mit einem $c \in K^\times$, und die von A und S erzeugte Teilalgebra von $M_n(K)$ stimmt mit $M_n(K)$ überein.

Hinweis: Ist $C \in M_n(K)$ sowohl mit A als auch mit S vertauschbar, so ist $C = cE$ mit $c \in K$, vgl. Aufgabe 102.

Aufgabe 107: Man gebe die Jordansche Normalform der Matrix

$$A = \begin{pmatrix} 2 & -1 & 1 \\ -1 & 2 & -1 \\ 2 & 2 & 3 \end{pmatrix} \in M_3(\mathbb{R})$$

an und bestimme ein $S \in \mathrm{GL}(3, \mathbb{R})$, so daß $S^{-1}AS$ Jordansche Normalform von A ist.

Aufgabe 108: Für die 3×3-Matrizen A, B über einem Körper K gelte $A^3 = B^3 = 0$. Zeige: A und B sind genau dann ähnlich, wenn sie dasselbe Minimalpolynom besitzen.

Aufgabe 109: Sei A eine $n \times n$-Matrix über dem Körper K, deren charakteristisches Polynom über K vollständig in Linearfaktoren zerfällt. Man zeige, daß A in $M_n(K)$ eine *eindeutige* Darstellung

$$A = D + N, \quad DN = ND$$

als Summe zweier miteinander vertauschbaren Matrizen D und N besitzt, von denen D *diagonalisierbar* und N *nilpotent* ist. Ferner: Es gibt Polynome $f(X)$, $g(X)$ aus $K[X]$ mit $D = f(A)$, $N = g(A)$; dabei können f und g noch so gewählt werden, daß ihre Absolutglieder verschwinden.

Hinweis: Seien $\lambda_1, \ldots, \lambda_s$ die verschiedenen Eigenwerte von A. Für jedes $1 \leq i \leq s$ sei $f_i \in K[X]$ definiert durch

$$\mu_A(X) = (X - \lambda_i)^{m_i} f_i(X)$$

mit m_i als der Vielfachheit der Nullstelle λ_i. Offenbar ist 1 größter gemeinsamer Teiler von $f_1, \ldots, f_s$. Wie man dann mittels F5 auf S. 138 erkennt, gilt

$$V = \bigoplus_i \mathrm{Kern}(A - \lambda_i E)^{m_i};$$

ferner gibt es ein $f \in K[X]$ mit

$$(X - \lambda_i)^{m_i} \mid f(X) - \lambda_i \quad \text{für jedes } 1 \leq i \leq s.$$

Setzt man nun $D = f(A)$ und $N = A - D$, so erfüllen D und N alle geforderten Eigenschaften. Für einen Beweis der Eindeutigkeitsaussage ist Teil (iii) von Aufgabe 77 nützlich.

Aufgabe 110: Man zeige: Eine beliebige $n \times n$-Matrix A über einem Körper K ist Produkt $A = TS$ zweier *symmetrischer* $n \times n$-Matrizen T und S über K, wobei T noch invertierbar ist.

Hinweis: Die Behauptung folgt unmittelbar aus Aufgabe 104.

Literaturhinweise

[1] Artin, *Geometric Algebra*, Interscience Publ. 1966

[2] Bourbaki, *Algebra* I, Chapters 1–3, Springer 1989

[3] Brieskorn, *Lineare Algebra und Analytische Geometrie*, Bd. I und II, Vieweg 1983 und 1985

[4] Dombrowski, *Differentialrechnung* I *und Abriß der Linearen Algebra*, BI-Wissenschaftsverlag 1970

[5] Jänich, *Lineare Algebra*, Springer Hochschultext 1979

[6] Koecher, *Lineare Algebra und Analytische Geometrie*, Springer 1985

[7] Kowalsky, *Lineare Algebra*, W. de Gruyter 1980

[8] Lang, *Algebra*, Addison-Wesley 1984

[9] Langmann, *Die mathematischen Abenteuer von Fritz und Katharina*, Vandenhoek & Ruprecht 1988

[10] Lorenz, *Einführung in die Algebra*, Teil I und II, BI-Wissenschaftsverlag 1987 und 1990

[11] Mangold-Knopp, *Einführung in die höhere Mathematik*, Hirzel-Verlag, Leipzig 1957

[12] Pickert, *Analytische Geometrie*, Akadem. Verlagsgesellschaft Geest & Portig 1953

[13] Rudin, *Real and Complex Analysis*, McGraw-Hill 1966

[14] Scheja-Storch, *Lehrbuch der Algebra*, Teil II, Teubner 1988

[15] Serre, *A Course in Arithmetic*, Springer 1973

[16] Storch-Wiebe, *Lehrbuch der Mathematik*, Band II, BI-Wissenschaftsverlag 1990

[17] van der Waerden, *Algebra*, Springer 1959

Sachregister